땅의 마음

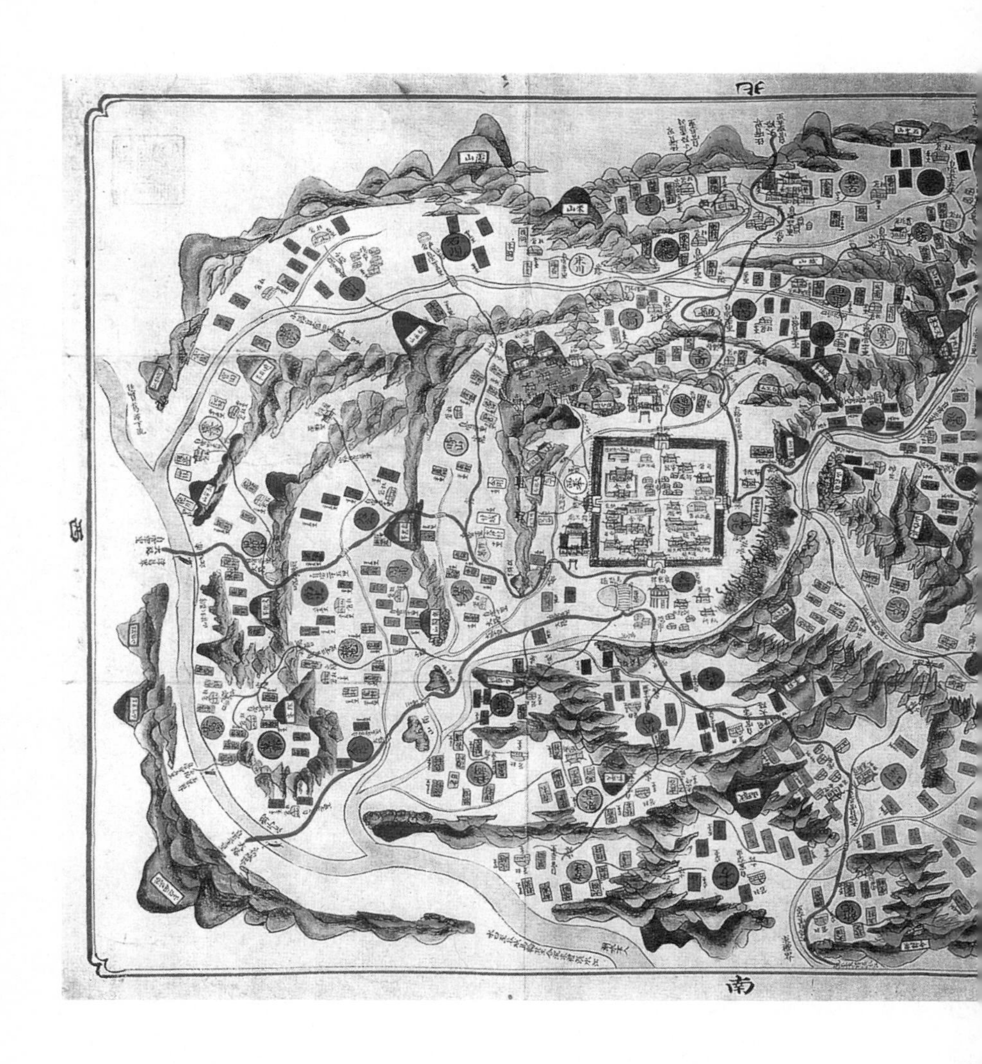
北
西
南

풍수 사상 속에서 읽어 내는 한국인의 지오멘털리티

The Mind of Land

땅의 마음

윤홍기

사이언스북스
SCIENCE BOOKS

어머니, 아버지께 제 글을 올립니다.

책머리에

이 책은 지금까지 써 온 글들 중에서, 한국의 풍수 사상과 뉴질랜드의 마오리 문화를 공부하면서 다시 돌아보게 된 한국의 문화 지리학적인 현상을 다룬 글들을 한데 모은 것이다. 이 글들은 각각의 연구 주제나 연구 방법이 중요하기 때문이라기보다는, 내가 좋아서 공부한 주제 중 풍수와 환경 사상이 한국 문화에 관계된 것만 추려 모은 것이다.

한편 이 책에는 시골에서 태어나 미국에서 문화 지리를 배우고 현재 뉴질랜드 대학 강단에서 서양 학생들을 가르치면서 공부하고 있는 나의 삶과 학문적 여정이 반영되어 있다. 한국의 전통 문화, 즉 시골에서의 가난한 삶과 어메(어머니)가 들려주신 옛날이야기들은 내 어린 시절의 거의 전부로 남아 있고, 그것이 내 삶의 바탕이 되었다. 그리고 서울에서 10여 년 넘게 살면서 시골과 생판 다른 생활 환경에서 지리학을 공부했고 거기에서 평생의 공부 방향을 잡았다. 그 후 버클리(캘리포니아 대학교 버클리 캠퍼스)에서 5년 가까이 공부하면서 훌륭한 문화 지리학자들로부터 가르침을 받을 수 있었다. 짧은 기간이었지만 버클리에서 공부한 경험은 내 학문의 성격 형성에 가장 중요한 역할을 했다. 그리고 뉴질랜드에서 30년 넘게 살면서 마오리 족 문화를 접하게 되었다. 그 문화를 공부한 경험은 다시 나의 고향 땅, 한국의 전통 문화 경관을 새롭게 볼 수 있는 마음의 창문을 열어 주었다. 뉴질랜드의 마오리 족 문화를 공부하면서 나는 한국 문화를 밖에서 보는 기회를 얻었고, 학문하는 고통과 기쁨을 동시에 맛보았다.

나는 지난 40여 년 동안 한국과 서양 사회를 오가며 이상한 경험을 자주 했다. 억지처럼 들릴지 모르지만, 내가 한국에 올 때마다 변해 가는 한국의 모습을 통해서 서양을 배우게 되고, 서양에 나가 서양을 공부하면서 다시 한국을 배우게 된다. 서양 문화 속에서 살 때는 오히려 잘 모르다가, 한국에 오면 서양 문화의 위력을 실감한다. 처음 한국을 떠나 미국으로 유학을 간 1969년 이후 여러 차례 한국에 왔고, 요즘은 매년 한 번꼴로 오는데, 올 때마다 놀라는 것이 한국인의 의식주가 점점 서구 지향으로 변해 가고 있는 점이다. 골프를 좋아하고, 피자와 햄버거, 스파게티 등을 위시한 서양식 음식 문화가 성행하고, 서양풍의 아파트 이름들, '돈 모닝 포크'와 같은 정체불명의 상품 이름들, 한국 어린이의 마음속 깊이 파고든 서양 동화와 동요, 외국어 학습 열풍을 보여 주는 수많은 영어 학원 등, 새삼 지금 세상을 휩쓸고 있는 서구 문화의 힘을 실감한다. 더욱 놀라운 것은 아침에 만난 사람들과 인사할 때 "안녕하세요."라는 전통적인 인사말 대신 '굿 모닝(Good Morning)'을 우리말로 옮긴 "좋은 아침"이라고 인사하는 것을 여러 번 본 것이다. 이러한 새로운 습관은 내 어린 시절은 물론 20대 중반까지 한국에 살 때는 상상도 못하던 서구화 양상이다.

서양으로 돌아가 서양 학생들과 함께 서양 문화를 이야기하고 공부하다 보면 이제는 한국이 다시 보인다. 요즘 뉴질랜드에서 흔히 듣거나 볼 수 있는 현대 자동차나 삼성 텔레비전의 광고, 태권도에 관한 이야기만이 아니다. 서양 가정의 부모들을 볼 때 한국 부모들의 자녀를 위한 희생 정신이 더욱 부각되고, 서양 사람 이름의 특징을 공부하다 보면 한국 사람 이름의 특징이 더욱 뚜렷하게 보인다.

사실 나는 서양에 살며 서양의 역사와 문화를 좀 더 알게 되면서 한국의 문화와 역사에 대한 자긍심이 커졌다. 유럽의 대표적인 나라라 할 수 있는 영국과 프랑스도 역사상 얼마나 많은 침략을 당했으며 얼마나 많은 수모를 겪었던가? 그것을 보면서 한국이 외부의 침략을 많이 받았던 역사에 대해 자조할 필요가 없다고 생각했다. 민족 국가로서의 역사가 유럽 나라들보다 훨씬 더 길고 주위 민족들과 구별되는 민족 문화의 개성도 그들보다 더 뚜렷하다. 영국 역사를 읽으면서는 한국의 역사가, 혹자가 말하듯 치욕의 역사가 아니라는 것도 알게 되었다. 영국 문화와 로마 문화의 관계를 보면서 한국 문화와 중국 문화의 관계를 다시 생각해 보게 되었다. 나는 서양을 배우면 배울수록 한국도 다른 관점에서 다시 보이고 다시 배우게 된다. 그래서 서양에 가면 한국이 보이고, 한국에 오면 서양이 보이는 역설적인 경험을 한다고 말한 것이다. 여기에 모은 글의 상당수, 특히 이 책 후반부의 글들은 이러한 경험을 담고 있다.

내가 이 글들을 쓸 때에 감명 깊게 읽은 책이 있다. 바로 에드거 앤더슨(Edgar Anderson)이 쓴 『식물, 인간 그리고 생명(*Plants, Man and Life*)』이란 책이다. 저자는 서문에서 이 책을 쓸 때 들은 좋은 조언을 소개한다. 그 조언이란 추상적인 일반 독자를 상대로 글을 쓰지 말고, 실제로 어떤 한 사람을 독자로 염두에 두고 바로 그 사람이 이해할 수 있도록 쓰라는 충고였다. 그러자 그는 식물원에서 안내원으로 일할 당시 자신의 안내 설명을 즐긴 사람들을 떠올렸다. 그들은 식물에 관해서 별로 아는 것은 없었지만 식물에 호기심이 많았고, 여러 분야에 관해 많이 알고 있으며, 잘 훈련된 두뇌를 가진 사람들이었다. 그리고 그런 대표적인 사람으로 바로 당시 인도의 판디트 자와할랄 네루 수상이 떠올랐다고 한다. 그래서 그는 처음부터 끝까지 그 생물학 책을 쓰면서 생물학자가 아닌 인도의 정치가 네루 수상을 염두에 두고 그가 이해할 수 있도록 썼다고 한다. 그 책이 출판되고 여러 해 뒤에 그는 자기가 읽어 주었으면 했던 독자들이 자신의 책을 좋아한다는 것을 알게 되었고, 많은 연구자들은 물론 기차 기관사나 일반 과학자나 전화회사 사장 등 여러 계층의 독자들로부터 지적 수준이 높은 반응이 담긴 편지를 받게 되었다고 술회하고 있다.

나는 그 글을 읽은 뒤로, 전공 분야의 논문을 쓸 때도 나와 같은 분야의 전문가만이 아니라, 대학에 갓 들어온 학생을 독자로 상정하고 글을 쓰곤 한다. 가능한 한 어려운 말은 빼고 전문 용어도 되도록 일상 용어로 바꾸어 이야기하듯이 쓰려고 노력한다. 이 책을 준비하는 동안 나는 외국어로 쓴 글들을 우리말로 번역하거나, 이미 학술지에 실린 글을 고치면서 에드거 앤더슨처럼 특정 인물을 마음에 두고 쓰려고 해 보았다. 그러나 실패했다. 특정 독자를 염두에 두고 글을 쓰고 정리할 수가 없었다. 그래서 나는 한국에 있는 동료 학자나 학생, 특히 한국의 전통 문화에 애착을 갖고 풍수와 환경 사상 및 땅 이름 등을 생각하는 젊은 문화 지리학 분야 지망생들에게 내가 생각하고 공부한 것을 들려주는 강의를 연상하며 이 책을 준비했다.

제1부 「풍수의 기원」에서는 한국 문화 전반에 걸쳐 큰 영향을 끼쳤고 한국의 환경 사상에서 중요한 위치를 차지하고 있는 풍수의 본질을 먼저 간단히 훑어보고, 그 사상의 기원이 중국 황토 고원이란 것과 그것이 한

국으로 전파된 시기에 관한 나의 견해를 다루었다. 또 풍수 지리의 기원과 한반도 도입 시기에 관한 나와 다른 학자의 논쟁과 내가 생각하기에 필요하다고 생각되는 풍수 지리 사상 연구자의 연구 자세를 논했다.

제2부 「풍수와 환경 사상」에서는 풍수 지리설에 담겨 있는 환경 사상적인 측면을 다루었다. 동양의 환경 사상은 서양의 것과 비교 대조할 때 더욱 분명하게 드러난다고 생각한다. 서양의 전통 환경 사상에 관한 연구가 동양의 것보다는 훨씬 먼저 이루어졌고 이제는 상당히 정리되어 있다고 할 수 있다. 반면 동양의 환경 사상 연구는 이제 막 시작되었고, 한국의 환경 사상 연구는 더욱 그러하다. 그래서 한국의 환경 사상을 공부할 때 서양 환경 사상 연구와 업적은 그 잣대가 된다. 그래서 여기서는 서양 환경 사상의 근간을 소개하고 한국의 풍수 사상과 그에 걸맞은 서양 사상을 비교 대조 해 한국 환경 사상의 특징을 밝혀 보려고 했다.

'지오멘털리티(geomentality)'란 땅을 보는 '마음 됨됨이' 또는 땅을 평가하는 '마음 틀'로 번역할 수 있다. 한국인의 지오멘털리티는 한국인들이 자신의 산야를 보고 평가하는 마음 틀, 즉 심성이다. 한국인의 이러한 심성에는 풍수 사상이 그 근저에 깔려 있고, 풍수설은 한국인들이 한국의 경관을 평가하고 이용하는 데 중요한 역할을 해 왔다. 제3부 「풍수와 한국인의 지오멘털리티」에 실린 세 논문은 모두 한국적 지오멘털리티에 관계되는 것이다. 특히 제13장은 한국인의 풍수적 지오멘털리티를 이용해 일본이 한국인 주권의 상징물인 경복궁을 파괴하고 일본 식민 정부의 상징물인 조선 총독부 청사를 세웠지만, 해방 후 한국 정부가 이를 부수고 다시 경복궁을 복원하는, 경복궁과 구 조선 총독부 건물 경관을 둘러싼 '상징물 전쟁'을 다루었다.

제4부 「대동여지도와 풍수」에서는 김정호(金正浩)의 지도와 그 풍수적

배경을 다루었다. 고산자(古山子) 김정호는 현대의 등고선을 이용한 좀 더 정확한 실측 지도가 나오기 전까지, 한국 역사상 가장 정확하고 가장 정밀한 한국 전도를 편찬한 사람이다. 그가 사용한 산줄기(산맥)의 표현은 상당히 정확해 청일전쟁 때 일본군이 작전용으로 참고했다는 이야기가 있을 정도다. 대동여지도의 산맥 표현법은 상당히 독창적이고 뛰어난 면이 있지만, 그것은 풍수 지도(산도, 명산도)의 영향을 받아 발전한 것으로 보인다. 제14장 「대동여지도의 지도 족보론적 연구」와 제15장 「대동여지전도에 대한 예비 고찰」을 통해 김정호가 그린 두 지도의 생성 배경 특히 풍수 지도의 영향을 분석해 보려고 했다.

제5부 「마오리와 한국 사이에서」에 모은 글은 뉴질랜드와 한국을 오가며 양쪽 문화 속에서 살아 온 나의 생활과 학문의 여정을 담은 것이다. 앞서 말한 대로 한국을 처음 떠난 후 언제부터인지는 모르지만 한국에 오면 서양을 배우게 되고 서양에 가면 한국을 배우게 된다. 이것은 나의 경험의 소산이다. 서양에 가서 그곳 문화를 공부하면서 나는 한국 문화를 서양 문화에 비추어 다시 생각하고, 다시 공부했다. 사실 뉴질랜드에 와서 뉴질랜드 지명을 공부하게 될 때까지는 충무로, 을지로, 퇴계로, 율곡로가 한국식 지명인 줄로만 알았다. 그러나 서양의 지명을 공부해 보니 그런 식으로 지은 길 이름은 서양 버릇임을 알게 되었다. 훌륭한 사람을 기리기 위해 그의 이름을 따다가 지명으로 사용하는 것은 서양 문화의 소산이다. 이러한 나의 견문과 사고의 일부가 제5부에 모여 있다. 한국과 뉴질랜드를 오가며 보고, 느끼고, 배운 것들이다. 동양과 서양, 특히 한국과 뉴질랜드의 지명과 신화, 고향을 사랑하는 마음을 비교한 생각들이 이 글 속에 담겨 있다.

나는 오랫동안 영어로 글을 써 왔고 영어로 학문적 의사 소통을 해 왔다. 그러나 이제는 내 고향 말로 내 공부를 전하고 싶다. 문득 돌아보니 내 나이 벌써 예순을 훌쩍 넘었다. 이 책은 어떤 면에서 외국에서 외국 말로 썼던 글들이 고향 말로 다시 씌어져 고향에 돌아온 것이다. 물론 이 책 속의 어떤 글들은 처음부터 우리말로 발표한 것이다.

이 책은 이미 수 년 전부터 계획했으나, 가르치고 다른 글을 쓰느라 미루어졌다가, 뉴질랜드 오클랜드 대학교에서 2005년도 가을 학기에 연구년을 허락해 주었고, 2005년도 7월 말부터 6개월간 객원 연구자로 한국학 중앙 연구원에 와 있는 동안 일차로 정리했다. 그러나 오클랜드로 돌아가 정규 학기가 시작되어 가르치는 동안에는 이 책의 마무리를 접어 둘 수밖에 없었다. 그러다 2009년 봄 1학기에 다시 한 학기 동안 연구년을 허락받았고, 한국국제교류재단에서 연구자로 선발해 주어서, 2005년 원고에 새로운 장을 더하고 기존 원고의 일부를 손질할 수 있게 되어 이 책을 마쳤다. 연구년 학기를 허락해 한국에서 연구할 수 있는 기회를 준 오클랜드 대학교와 한국에서 공부할 수 있는 환경과 펠로십을 지원해 주신 한국학 중앙 연구원과 한국국제교류재단에 감사드린다.

이 책의 원고가 마무리된 뒤 최원석 교수, 이연정 여사 부부, 교우 이인숙, 김임수 부부, 그리고 제자 홍성연, 최선미 부부가 나의 글을 읽고 독자로서의 반응을 전해 주었고 중복된 부분이나 오탈자 등을 지적해 주었다. 두 부부께 감사드린다. 그리고 복잡한 원고를 맡아 정성껏 책을 만들어 주신 ㈜사이언스북스에 감사드린다.

사랑하는 아내와 아이들에게 이 책의 원고가 끝났음을 알리고 그 기쁨을 함께하고자 한다. 책을 마치고 보니, 부족한 것이 한두 군데가 아니다. 그러나 부족한 대로 내가 공부한 것을 한국의 선비들과 나누고자 한다.

일러두기

이 책에 실린 대부분의 글은 내가 영문 또는 한글로 써서 이미 발표한 것을 기초로 하여 수정하고 발전시킨 것이다. 경우에 따라서는 원래의 글이 축소된 것도 있지만 확대하고 보충한 것이 더 많다. 이러한 점은 각 장의 해당 부분에 후주로 표시했다. 이 책에 지금까지 발표된 나의 책과 논문을 그대로 포함하거나 약간 수정 후 재게재할 수 있도록 허락해 준 출판사와 학술지 편집자들에게 고마움을 알리고자 한다. 출판사나 편집자의 양해 아래 번역 · 수정 뒤 일부 또는 전부가 이 책에 포함된 나의 글들은 다음과 같다.

The Culture of Fengshui in Korea, (Lanham, Lexington Books, 2006 -cloth , 2008 -paperback).

Maori Mind, Maori Land, (Berne, Peter Lang, 1986).

"The Image of Nature in Geomancy", *GeoJournal*, vol. 4(4) (1980), 341~348쪽.

"Environmental Determinism and Geomancy: Two Cultures, Two Concepts", *GeoJournal*, vol. 8(1) (1982), 77~80쪽.

"An Early Chinese Idea of a Dynamic Environmental Cycle", *GeoJournal*, vol. 10 (2) (1985), 211~212쪽.

Loess Cave-dwelling in Shaanxi Province, China", *GeoJournal*, vol. 21(1&2) (1990), 95~102쪽.

"On Geomentality", *GeoJournal*. vol. 25(4) (1990) 387~392쪽.

"Two Different Geomentalitites, Two Different Gardens: the French and the Japanese Cases," *GeoJournal*, vol. 33(4) (1994), 471~477쪽.

"The Expression of Landforms in Chinese Geomantic Maps", *The Cartographic Journal*, vol. 29 (1992), 12~15쪽.

"Tracing Rational Aspects of Fengshui (Geomancy)", Michael Mak and Albert So (eds), *Research in Scientific Feng Shui and the Built Environment* (2009, City Univ. of Hong Kong Press) 65~88쪽.

"Imposing Chinese Names on Korean Places: An Examination of Chinese Cultural Influence on Korean Place names, Using the 'New Zealand Place names Pattern' Method of analysis", Sang-Oak Lee and Duk-soo Park (eds), *Perspectives on Korea* (Wild Peony, 1998), 151~163쪽.

"대동여지도의 지도 족보론적 연구",《문화역사지리》, 제3호 (1991), 37~47쪽.

"대동여지전도의 서문에 대한 예비고찰",《문화역사지리》, 제4호 (1992), 97~107쪽.

"풍수 지리설의 본질과 기원 및 그 자연관"《한국사 시민강좌》, 제14집 (1994), 187~204쪽.

"풍수 지리설의 기원과 한반도로의 도입시기를 어떻게 볼 것인가?",《한국학보》, 제79집(1995), 229~239쪽.

"풍수는 왜 중요한 연구주제인가?",《대한지리학회지》, 제36권 제4호 (통권 87호) (2001), 343~355쪽.

" 한국풍수지리 연구의 회고와 전망",《한국사상사학》, 제17집 (2001), 11~61쪽.

"경복궁과 구 조선 총독부 건물 경관을 둘러싼 상징물 전쟁",《공간과 사회》, 제15호 (2001), 282~305쪽.

"풍수 지리설의 한반도 전파에 대한 연구에서 세 가지 고려할 점",《한국고대사 탐구》, 제2집 (2009), 95~122쪽.

차례

프롤로그

1. 풍수 사상과 한국 문화

한국의 국토는 구석구석 풍수의 세례를 받아 왔다. 그리고 한국인의 전통 문화와 일상생활은 풍수와 깊은 연관을 맺고 있다. 예를 들어 여름철에 비행기를 타고 가다 한국의 산야를 내려다보면 보기 좋은 푸른 숲의 군데군데에 나무가 없이 생채기처럼 홈이 파여 있는 것을 볼 수 있다. 이들은 대체로 풍수설에 따라 자리를 잡은 조상의 무덤이다. 또 한국의 마을은 산을 뒤에 두고 논밭이 있는 평지를 앞에 두는 경우가 많다. 이러한 마을 배치 역시 풍수의 가르침을 따른 것이다. 이렇게 풍수는 한국의 전통 문화에서 땅을 이용하는 지침이자 일종의 환경 사상이었다. 따라서 한국의 전통 문화 생태와 경관을 이해하기 위해서는 풍수 지리 사상에 대한 이해가 필요하다. 유명한 '봉이 김선달이 평양의 대동강 물을 팔아먹었다는 이야기'는 풍수 사상과 한국 전통 문화의 관계를 잘 보여 준다고 할 수 있다. 그 이야기는 전개 과정이 상당히 다른 여러 판본이 있지만 공통된 줄거리를 요약하면 다음과 같다.

> 평양에 온 서울의 상인(또는 중국인 비단 장수)들을 속여서 김선달이 대동강 물을 팔아먹기로 하고 물장수들을 매수해 그들이 대동강 물을 져 갈 때 김선달에게 물 값을 내고 사 가는 것같이 꾸몄다. 김선달이 앉아서 대동강 물을 길러 온 물장수들에게 물 값을 받는 광경을 본 서울 상인은 끝없이 흘러오는 대동강 물을 물장수들에게 매일 팔 수 있다면 떼돈을 벌 수 있겠다고 생각한다. 그래서 서울 상인은 김선달에게 강물을 팔라고 해서 6,000냥에 산다. 다음 날 물 값을 받으려고 차리고 앉은 서울 상인에게 물장수들이 물 값을 내지 않자 따져 물으니 자신들이 떠 가는 물은 대동강의 물이라서 누구나 떠 갈 수 있다고 한다. 속은 줄 알게 된 서울 상인이 김선달을 찾아 돈을 되돌려 받으려 하나 허사가 된다.[1]

왜 서울의 한강이나 다른 도시의 강이 아닌 평양의 대동강 물을 팔아먹었다는 이야기가 나왔을까? 이 문제는 평양이 풍수 형국으로 봐서 '배가 둥둥 떠가는 모양'인 행주형(行舟形)이라는 것을 모르고서는 제대로 설명해 낼 수 없다. 풍수에서는 우리가 눈으로 볼 수 있는 한 지역의 경치(경관)를 의인화(擬人化)·의물화(擬物化)해 사람이나 동식물 또는 물건에 견주어 파악한다. 그리고 그렇게 파악한 풍수 경관을 사람이나 동식물 또는 물건인 양 대접하곤 한다. 그래서 그 지역의 풍수 형국이 이루는 조화를 깨뜨리는 행위는 금기시되었다. 예를 들면, 행주형 풍수 형국에 자리 잡은 마을에서는 배 바닥에 구멍을 뚫는 것이나 마찬가지라고 생각해서 마을에 우물을 파는 것이 금기시되었고 냇물이나 강물을 식수로 사용하도록 했다. 조선 시대의 다른 대도시와 달리 풍수 형국이 '행주형'이었던 평양은 마을이나 집에 우물을 파지 못하고 강물을 길어다 먹었다고 한다. 18세기 한국의 고전이자 전통 지리학의 명저인 이중환(李重煥)의 『택리지(擇里志)』에서도 평양은 행주형이어서 주민들이 우물 파는 것을 금했고, 혹시 몰래 판 우물이 발견되면 곧 바로 메워 버렸다는 기록이 있다.[2] 그래서 봉이 김선달이 서울의 한강이 아닌 평양 대동강 강물을 팔았다는 이야기가 나올 수 있었던 것이다. 풍수 사상으로 인해 우물을 파지 않고 강물을 길어다 먹었다면 재래의 우리 식생활로 보아 차를 끓여 먹은 것도 아닐 것이요, 목이 마르면 강에서 떠 온 냉수를 그대로 마셨을 것이다. 그렇다면 '배가 떠가는 모양'의 풍수 형국이 그곳 주민들의 공중 보건에 미친 부정적인 영향은 가히 짐작하고도 남는다.

이처럼 풍수 사상은 한국의 전통적인 인간 생태와 환경 사상을 이해하는 데 매우 중요한 열쇠가 되는 경우가 많다. 이러한 점을 고려해 볼 때 풍수 사상은 한국 문화 연구, 특히 한국의 환경 사상 연구에서 빠질 수 없는 연구 주제이다. 풍수의 기본 원리를 고려하지 않거나 풍수가 한국 문화에 미친 영향을 파악하지 않고 한국 문화를 제대로 이해한다는 것은 거의 불가능하다고까지 말할 수 있다.

2. 문화와 지리와 문화 지리학

그럼 먼저 문화 지리에 대해 잠시 생각하고 넘어가고자 한다. 문화 지리란 말은 '문화'와 '지리'가 합쳐진 말이다. 그래서 먼저 문화란 말과 지리란 말을 잠시 따로 짚어 보기로 한다.

'문화(Culture)'란 가장 많이 쓰이는 인문 사회 과학 용어 중 하나이며 가장 정의하기 모호한 개념 중 하나일 것이다. 현대 학자들 중 처음으로 문화 개념을 정의해 쓴 학자는 영국의 인류학자 에드워드 타일러(Edward B. Tylor)였다. 그는 문화를 종교, 정치, 습성, 언어, 법률, 사상 등을 포함한 인류의 모든 유산을 사람들이 어떤 사회 단체의 일원으로서 배워 가지게 된 것이라고 정의했다.[3] 문화 지리학자들은 인간화된 환경, 즉 사람의 힘으로 바뀐 환경 일체를 문화라고도 한다. 문화라는 개념은 이제 인문 사회 과학에서 가장 총체적이고 포괄적인 개념으로 가장 널리 사용된다. 그래서 그 정의도 간단치 않고 모든 사람이 동의하는 정의를 내놓기 힘들다. 크로버(A. L. Kroeber)와 클럭혼(C. Kluckhohn)은 1952년에 펴낸 저서에서 당시까지 학자들이 정의한 문화의 개념이 164개라고 했으니[4] 현재까지의 정의를 총망라한다면 그 수는 엄청날 것이다. 나도 나의 책 『마오리의 마음, 마오리의 땅(*Maori Mind, Maori Land*)』에서 나름대로 문화를 정의해서 이야기했으니 말이다.[5]

문화란 사람들 위에 군림하는 실체로서 사람들의 행태를 조종하는 신비로운 존재라기보다는 어떤 지역의 주민들이 주어진 환경 속에서 개발하고 전승해 온 전통 체계로 현대의 많은 학자들이 이해하고 있다. 그리고 어떤 문화가 다른 문화보다 우월하고 좋다는 식의 비교는 무의미할 뿐만 아니라 바람직하지도 않다. 각각의 문화는 그 특성 그대로 이해되어야 하고 존중받아야 한다. 왜냐하면 이 세상 모든 사람들이, 비록 쌍둥이라 할지라도 많은 면에서 공통점이 있으면서도 각각 다른 특징이 있게 마련이기 때문이다. 문화란 한 사회에서 받아들여서 일반화된 사고 방식과 그 산물이라고 볼 수 있다. 예를 들어 인사하는 방법을 보자. 한국 사람의 절이나 서양 사람들의 악수나 인도 사람들의 합장 중 어느 것이 옳고 그르다거나, 어떤 것이 다른 것보다 낫다고 말할 수는 없다. 중요한 것은 세 가지가 모두 각각의 사회에서 일반적인 인사법으로 쓰이고 있다는 것이다. 문화의 속성에 관한 좀 더 학문적 토의는 다음 기회로 미루겠다.

한편 '지리학(Geography)'이라는 용어를 처음 사용한 사람은 헬레니즘 시대의 에라토스테네스(Eratosthenes)라고 한다. 현대 한국의 지리학은 서양에서 들어온 학문이다. 지리학의 정의는 문화 개념처럼 수없이 많을 수 있다. 또 시대에 따라 많이 바뀌어 왔다. 그러나 나는 이 책에서 지리학이란 "산 너머 저기에는 무엇이 있을까? 그곳에는 어떤 경치가 펼쳐져 있을까? 그곳에는 어떤 사람들이 어떻게 살고 있을까? 산과 강은 어디에서 와서 어디로 흘러갈까?" 하는 식의 소박한 의문을 충족시키는, 사람과 환경의 관계가 독특하게 녹아 있는, 장소에 관한 지식 체계라고 생각하고 사용한다. 내가 현대 지리학의 중요한 과제로 생각하는 것은 문화와 환경의 관계, 각 지역성의 유사점과 차이점 그리고 경관 및 장소성의 의미와 해석 등이다.

문화라는 말과 지리라는 말이 합쳐진 문화 지리학은 지리학의 한 분야로, 문화와 환경의 관계를 공부하고 문화의 지리적 (분포) 현상을 알아보는 것이 목적이라고 할 수 있다. 내가 생각하는 문화 지리학의 중요한 사명 중 하나는 문화라고 하는 것이 왜 시대와 장소에 따라 다르고, 그 다른 문화를 소유한 사람들의 생각이 어떻게 땅에 투영되는가를 공부하는 것이다. 즉 문화가 땅에 남긴 흔적을 읽는 것이 문화 지리학자에게는 참 중요한 사명이라고 생각한다. 한 문화 집단이 땅 위에 만들어 낸 문화 경관을 스크린에 비춰진 슬라이드 필름의 영상에 비유한다면, 그러한 문화 경관을 만들어 낸 사람들 머릿속의 사상과 습성은 슬라이드 영사기 속에 저장된 필름일 것이다. 슬라이드 필름이 바뀌면 스크린에 비춰진 영상이 달라진다.

그러나 스크린의 위치, 상태와 질(아무 그림이 없는 흰색인지 아니면 이미 그림이 많이 그려진 채색된 것인지 등)에 따라 슬라이드 필름이 스크린에 비춰졌을 때 그 스크린 영상은 왜곡되어 보일 수 있다. 그러나 그 영상이 본질적으로 슬라이드 필름에서 비롯된 것임을 부정할 수는 없다. 이와 같이 한 문화 집단의 사상과 습성(슬라이드 필름)은 땅 위에 투영되어 문화 경관을 형성하기 마련이다. 그 사람들의 습성과 사고 방식이 달라지면 그들이 땅 위에 그리는 그림(슬라이드 영상), 즉 문화 경관도 달라진다. 슬라이드 영사기에 어떤 슬라이드(그림)를 넣느냐에 따라 스크린에 비춰지는 그림이 결정되듯이 인간의 두뇌가 어떤 문화적인 사고에 젖어 있느냐에 따라 땅에 표현하는 경치도 달라지는 것이다. 그래서 나는 '슬라이드 영사기로서의 인간(Humanity as a slide projector)'이란 말을 학생들에게 이야기하곤 한다.

예를 들면 한 1,000평이 넘는 빈 땅을 프랑스 사람에게 주고 가장 아름다운 경관을 만들어 보라고 하면 앙드레 르 노트르(Andre Le Notre)가 만든 기하학적인 도형으로 채워진 베르사유 궁전의 정원 같은 것을 만들 수 있고, 똑같은 땅을 일본 사람에게 주고 만들어 보라고 하면 아름다운 자연의 일면을 모방한 일본식 정원을 만들 확률이 크다는 것이다.[6] 프랑스 베르사유 궁전의 정원에서는 나무를 기하학적인 인공미, 예를 들어 원추형의 나무를 만들기 위해 가지를 자르지만, 일본 사찰의 정원에서는 보다 기이한 자연미를 북돋우기 위해 나뭇가지를 치고 길들인다.

이 두 종류의 정원은 모두 인공적이지만 지극히 대조적인 경치를 보여준다. 이에 비해 한국인이라면 지극히 인공적인 프랑스식이나 일본식 정원을 거부하고, 담양의 소쇄원이나 서울의 비원과 같이 주어진 자연 환경을 토대로 거기에 알맞은 인공적인 수정(적당한 곳에 정자를 짓고 다리를 놓거나 연못을 파고 하는 식)을 더하는 식으로 만들 것이다. 그래서 한국의 정원은 사람이 만들었다기보다는 자연 속에서 아름다운 경치를 찾아내 울타리를 치고 필요한 곳에 알맞은 다리나 정자 같은 것을 설치해 자연과 어우러지게 한다. 어떤 문화적인 생각이 투영되었는가에 따라 똑같은 땅이 참 대조적인 문화 경관으로 변할 수 있는 것이다. 그래서 나는 인간을 슬라이드 영사기에 비유하곤 하는 것이다.

문화 경관으로 땅 위에 표현되는 사람들의 문화적인 습성과 사고 방식은 흔히, 그 땅이 아무 흔적도 없는 백지가 아닌 한, 그 자연 환경의 특성과 선주민들이 남긴 문화 유산 위에 덮혀 표현될 수밖에 없다. 그러나 한 지역의 문화 경관은 그 지역에 살았거나 현재 살고 있는 문화 집단의 습성과 사상을 반영하는 것임에 틀림없다. 나는 이 책에서 문화 지리학자로서 한국인이라는 문화 집단이 가진 풍수적인 사고 방식과 그것을 토대로 땅 위에 그려 온 경치, 즉 땅 위에 비춰진 '슬라이드 영상과 필름'을 분석·해독하고, 그것들 사이의 관계를 알아보려고 한다.

어떻게 정의를 하든지 나에게 문화 지리학은 참 재미있는 학문이고, 오늘날 서양 지리학에서는 문화 지리학이 그 무대 중앙을 차지하고 있다고 할 수 있다. 35년이 넘도록 문화 지리학을 공부했으나 내가 왜 이것을 공부했나 하고 후회한 적이 없고, 학생들에게 문화 지리학을 강의할 때 우리가 환경을 이용하는 방법은 문화적인 면과 밀접한 관계가 있고, 사람들은 문화적인 생각을 땅에 투영해 경관(경치)을 만들어 가고 있다고 이야기할 때 보람을 느낀다.

문화 지리학의 의의와 실용적인 가치는 경관에만 한정되지 않고, 한 개인이나 집단의 정체성과 한 사람이 새로운 문화 환경에 적응할 때 일어나는 여러 가지 현상을 이해하는 데에도 중요하다. 특히 사람이 한 문화권을 떠나 다른 문화권에 들어가 살 때 이러한 점을 더욱 실감할 수 있다. 똑같은 사물이 다른 문화 환경에서는 다르게 해석되고 다른 의미를 가질 수 있기 때문이다.

나는 뉴질랜드 오클랜드 대학교의 문화 지리학 강의 첫 시간에 내 이름을 가지고 학생들을 웃기면서 이야기를 시작한다. 그 이야기는 이렇다. 내 이름, '윤홍기'의 '홍기'는 내 어머니가 지어 주신 이름인데, 우리말로 하면 큰 터, 혹은 큰 기초라는 뜻이다. 내 이름에는 세상을 위해 큰 터를 닦을 수 있는 삶을 살기를 기원한 어머니의 마음이 담겨 있다. 한국에서 이름은 대체로 내 이름처럼 부모님이 자식에게 바라고 기대하는 좋은 뜻이 담겨 있다. 그리고 내 이름 홍기는 한국 사람에게는 전혀 어색한 이름이 아니고 흔히 있을 수 있는 것이다. 한국 문화에서는 그저 평범한 이름이다. 그렇지만 서양에서, 특히 미국에서 사용할 때에는 아주 특이한 것이 된다. 내 이름은 '홍키'에 가깝게 발음된다. 그런데 이 '홍키(honky)'라는 말은 미국 흑인들이 백인을 욕할 때 쓰는 가장 심한 말로 '백인 돼지'라는 뜻이 있다. 한국 문화에서 큰 기초라는 뜻의 이름이 미국이나 뉴질랜드에서는 '백인 돼지'라는 말과 아주 비슷한 발음이 된다. '윤홍기'라는 사람은 한국에서나 서양에서나 똑같은 사람이지만, 똑같은 사람의 이름이 어느 문화에서 사용되느냐(어떤 스크린에 투영되느냐)에 따라 그 의미가 아주 달라지는 것이다.

나는 미국이나 뉴질랜드에서 낯선 사람들을 만나 서로 자기 이름을 소개한 뒤, 사람들이 내 이름을 잘 잊지 않는 것을 보고 처음에는 그들이 아주 대단한 기억력을 가지고 있다고 생각했는데, 나중에 알고 보니 그들에게 내 이름은 기막히게 우스워서 기억하기 쉬웠던 것이다. 상상해 보라. 만약 한 외국인이 한국에서 한국 사람들에게 자기 이름을 소개할 때 저의 이름은 '백돼지입니다'라고 한다면 얼마나 우습겠는가. 아마 많은 한국 사람들이 처음에는 이 사람이 농담을 하나 하고 생각할 수도 있을 것이다.

한국 문화에서 평이한 내 이름이 서양 문화에서는 이렇게 아주 특이하게 들리는 것이다. 이와 같이 어떤 사물이 다른 문화 환경에 투영되었을 때 다른 의미를 갖게 되곤 한다. 이제 문화 지리학 중에서 문화 경관의 연구와 나의 풍수 경관 연구를 잠시 생각해 보겠다.

3. 근대 문화 지리학의 경관 연구와 풍수 문화 연구

근대 문화 지리학은 미국의 칼 사우어(Carl O. Sauer)로부터 시작되었다고 해도 지나치지 않는다. 사우어는 전대 학자들의 학문을 자신의 공부에 자유자재로 적용해 현대 문화 지리학의 초석을 놓았는데 그의 학문의 중요한 면은 경관론이다.

영어권에서 칼 사우어 시대의 지리학자들이 사용한 '랜드스케이프(landscape)'란 개념에 가장 잘 들어맞는 한국어는 '경치'인 것 같다. 한국어로 "아! 참 아름다운 경치다."라고 할 때는 그냥 눈에 들어오는 경치의 특징을 통틀어 지칭한다. 이때 풍경은 인문 현상과 자연 현상이 구별되지 않고 뭉뚱그려져 있다. 인간이 비록 쌍둥이라 하더라도 각각 다른 특징이 있듯이 경치 역시 아무리 비슷하더라도 한 폭의 경치가 다른 경치와 똑같을 수는 없고 다른 면(다른 맛)이 있을 수밖에 없다. 그래서 칼 사우어는 랜드스케이프(landscape, 경치)를 "문화적인 것과 자연적인 형태 모두가 독특하게 혼합되어서 구성된 지역(an area made up of a distinct association of forms, both physical and cultural)"이라고 했다.[7]

우리말 '경치'로 표현될 수 있었던 '랜드스케이프'란 말이 이제는 일본에서 지어낸 '경관(景觀)'이란 말로 고착되어 가고 있다. '경관'이란 말은 메이지 시대의 일본 박물학자가 독일어 '란트샤프트(landschaft , 영어 landscape에 해당함)'를 번역하면서 이에 해당하는 일본어가 없자 새로 만든 말에서 유래했다고 한다.[8] 한국에서 널리 쓰이고 있는 경치라는 한자어가 일본어에는 없다고 한다. 아무튼 '랜드스케이프'란 서양 지리학 개념을 한국 지리학계에서 도입해 번역할 때, 우리가 일상 생활에서 사용하고 있는 쉬운 '경치'라는 우리식 표현을 제쳐놓고, 일본 사람들이 새로 만든 생소한 단어를 비판 없이 받아들인 것으로 보인다. 한국 학계가 처음부터 '랜드스케이프'란 서양 말을 번역할 때, '경관'처럼 생소하고 일본에서 새로 수입된 말 대신에 '경치'라는 우리식 표현을 썼다면, 이 문화 지리학 개념을 이해하기 더 쉬웠을 것이다. 이것은 서양 문화를 제3국(일본)을 통해 들여올 때의 불편함과 불리함을 잘 보여 주는 사례라고 생각한다. 나는 영어의 '랜드스케이프'에 해당하는 지리학 용어로 '경치'를 쓰고 싶지만 이미 '경관'이란 말이 상당히 고착되어 있는 것 같아 혼란을 피하기 위해 이 책에서는 그냥 경관이라 쓸 것이다.

현재 서양에서 문화 지리학을 소개하는 여러 책들은 하나같이 문화 경관 연구의 중요성을 이야기하고 있다. 사실 경관 연구는 문화 지리학의 초창기부터 현재까지 가장 많이 그리고 가장 중요하게 다루어진 연구이다. 현재 문화 경관 연구에서 주목받아 온 연구 중에서 나의 풍수 연구와 연관될 수 있는 몇 분야를 소개한다면 다음과 같다.

① 경관을 텍스트로 보는 연구

1990년대부터 문화 지리학에서는 '경관을 읽는다.'는 말이 유행했는데 그것은 문화 지리학의 한 부류였을 뿐이었다. 제임스 덩컨(James Duncan)과 낸시 덩컨(Nancy Duncan)은 「경관 다시 읽기((Re)reading the Landscape)」란 논문에서 "경관이란 사람의 생각(사상)이 구체적인 형태로 변형되어 있는 텍스트(메세지가 담긴 글)로 볼 수 있다."라고 했다.[9] 그는 문학의 언어 이론을 접목해 경관의 상징성과 의미를 읽어 내고자 했다. 이것은 아주 새로운 시도인 듯하지만 내가 보기에는 이미 초기 기독교 신학자들이 땅의 생김새(경관)에서 하느님의 뜻을 읽어 내려고 했던 것(특히 Hexaemeral literature, 창조주의 뜻을 경관에서 유추해서 설명하려고 한 문헌들)에서 내려오는 서양 사상의 한 줄기였다.

② 경관을 상징물로 보고 그 상징성을 해석하는 연구

아이코노그래피(Iconography, 도상학)란 어떤 이미지 뒤에 감춰진 상징적 의미를 캐내어 설명하기 위해 눈으로 보이는 이미지를 서술하고 해석하는 것이라고 정의한다.[10] 이 말은 처음에 기독교 성모상과 같은 상징물이나 종교화 해석에 쓰이던 것인데, 문화 지리학에서는 데니스 코스그로브(Denis Cosgrove)라는 학자가 경관 해석에 쓰면서 문화 지리학자들에게 가까워진 말이다. 경관을 아이코노그래피적인 면으로 연구하는 이들은 실제 지표의 실제 경관보다는 고지도, 사진 및 화가들의 그림 등에 함축된 사회 문화적 의미와 상징성 분석 및 해석을 주로 한다.

③ 희미하게 지워진 경관

팰림세스트(palimpsest)는 옛날 종이가 귀했던 유럽에서 종이 대신 사용되었던 양피지(parchment) 위에 희미하게 남아 있는 글씨들을 가리킨다. 양피지가 워낙 귀해 전에 썼던 글자를 지우고 그 위에 새로운 글을 덧쓰곤 했는데, 지워도 희미하게 보이는 흔적을 팰림세스트라고 한다. 이에 대해 마이크 크랭(Mike Crang)은 이렇게 말했다.[11]

(연습용 돌에) 전에 쓴 글씨들이 언제나 지워도 잘 지워지지 않아서 시간이 지남에 따라 그 결과는 복잡하게 얽히고설킨 자국들이 된다. 희미하게 지워진 것들과 그 위에 덮어쓴 글씨들 전체를 지칭하는 것이 바로 팰림세스트이다.

경관 연구에서는 이 개념을 사용해, 불완전하게 지워진 전 시대의 경관과 그 위에 새로 세워진 경관을 통틀어 이야기한다. 많은 경우 문화 경관이란 이렇게 희미하게 지워진 경관 위에 새로운 것을 덮어씌워 만들어진 것이기 때문이다.

한국의 풍수 사상 연구에서 주요한 부분은 한국 사람들이 가진 풍수적 사고 방식이 어떻게 실제 생활과 행태에 나타났으며 이러한 사고와 인간 행태는 어떻게 한국의 경치(경관)에 투영되어 구체적인 형태로 경관화되어 있는가 하는 것이다. 한국의 풍수 문화 경관을 연구할 때 앞에 열거한 세 가지 근대 문화 지리학의 경관 연구 방법론이 중요한 이론적 틀이 될 것이다. 다시 말하면 한국인의 풍수 사상이 어떠한 과정을 통해 보고 만질 수 있는 구체적인 경관의 형태로 변형되어 우리에게 경치로 나타났는가? 또는 풍수 사상의 영향으로 조성된 경관, 예를 들어 서울의 옛 도성과 궁궐의 위치와 수없이 많은 무덤들이 어떠한 사회적 문화적 메시지를 알려주는 텍스트로 읽힐 수 있는가? 이러한 연구는 경관을 텍스트로 보는 문화 지리적 경관 연구 방법론에 그 이론적 근거를 둔다.

수없이 많은 풍수서와 옛 산송(山訟) 서류에 포함되어 있는 전통적 풍수지도(산도)와 풍속도 등에 사용된 지형 표현 관습 속에서 어떠한 사회 문화적인 상징을 찾아볼 수 있는지, 아니면 풍수적으로 땅을 파악하는 방법, 예를 들어 산의 모양에 따라 불꽃같이 날카로운 산봉우리를 화산(火山) 또는 필봉(筆峰)이라 하고 물결같이 생긴 산을 수산(水山)이라고 하는 사고 방식에서 우리는 어떤 사회 문화적인 상징성을 해석할 수 있는지 등을 추적하는 풍수 연구는 경관의 아이코노그래피적 해석에서 그 이론적 근거를 유출할 수 있다.

한국의 최근 도시나 시골 마을의 경관은 그야말로 천지개벽이라 할 정도로 많이 바뀌었다. 초가와 재래식 한옥 기와집이 대부분 사라지고 새로운 서양식 빌딩과 양옥 들이 들어섰다. 그러면서도 재래 경치, 재래 문화유산이 희미하게 지워졌으며, 여전히 살아남아서 현대에 개발된 경치에 통합된 경우가 한둘이 아니다. 그래서 한국의 문화 경관은 옛날 경관이 희미하게 지워진 것 위에 새로운 것들이 들어서고 그 새로운 것들이 또 희미하게 지워지고 그 위에 좀 더 새로운 것들이 들어서서 오늘의 경관을 만들어 낸다. 이러한 것을 공부하는 것은 우리 경관 속의 팰림세스트를 찾는 것이라 할 수 있다. 재래 경관 중에는 풍수의 영향을 받은 것들이 수없이 많다. 이러한 경관들은 왜 아예 깡그리 없어지지 않고 희미하게나마 남아 있는가? 아니면 어떻게 다시 해석되고, 변모해 생존하는지 생각해 볼 때 문화 지리학의 경관 연구 방법에서 도움을 받을 수 있다.

자, 이제 문화 지리학의 현대적 방법론의 도움을 받으며 풍속의 세계로, 전통 사회의 땅을 보는 마음 틀의 세계로 들어가 보자.

제1부
풍수의 기원

나의 풍수 연구나 뉴질랜드 마오리 연구는 한국에서보다는 외국 학계에서 더 많이 인용되고 읽히는 것 같다. 이는 나의 글들이 대개 영어로 외국에서 출판된 때문이라고 생각한다. 예를 들면 미국 국회 도서관이나 유명한 미국의 큰 대학 도서관들은 내가 쓴 책을 소장하고 있는 경우가 많지만, 한국에서는 그렇지 않다. 그래서 지금까지 영문으로 발표한 나의 논문들 중에서 중요하다고 생각되는 부분을 뽑고 새로운 글을 더해 우리말로 이 책을 준비했다.

이 책에 실린 풍수의 기원 및 전파에 대한 나의 견해도 한국 학계보다는 서양 학계와 중국 학계에서 더 많이 논의되고 인용된다고 한다. 최근 영문으로 출판된 나의 풍수 연구서에 대한《미국 아주 학회지(*Journal of Asian Studies*)》 서평에서 스티븐 필드(Stephen Field)는 윤홍기와 스티븐 포이트왕(Stephen Feuchtwang)의 풍수 연구서가 1970년대에 출판된 후 거의 대부분의 서양 풍수 연구자들에게 인용되어 왔다고 했다.[1] 또 중국 풍수 연구에 있어 참여 관찰 연구로 중요한 이정표를 세운 올 브룬(Ole Bruun)은 그의 책에서 한국 사람이 쓴 것임에도 불구하고 윤홍기의 풍수 연구는 서양에서 나온 중요한 풍수 연구서 중 하나로 근래 중국 학자들이 풍수 연구에 인용하고 있다고도 했다.[2] 그러나 풍수의 기원과 전파에 관한 나의 견해가 국내 학계에서는 인용되거나 토의되고 있는 것 같지 않다. 그러나 지금은 고인(故人)이 되신 국사학자 이기백 교수와 내가 1994년에 벌인 풍수의 기원에 관한 논쟁은 예외적이다.

제1부 「풍수의 기원」은 내가 40여 년 전 학위 논문 주제로 풍수를 택하고서 줄곧 생각하며 공부해 온 문제로, 주로 영어로 씌어진 글들이지만 여러 학술지와 단행본에 이미 몇 차례에 걸쳐 미완성의 중간 발표식으로 발표된 것들이다. 발표할 때마다 매번 조금씩 새로운 정보와 새로운 해석이

가미되었다고 생각된다. 풍수의 기원과 전파에 관한 나의 생각은 지금도 점진적으로 발전되고 있다. 그래서 제1부에 묶은 글들은 이미 다른 곳에 출판된 글들보다는 좀 더 발전된 것들이긴 하나, 결정판이기보다 옛글에 새로운 토론이 보충된 것들이다.

제1부에 포함된 풍수의 본질과 연구 자세에 대한 글은 내가 옛날에 했던 이야기를 간추려서 좀 더 폭넓게 소통하려고 시도한 것이다. 한국의 풍수를 이야기하는 책이니 풍수의 기본 원리는 잠깐이나마 짚고 넘어가야 해서 포함시킨 면도 있다. 사실 풍수의 기본 원리는 대체로 간단하다. 시골의 삼태기같이 산이 삼면에서 길지를 에워싸고, 명당 앞에는 천천히 흐르는 물이 있고, 남향으로 양지바른 곳이면 좋은 땅(길지)이다. 그러나 풍수술서나 지관들은 이러한 기본 원리를 일반인이 이해하기 매우 어렵고 모호하게 표현해 설명하는 경우가 흔하다. 이는 풍수술이 음양오행설을 통한 형이상학화 과정과 지형과 방위를 보는 방법이 세분화되는 과정에서 피할 수 없는 현상이라고 보인다. 하지만 또 이러한 어렵고 애매한 풍수 원리의 표현은 지관들이 풍수 전문 지식을 자기들 사이에 국한시킴으로써 자신들의 이권을 보호하려 한 측면도 있을 수 있다고 생각한다.

제1장 풍수를 연구한다는 것

풍수 지리 사상을 토의하는 연구자의 기본적 자세와 연구의 대체적 방향을 먼저 생각해 보고자 한다.[1] 우선 풍수 지리학에 대한 학문적 연구가 더욱 발전하기 위해서는 풍수 지리 연구자들의 기본적인 자세부터 확인해야 한다. 즉 지관(地官)과 풍수 지리를 연구하는 학자(學者)는 확실히 구분되어야 하고 그 차이에 관해서 명확한 선을 그어야 한다고 생각한다. 요즘 풍수 지리를 공부하는 인문 사회 계통의 일부 학자들은 풍수를 언급하는 것조차 금기로 여기는 경향이 있는 것 같다. 이렇게 학자들이 풍수 연구에 등을 돌린 데에는, 바람직하지 못한 풍수 신앙이 아직도 한국 사회에 만연해 있는 탓이고, 학문을 하는 사람으로서 풍수를 연구한다고 하면 이러한 바람직하지 못한 지관으로 취급받을 수도 있다는 우려에서 기인한 듯하다. 특히 요즈음 상당수의 지리학자들은 풍수를 학문적으로 연구하는 것을 기피할 뿐 아니라, 풍수를 언급하는 것조차 꺼리는 것 같다. 이러한 경향은 사회 일각에서 지리학자와 지관을 동일시하자 이러한 사회적 시각에 대응하기 위해 (일부) 지리학자들이 지리학은 '풍수 지리나 신봉하고 가르치는 학문'이 아님을 강조하기 위해 자기들은 풍수 연구와 무관하다는 인상을 부각시키고자 했고, 풍수 지리는 지리학이 아니라고 선을 긋고자 한 데에서 연유한 것이 아닌가 한다.

만약 지리학자가 지관으로 오인되곤 했다면, 혹시 풍수를 연구하는 일부 지리학자 스스로 오해받을 만한 행동을 하고, 지관들이나 쓸 수 있는 글을 쓴 데에서 비롯된 것은 아닌가 자문할 필요가 있다. 만약 지리학이 세칭 '혹세무민'의 풍수 지리설로 매도되고, 지리학자가 지관으로 매도된다면, 한국 지리학계에 치명타일 수 있다. 만약 지리학자들이 이런 이유에서 풍수 지리 자체의 학적 연구뿐만 아니라 한국 문화에 미친 영향에 관한 연구까지도 기피하게 되었다면, 이는 일종의 자기 방어적인 심리가 크게 작용해 스스로 해야 할 일을 하지 않고 방기하는 꼴이 될 수도 있다. 현재 한국 지리학계에서는 풍수 지리설의 학적인 연구를 대체로 외면하고 있고, 따라서 최근 지리학 학술지에서 풍수 지리설을 학적으로 깊이 다룬 논문을 찾아보기 힘들다. 이렇게 지리학자들이 풍수 지리설 연구에 제 몫을 하지 않다가, 다른 분야에서 지리학자의 몫까지 다 연구해 버린다면 지리학자들은 "제 밥 찾아 먹지 못했다."라는 지탄을 듣게 되지나 않을까 걱정이다.

풍수술을 업으로 하는 지관과 풍수 신앙 현상을 객관화해 연구하는 학자는 다르다. 지관과 풍수를 연구하는 학자의 차이를, 지관이 명당을 잡아 주고 돈(대가)을 받는 대신 학자는 돈을 받지 않는다는 식으로 단순히 이해하는 것은 표면에 보이는 지엽적인 차이, 즉 포장만 보고 물건의 질을 평가하는 격이다. 그 근본적 차이는, 지관은 풍수적으로 땅을 평가하고 해석해 땅의 길흉과 발복을 예언하는 사람이고, 학자는 이러한 지관들의 땅에 대한 풍수적인 평가와 발복을 예언하는 행위를 가능한 한 객관화해 따져 보고 평가하는 일종의 풍수 관전평을 쓰는 사람이다. 지관으로서 풍수를 공부하는 것은 학자로서 풍수를 연구하는 것과 아주 판이하다. 그런데 지금 한국에서는 바람직하지 않은 현상이지만 지관과 풍수를 연구하는 학자를 혼동하는 경향이 확실히 있다. 지관과 풍수를 연구하는 학자는 별개의 전문직인데도 불구하고 그들을 혼동한 탓이다.

이는 마치 축구 선수와 축구 평론가를 혼동하는 것과도 흡사하다. 축구 선수를 지관에 비한다면 축구 관전평을 쓰는 평론가는 풍수를 학적으로 조사·평가하는 연구자에 비유할 수 있다. 실제로 축구 선수로 경기에 참여하고 있는 사람은 그 축구 경기를 조감하고 관전평을 쓰는 데 적합하지 않을 것이다. 왜냐하면 실제 선수로 뛰는 사람은 그 경기를 조감해 볼 수 있는 기회를 가지기 힘들기 때문이다. 자기와 관계되었던 경기 내용에 대해서는 어느 누구보다도 더 잘 알고 독특한 견해를 제공할 수 있을지라도 그 경기 전체를 객관적인 입장에서 평가하기는 힘들다. 그래서 바람직한 관전평을 쓰기에 적합한 사람은, 은퇴한 축구 선수일 수도 있고 축구 선수가 아닐지라도 축구에 관해 많이 알고 있어야 하지만 그 경기를 선수로 뛰지 않고 경기 전체를 조감할 수 있는 관람석에서 주의 깊게 경기를 보고, 가급적 양 팀을 모두 객관적으로 관찰할 수 있는 사람이어야 할 것이다.

학문을 한다는 것은 일종의 관전평을 쓰는 것이 아닌가 한다. 비록 불가능에 가깝다 할지라도, 자신이 공부하는 사물을 객관화할 수 있는 데까지 객관화해 보는 태도가 학문하는 기본 자세일 것이다. 그래서 풍수 신앙을 실행하고 있는 지관과 그 풍수 신앙 현상을 학적으로 따지는 학자는 구별되어야 한다. 예컨대 기독교 신학자들은 대체로 기독교 신자들이다. 그러나 기독교 신앙은 그 신앙을 학적으로 규명하고자 하는 신학과는 구별되며 기독교 신자와 신학자는 구별될 수 있다. 그래서 기독교 신앙을 가진 사람이 기독교 신학을 하는 경우가 대부분이겠지만, 불교 신자나 이슬람교 신자가 기독교 신학을 학문의 대상으로 연구할 수도 있다. 한국의 풍수지리설도 이와 같다. 풍수 신앙과 그 신앙을 학적으로 연구하는 학문은 구별된다.

정치가와 정치학자는 구별되고, 굿을 하는 무당과 굿과 무당을 공부하는 학자는 구별된다고 생각한다. 사실 구비 문학 분야를 전공하는 국문학자가 무가(巫歌)를 공부한다고 해서 무당 취급을 당할 염려는 없다고 생각한다. 그런데 지리학자가 풍수 지리를 학문적으로 공부하면 지관으로 취급받기가 쉬운 것 같다. 왜 그런 것일까? 세 가지 이유를 찾아볼 수 있다.

첫째, 무가를 공부하는 국문학자는 실제로 굿을 한다든지, 무당을 자처한다든지 하는 경우가 없었던 것으로 보인다. 지리학자로서 풍수를 공부한 이가, 무당이 굿하는 것에 해당한다고 볼 수 있는, 명당을 잡아 주고 지관으로 행세한 면이 혹시 있지 않았나 생각해 볼 필요가 있다.

둘째, 전통적인 중국 문화 속에서는 풍수 지리와 전통 지리학의 경계가 분명치 않아서 풍수설도 지리(학)라고 했고, 지관과 지리학자를 모두 '지리 선생'이라고 부르곤 했다.[2] 우리나라에서는 이제 지리 선생이라고 할 때 지리학을 가르치는 교수나 교사를 지칭하지 지관을 지칭하는 경우는 거의 없지만, 지관과 지리학자를 구별하지 않고 통틀어 지리 선생이라고 할 수 있는 중국 전통이 한국 문화에서도 어느 정도 통했었다고 보인다.

셋째, 일반인이 무당이 되려면(무당으로 일하려면) 신(神)이 내려야[降神] 한다. 그러나 일반인이 풍수가 되려면(지관으로 일하려면) 이러한 제약이 없다. 명당을 평가하는 지식이 있는 사람은 원한다면 누구나 풍수 지관으로 행세할 수 있다.

이러한 세 가지 이유로 풍수를 학문적으로 공부하는 지리학자가 지관과 혼동되곤 했던 것이 아닌가 한다. 나도 지리학자가 아닌 사람들과 이야기하다가 내가 풍수에 관계되는 것을 좀 공부했고 그것을 논문으로도 썼다고 하면 상대가 농담 섞어 "명당 하나 잡아 달라."라고 하는 것을 들은 적이 여러 번 있다. 풍수를 공부하지 않는 지리학자들도 이보다 더 지나친 오해와 가당찮은 부탁을 가끔 받곤 하는 모양이다.

풍수를 학문적으로 연구하는 사람이 이렇게 지관으로 오인될 소지가 있다는 것은 바꾸어 말하면 풍수만큼 한국 지리학 연구에 중요하면서도 한국 문화에 지대한 영향을 끼친 연구 주제가 드물다는 것이다. 풍수를 연구하지 않는 지리학자도 이렇게 오해를 받을 수 있을진대 이미 풍수에 관해 여러 편 글을 쓴 사람이 쓰는 이 글을 일반인이 읽는다면 그 논조가 어떻든 풍수 신앙을 옹호하는 글이라거나, 풍수 술서로 오해할 수도 있지 않을까 하는 걱정이 앞선다.

풍수 사상이라는 것은 문화 지리학의 중요 관심사인 '자연 환경이 인간(문화)에 의해서 어떻게 해석되고, 어떻게 이용되는가'를 중국 전통 문화의 틀 속에서 표현하고 있는 것이다. 서양에서 문화와 자연 환경이 밀접하게 관계된 사상 중 가장 심도 깊게 오랜 세월 동안 논의된 사상이 환경 결정론이라고 한다면, 동양에서 이에 필적하는 사상이 바로 풍수 지리설이라고 생각한다.[3] 이렇게 풍수 사상이 한국 문화 지리 연구에 중요한데 지리학자 자신이 지관으로 오해받을까 또는 지리학이 풍수술로 오해받을까 하는 염려 때문에 풍수를 학문적으로 연구하는 것을 포기한다면 이것은 구더기 무서워 장 못 담그는 꼴이 아닐지 모르겠다. 풍수 연구를 마냥 꺼려할 것도 아니고, 지관처럼 완전히 몰입하는 것도 문제가 있다. 중요한 것은 대상과의 거리, 그리고 연구자로서의 자세일 것이다. 심판은 선수가 아니다.

제2장 풍수 지리설의 본질

풍수는 중국 문화 테두리 안에서 생성되고 발전한 택지술(擇地術)이자 길지발복(吉地發福)의 신앙 체계인데, 다른 문화권에서는 이처럼 택지술과 발복 신앙 체계가 결합된 환경 사상이 없는 것 같다.[1] 따라서 풍수 지리설은 오늘날 통용되고 있는 서양적 개념에 따라 종교나 과학이나 미신 중 그 어느 것 하나로 딱 부러지게 분류할 수는 없다.[2] 풍수는 종교적·합리적·미신적인 면이 모두 조금씩 녹아 있는 것이다.

풍수 지리설이 한국 문화 전반에 미친 영향은 매우 크다. 특히 전통적인 한국 도시와 마을의 위치 및 구조는 풍수의 영향이 커서 풍수에 대한 안목이 없이는 그 이해가 불가능하다. 서울을 예로 든다면 조선의 태조 이성계는 서울의 모든 지형을 여러 차례에 걸쳐 풍수적으로 따져 본 뒤에 수도로 결정했다. 옛날 사대문(四大門) 안의 도성을 둘러싸고 있는 지형은 모두 풍수적으로 해석되어 풍수적인 의미가 부여되어 있었다. 또한 경복궁을 포함한 서울의 모든 궁궐은 풍수적 지기(地氣)를 가장 잘 누릴 수 있는 곳으로 여겨졌던 장소에 지어졌고, 도시 계획과 시내 하천 및 주위 녹지대 관리까지도 풍수 사상의 영향을 받았다.

1. 풍수의 기본 전제와 원리

풍수의 기본 원리를 간단히 요약한다면, 풍수적으로 적합한 지형 및 방향을 갖춘 땅인 길지를 차지해서 바르게 사용하면 땅속에 고여 있는 생기(生氣)의 영향을 받아 발복한다는 것이다. 이러한 풍수설은 다음 세 가지 점을 전제로 성립된다고 볼 수 있다.[3]

① 땅에는 집터 또는 묏자리로서 적합한 길지와 부적합한 흉지(凶地)가 있다. 생기가 고여 있는 곳이 길지이다.
② 길지와 흉지의 판단은 오직 풍수 법칙을 적용해서 본 지형 조건과 좌향(座向)에 따른다.
③ 길지를 차지해 옳게 쓰는 사람은 복을 받는다.

이상 세 가지의 전제를 좀 더 부연해 설명하면 다음과 같다.

첫째, 땅에는 집터 또는 묏자리로서 적합한 길지와 부적합한 흉지가 있는데 생기가 고여 있는 곳이 길지이다. 풍수에서는 지표에서 그리 깊지 않은 흙 속으로 생기가 흘러 다닌다고 믿는다. 이 생기는 흙 속에서 흘러 다니다가 풍수 조건이 갖춰진 장소에 고이는데 그곳이 집터나 묏자리로 좋은 땅이다. 다시 말하면 사람이 생기를 받을 수 있는 땅은 좋은 땅이고 그렇지 못한 땅은 못쓸 땅, 즉 나쁜 땅이라는 것이다. 풍수에서 생기는 모든 생물을 낳고 유지하게 하는 힘이라고 믿는다. 풍수 고전 술서 중 가장 중요한 『금낭경(錦囊經)』 또는 『장경(葬經)』이라고도 알려진 곽박(郭璞)의 『장서(葬書)』에 따르면 생기의 원천은 음양(陰陽)의 기(氣)인데, 사람이 트림을 하듯이 이 기운이 뿜어져 나오면 바람이 되고, 바람이 올라가면 구름이 되고, 구름이 싸우면 천둥이 되고, 구름이 내려오면 비가 되며, 비가 땅으로 스며들면 생기가 된다고 했다.[4] 그러니까 생기는 땅속으로 흘러 다니거나 땅속에 고여 있는 것이고 땅 밖으로 빠져나오면 바람도 되고 구름도 되어 생기로 쓸 수 없게 변해 버린다는 것이다.

생기는 현대어로 한다면 식물을 키우는 자양분에 비유할 수 있다. 식물이 자라는 것을 보면 눈에 보이지는 않지만 그 땅에 자양분이 풍부하다는 것을 알 수 있다. 이와 같이 풍수에서는 발복하는 것을 보고 그 땅에 생기가 있는 것을 알게 된다.[5] 풍수설에서는 땅속에 생기가 흐르고 있다는 것을 대전제로 하고 있다.

풍수에서는 땅에 발복을 할 수 있는 길지가 있는 반면 액운을 초래할 수 있는 흉지도 있다고 믿는다. 이는 땅속을 흘러 다니는 생기가 풍수적으로 길지의 조건에 맞는 곳에서는 흘러 나가지 않고 고여 있다고 보기 때문이다. 좋은 땅과 나쁜 땅은 생기의 존재 여부로 구분된다.

둘째, 땅이 길지인지 흉지인지 알아내는 방법은 오직 풍수적 지형과 방향 조건에 따른다. 풍수서는 복잡하고 세세한 길지의 조건들을 제시하고 있다. 경우에 따라서는 아주 모호하고 신비스러운 말투로 그 조건들을 제시한다. 이는 풍수를 신봉하는 일반인들에게 강한 영향력을 행사할 수 있는 풍수술을 소수의 풍수 전문가, 즉 지관들이 독점하기 위한 것으로 볼 수 있다. 그런데 일반인이 금방 이해하기 힘든 용어나 말투로 풍수 원리를 논했다는 것은 발복의 예언이 빗나갈 경우에 변명할 여지를 마련하기 위한 것이 아닌지 생각해 볼 만하다. 풍수적으로 좋은 땅을 찾는 술법, 즉 땅의 생김새(지형)와 물이 흐르는 모양 및 방향에 대해는 다음에서 좀 더 자세히 살펴보기로 한다.

셋째, 풍수 원리에 따르면 명당, 즉 '좋은 땅'을 발견하고 소유한다고 해서 발복하는 것은 아니다. 사람이 그 명당에 묘를 쓰든지 집을 짓든지 해 직접 관계했을 때에만 발복한다고 한다. 그 이유는 곽박의 『장서』에 나와 있는 다음과 같은 이론에 기초를 두고 있다.

> 땅속에 묻힌 시체는 생기를 탄다(입는다). 땅속에는 오기(五氣)가 흘러 다니는데, 사람은 곧 부모가 남긴 몸이다. (그래서 땅속에 묻힌) 부모의 본 몸(뼈)이 생기를 받으면 자손(남긴 몸)도 복(생기)을 받게 된다.[6]

이 풍수 논리에 따르면 생기가 고여 있는 좋은 땅에 죽은 조상이 묻혀서 생기에 감응(感應)되면 그것이 살아 있는 자손에게 직접 전달된다고 한다. 왜냐하면 부모와 자손은 같은 기를 나누고 있고, 자손은 조상이 남긴 몸으로 본질적으로 같은 몸이기 때문이다. 곽박은 이러한 조상과 자손의 관계를 다음과 같이 신비로운 예를 들어 설명한다.

> 경은 말하길 귀신으로부터 (생기의) 기운이 (조상의 뼈에) 감응되어 복이 사람(자손)에게 전달된다고 한다. 이것은 마치 서쪽에 있는 구리 광산이 무너지자 동쪽에 있는 영종(靈鍾)이 우는 것과 같고, 봄에 나무에 꽃이 피자 방에 있는 밤에 싹이 나는 것과 같다.[7]

구리 광산과 종(鍾)의 감응 관계에 관한 비유는 옛날 중국 한나라 때에 미앙궁(未央宮)의 지붕에 매달아 놓은 구리 종이 스스로 울어서 그 까닭을 알아보니 종이 울었던 바로 그 시각에 구리를 캐내어 온 광산이 무너졌다는 옛 이야기에서 유래한 것이다.[8] 이렇게 구리 광산(부모)과 구리 종(자식)은 서로 같은 기운을 나누고 있기 때문에 부모 쪽이 큰일을 당하면 자식 쪽이 그 영향을 받는다는 것이다. 들에 있는 밤나무와 방에 있는 밤이 따로 떨어져 있어도 봄기운을 받으면 동시에 꽃이 피고 싹이 나는 원리도 밤나무와 밤이 부모와 자식 관계로서 같은 기운을 나누어 갖고 있기 때문이란 것이다. 곽박은 구리 광산과 구리 종이 같은 구리 기운을 나누어 갖고 있어 서로 감응하는 것과 같이 무덤 속의 부모가 받은 생기가 자손에게 감응한다고 했지만, 어떻게 감응하는지는 설명하지 않고 있다. 설명이 불가능한 신비로운 수단을 통해 그렇게 감응된다고 짐작할 수밖에 없다.

이러한 곽박의 풍수 생기론을 현재의 풍수학자들은 친자감응론(親子感應論) 또는 동기감응론(同氣感應論)이라고 한다. 그러나 이러한 용어들은 전통적인 풍수 지리 용어가 아니고 근대에 만들어진 말 같다. 특히 무라야마 지준(村山智順)의 『조선의 풍수(朝鮮の風水)』에서 처음 나온 용어인 듯한데 그전에도 이러한 용어가 쓰였는지 더 조사해 볼 필요가 있다. 곽박이 말한 부모와 자식 간의 생기 전달론은 땅 위의 살아 있는 후손이 땅에 묻힌 조상의 뼈를 통해 땅속에 고인 생기를 직접 받을 수 있다고 보는 음택 풍수의 이론적 근거가 되어 주었다. 그리고 양택 풍수보다 음택 풍수가 더 성행하는 데 큰 힘이 된 것 같다. 명당의 생기를 입는 데에서 음택이 양택보다 더 효율적이라고 하는 풍수 논리는 곽박의 『장서』에 처음 등장한다.

이상의 세 가지 전제 중 어느 하나라도 빠지면 지관들의 풍수 이론과 민간인들의 풍수 신앙은 성립되지 않는다. 따라서 다음으로는 풍수 지리설의 본질과 택지의 원리에 대해서 검토하겠다.

2. 풍수에서 말하는 길지(명당)의 조건

곽박의 『장서』에 따르면 풍수란 말 자체가 '장풍득수(臟風得水)'에서 왔다. 양택 풍수와 음택 풍수는 그 기본 원리가 일치하며, 현재 쓰고 있는 풍수 원리의 문헌적인 근원은 주로 『장경』에서 찾는다. 중국에서는 곽박 이후 풍수술이 방위를 위주로 하여 길지를 평가하는 종묘법(宗廟法)과, 지형 즉 산의 모양과 물의 흐름을 위주로 하여 길지를 평가하는 강서법(江西法)으로 나뉜다고 알려져 있다. 종묘법은 방위법이라고도 하는데 현재 중국의 푸젠(福建) 지방에서 시작되었다고 전해진다. 강서법은 다른 이름으로 형세법(形勢法)이라고도 한다. 지형의 변화가 적은 평야 지대에서는 방위법이 보다 중요했고, 굴곡이 심한 산악 지대에서는 형세법이 우세했던 것으로 보인다. 그러나 이 두 방법은 방위와 지형 중 그 어느 쪽을 강조한다는 정도이지 다른 쪽을 무시하는 관계가 아니었다. 가능하다면 이 두 방법 모두 지형 조건을 길지 평가의 바탕으로 삼았다. 이것은 "평야 지대에서 한 치 높은 곳은 산이요 한 치 낮은 곳은 물로 본다."는 풍수 격언으로도 짐작해 볼 수 있다.

한국에서는 방위법과 형세법이 나뉘지 않았고, 지형을 위주로 하여 길지를 찾은 다음 방위를 고려했다. 한국의 풍수 지리 입지론은 주로 배산임수(背山臨水)의 지형적 조건을 찾는 것이다. 즉 '좋은 땅'은 마른 땅이어야 하나 뒤로 산이 있어 찬바람을 막아 주고, 앞으로 물을 가까이 하고 있는 곳이어야 한다. 이러한 땅은 안락의자에 앉는 것과 같이 전면이 남쪽으로 트

1. 혈(穴)
2. 명당(明堂)
3. 입수(入首)
4. 내청룡(內靑龍)
5. 외청룡(外靑龍)
6. 내백호(內白虎)
7. 외백호(外白虎)
8. 내수구(內水口)
9. 외수구(外水口)
10. 주산(主山)
11. 내룡(來龍)
12. 안산(案山)
13. 조산(朝山)

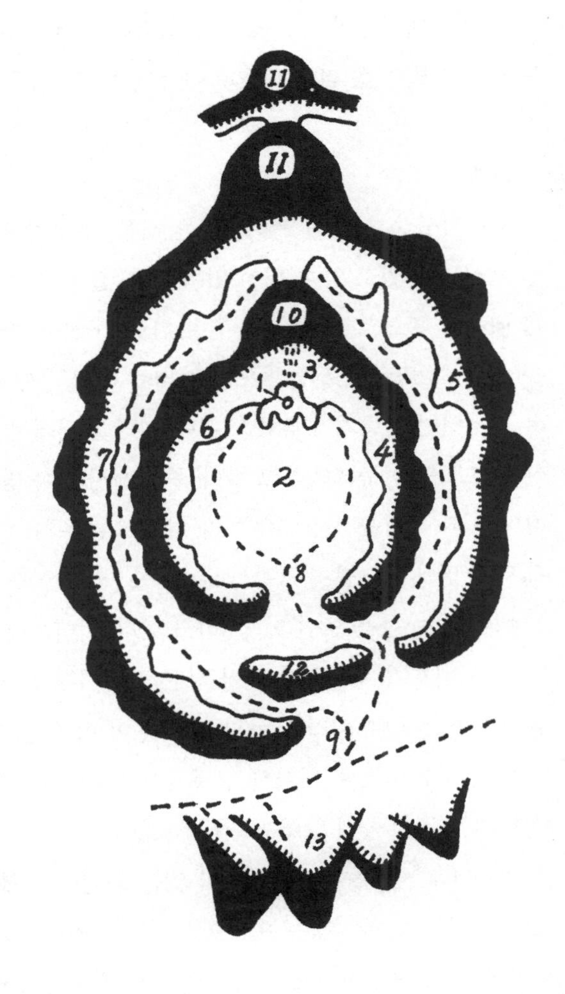

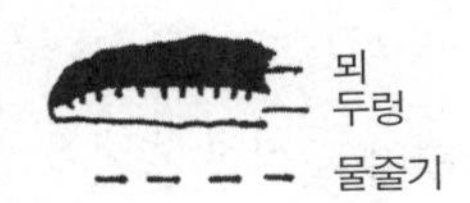

그림 2-1. 풍수에서 말하는 명당의 조건.

이고 나머지 세 방향이 산이나 언덕으로 에워싸인 곳이다. 즉 우리 농촌에서 쓰던 삼태기같이 생긴 땅이다. 이러한 조건을 현재 한국의 지관들이 쓰는 용어를 빌려 좀 더 자세하게 이야기한다면 다음과 같다.[9]

산맥

풍수가들은 산맥(뫼 두렁)을 보는 것을 가장 중요시한다. 삼면이 산으로 잘 둘러싸여 있고 앞이 터져 있는 곳은 길지 또는 명당으로 지목된다. 산은 대체로 흙으로 된 산이 좋고 바위로 된 산은 좋지 않다고 여겨졌다. 내룡(來龍), 즉 명당으로 들어오는 산맥이 길고 용이 살아 기어가는 형으로 굴곡이 있는 산줄기가 좋은 것이다. 명당을 뒤에서 보호하고 있는 산을 주산(主山) 또는 현무(玄武)라고 한다. 주산에서 보아 명당의 왼쪽을 감으며 둘러싸는 뫼 두렁을 청룡(青龍)이라 하고 오른쪽의 것을 백호(白虎)라고 한다. 확 터진 명당 앞터를 멀찍이서 막아 주고 있는 산을 안산(案山)이라 하고 안산 뒤에 있는 산을 조산(朝山)이라고 한다. 이러한 조건 중 뒷산, 즉 주산에서 청룡 백호가 뚜렷하게 뻗어 나온 삼태기 또는 말발굽 같은 지형이 가장 중요한 것이다. 이러한 주위 뫼 두렁이 터를 잘 에워싸고 있는 곳은 바람이 자는(없는) 곳이 되어서 장풍지지(藏風之地)의 명당이 된다. 바람이 불어 닥치는 곳은 좋지 않다고 한다.

내룡(來龍, 後方山脈)은 길고 살아 있는 용같이 구불거리며 길지의 후방으로부터 혈처(穴處)가 있는 주산으로 연결되어야 한다고 한다. 굴곡과 높낮이가 없이 그냥 일직선으로 밋밋하게 쭉 뻗어 들어온 뫼두렁은 죽은 용, 즉 죽은 뱀과 같은 형상이라고 해서 좋지 않다고 본다. 풍수에서는 산맥을 '용(龍)'이라고 하는데 이는 명나라 때에 서선계(徐善繼)·서선술(徐善述) 형제가 저술한 풍수서 『인자수지(人子須知)』에서 말하는 바와 같이 산맥의 흐름이 높다가도 낮아지고 바로 가다가도 되돌아가는 굴곡이 마치 용이 기어가는 모습을 연상시킨다 해서 붙인 말이라고 한다.[10] 내룡은 끊어짐이 없이 연결되어 있어야 하고 보기에 생기가 차 있어야 한다고 한다.

혈처의 뒷산이 바로 주산인데 이는 혈을 굽어보며 보호하려는 형상이 좋은 것이라고 한다. 혈은 땅속을 흘러 다니는 생기가 흘러 나가지 않고 모여 있는 곳으로 그곳에 집이나 무덤을 만들면 생기가 사람에게 이용될 수 있는 곳이다. 주산은 수려하고 주인 같아서 내룡으로부터 흘러오는 생기를 혈처에 갈무리할 만한 곳이어야 한다고 한다.

주산에서 왼쪽으로 뻗어 나와 혈을 감싸고 있는 산을 청룡이라 하고 오른쪽으로 뻗어 나와 혈을 옹위하는 산을 백호라고 한다. 이 청룡과 백호는 혈을 감싸 안고 좌우에서 보호하는 형상이어야 하고, 그 끝이 안쪽으로 굽어 기를 흘리지 않고 감싸 주는 모양이어야 한다고 한다.

명당 앞에 좀 떨어진 곳에 안산과 조산이 명당을 보호하며 주산을 향해 앞에 상을 차려 놓고 절하는 형으로서 조공을 바치며 시중드는 형이어야 좋은 형국이라고 한다.

물줄기

혈(명당) 자체는 땅속이나 지표에 물이 없는 마른 땅이어야 하지만 그 앞에는 물이 있어야 한다. 그래서 물줄기는 명당 또는 혈, 다시 말해 묏자리나 집터 자체를 바로 통과해서는 안 된다. 왜냐하면 생기는 물을 건너지 못하고 혈에 계속 고여 길지를 형성하기 때문이다. 이 물은 주로 개천이나 강이지만 호수나 연못같이 고인 물도 상관없다고 한다. 혈 앞에 있는 물은 명당의 크기와 종류에 따라 다를 수가 있다. 흐르는 물은 일직선으로 쭉 빠져 나가지 않는 것이 좋고, 급류여서는 안 되며, 마치 명당을 사랑해 흘러가고 싶지 않은 듯 천천히 굽이굽이 돌아서 미앤더(meander) 형태[11]로 물굽이를 많이 만들며 흐르는 것이 좋다고 한다. 물은 동쪽(주로 동북쪽)에서 서쪽(주로 서남쪽)으로 흐르는 것을 좋다고 친다.

토색

명당에 있는 혈의 토색(土色), 즉 흙의 색은 콩가루를 빻아 놓은 듯 곱고 부드러우면서도 누런 황토를 으뜸으로 친다. 이러한 흙이 단단히 다져져 있는 생땅이어야 좋다. 이전에 한 번 파헤쳐졌거나 푸석푸석한 흙은 좋지 않다. 그리고 단단하지 않고 습기가 있는 흙은 썩은 땅이라고 해서 피한다.

좌향

이러한 산과 물을 갖춘 곳이 길한 방향으로 흐르고 있으면 좋은 땅이다. 좋은 방향은 그 지형과 그 길지를 이용하는 사람의 오행(五行)이 맞아야 하기 때문에 미묘한 차이가 있다고는 하나 대체로 햇볕이 잘 드는 동남쪽과 서남쪽을 포함한 남쪽 방향을 좋은 방향[吉向]이라고 한다. 하지만 신비로운 길방(吉方)을 정확히 잡는 것은 오직 패철(佩鐵)를 놓고 볼 줄 아는 지관의 몫이라고 한다. 아무리 좋은 명당이라도 좌향(坐向)을 잘못 잡으면 재앙을 부른다고 할 정도로 좌향은 풍수에서 중요시되어 왔다. 그 미묘한 방향의 차이는 발복하는 데 아주 큰 차이를 나타낸다고 지관들은 주장한다. 복잡한 풍수 나침반을 어떻게 봐야 하는지는 지관들의 오랜 논쟁거리였다. 좌향은 지관의 실수를 정당화하는 핑계로 또는 다른 지관이 점지한 길지를 비판하는 수단으로 가장 많이 쓰인 것으로 보인다.

여기까지 말한 조건들을 종합해 보면 복지(福地)는 뒤편, 즉 서북쪽에 산이 있어 겨울에 추운 바람을 막아 주고, 앞(남쪽)에 개천이나 호수가 있는

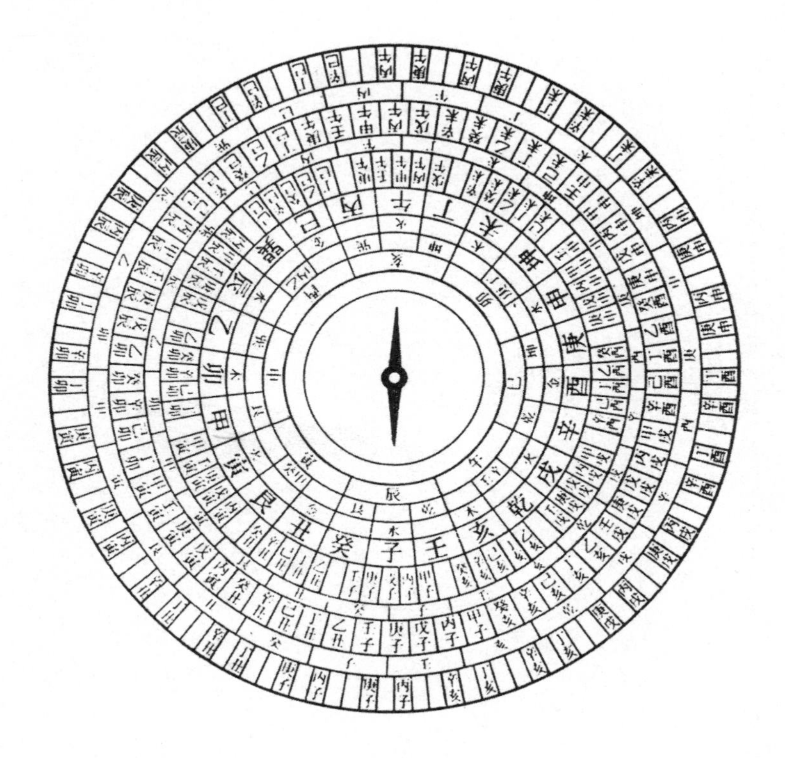

그림 2-2. 지관들이 사용하는 나침반인 패철. 나경(羅經)이라고도 한다.

땅이다. 이러한 조건은 고대 중국 북부 황토 고원에서 주민들이 추운 겨울을 지내기에 좋은 환경을 찾은 데에서 연유한 것으로 보인다. 이제 풍수 지리설의 고향으로 가 풍수 지리설의 기원을 꼼꼼이 살펴보자.

제3장 풍수 지리설의 기원

풍수 지리설은 과연 언제 어디서 발생해 언제부터 우리나라에 널리 퍼진 것일까?[1] 풍수 지리설의 기원에 관한 기존 학설에 따르면 중국인의 조상 숭배 사상 때문에 음택 원리가 양택 원리보다 먼저 생성되었고 그 기원은 또 아득한 옛날이라고 한다. 그런데 영혼은 무덤에만 사는 것이 아니고 집 안에 모신 신주에 또한 산다고 믿었기 때문에 묏자리를 찾는 풍수 지리설이 자연히 양택에도 적용되었다는 것이다. 이는 주로 드 그루트(J. J. M. De Groot)에 의해 제창되었으며 첸후아이첸(陳懷楨)의 논문에서 보는 바와 같이 중국인 학자들도 동조하는 형편이다.[2] 이것은 얼핏 보면 논리적인 듯하나 풍수의 중요한 원리가 무엇을 의미하는지 따져 보지 아니한 데서 나온 잘못된 견해인 것 같다.

다른 한편 일본인 무라야마 지준은 풍재(風災)나 화재(火災)를 피하는 것은 고대 중국에서 거주지 선정의 첫째 조건이었고 이로부터 길지를 선정한다는 것을 풍수라고 부르게 되었다고 주장한다.[3] 드 그루트의 주장과는 반대로 풍수가 양택에서 시작되었다는 것이다. 풍수가 집터 찾기에서 시작한 것 같다는 점에는 동의하나 풍수가 오로지 자연 재해를 피하기 위한 수단에서 출발했다는 것은 인간이 거주지를 찾는 데 있어서 자연이 인간 거주에 미치는 긍정적인 면은 고려하지 않고 피해야만 할 부정적인 면만 강조한 결점이 있다고 본다. 풍수는 나쁜 자연 환경을 피하고, 좋은 자연 환경을 찾아 차지하려는, 어떤 장소의 자연이 가지고 있는 장점과 단점을 함께 다 평가하려는 택지술이라고 생각한다. 어쨌든 무라야마 지준의 이 주장은 증거를 내놓지 않은 학문적인 상상의 소산이었다.

한국의 이병도(李丙燾)는 "풍수학상(風水學上)의 양택지리(陽宅地理)는 도리어 음택지리(陰宅地理)의 영향으로 그 이론을 그대로 적용한 것이라고 보지 아니하면 아니 된다. 그러나 택지 관념(擇地觀念)의 기원은 처음 생인(生人)의 거주취락(居住聚落)을 정하는 데서 발생했을 것이다."라고 했다.[4] 좋은 터를 찾는다는 아이디어가 좋은 거주지를 선택하는 데서부터 시작했다는 주장은 옳다고 보겠으나, 풍수의 기본 법칙이 오히려 음택에서 나와 양택에 그대로 적용되었다고 한 것은 풍수 원리가 음택과 양택 중 어느 것에 가까운지 따져 보지 않은 데에서 나온 오류라고 생각한다.

이에 대해 나는 풍수 지리설의 기원 연구는 풍수적으로 땅을 평가하는 기본 원리의 이해에 기초를 두어야 한다고 생각하고 풍수 발생 기원에 관한 6개의 전제 조건을 제안했다.[5] 그것을 이제 다시 정리하고 나의 중국 황토 고원 지대 답사 연구 결과를 더해 한국 풍수의 기본 원리(길지를 평가하는 기본 방법)는 중국 황토 고원 지대의 동굴 주거(혈거)에서 시작됐다는 가설을 다음과 같이 논의하고자 한다.[6]

① **풍수는 여러 지형이 공존하는 산기슭에 사는 사람들이 개발했을 것이다.** 풍수의

기본 원리나 설명이 산록 지형의 까다롭고 복잡한 특징에 집중되어 있다는 점을 고려할 때 풍수는 지형이 단조로운 평야에서 발생하지 않았을 것이다.

② **풍수는 기후 조건이 다양한 지역에서 출발했을 것이다.** 이것은 풍수가 바람의 유무, 장소의 좌향을 중요시한다는 점을 고려할 때 쉽게 추리할 수 있다. 풍수 고전에는 여러 가지의 바람이 소개되어 있고 바람이 센 것은 좋지 않다고 판단하며 남향을 하여 햇볕을 잘 받는 곳을 길지로 치는 것은 이러한 계절의 변화와 바람의 방향이 바뀌는 다양한 날씨(기후)가 있는 지역에서 풍수의 원리가 생성했을 것임을 추측할 수 있다.

③ **풍수는 주위 자연 조건에 대한 본능적인 반응에서 출발했을 것이다.** 자연 재해를 피하는 방편으로 풍수가 발생했다는 무라야마 지준의 주장은, 황허(黃河)의 범람을 비롯해 북중국에서 잦은 천재(天災)를 생각할 때 일리 있는 주장 같으나, 풍수의 기본 원리를 고려해 보면 신빙성이 없다. 풍수의 기본 원리는 길지의 좌향이 남쪽이고 북쪽으로는 뒷산이 막아서 있으며 좌우로 산줄기가 뻗어 내려 길지를 에워싸는 것이다. 이것은 바로 북중국 지역의 강한 대륙성 기후를 고려할 때, 겨울의 추운 서북풍이 산으로 막히고 남향을 해서 햇살을 많이 받는 곳을 찾겠다는 적극적인 사고 방식의 표현이다. 이러한 풍수 원리에는 주위 환경을 잘 이용하겠다는 옛사람들의 환경 계획론의 일면이 보인다. 그래서 풍수에서는 천재를 피하겠다는 소극적인 태도도 볼 수 있지만, 자연 환경에서 살기 좋은 곳을 고르겠다는 긍정적이고 적극적인 사고 방식이 지배적임을 알 수 있다. 배산임수의 땅이나 장풍득수의 땅이라는 말에는 모두 살기 좋은 땅을 찾기 위한 옛사람의 지혜가 담겨 있다. 그래서 풍수는 자연 환경을 잘 이용하겠다는 본능적인 반응에서 출발했다고 본다.

④ 원시 풍수설은 살기 좋은 거주지를 찾는 양택에서 시작되었고, 이것이 죽은 사람의 거주지인 무덤을 만드는 음택에도 사용하게 되었을 것이다. 지금까지 국제적으로 알려진 풍수 기원에 관한 여러 학설은 풍수의 기본 원리가 음택과 양택 중 어떤 것을 의미하는지 따져 보지 않고, 음택이 먼저니 양택이 먼저니 하는 경우가 대부분이었다. 그런데 음택이나 양택의 기본 원리는 모두 같다는 점과 풍수의 기본 개념들은 모두 무덤보다 생존하는 사람의 거주지와 더 밀접한 관계가 있다는 것을 중점적으로 고려해 볼 때, 풍수 지리설에서 길지를 찾는 데 쓰이는 기본 원리는 양택에 먼저 적용된 후에 음택에도 그대로 적용하게 되었다고 본다. 이러한 양택 원리는 중국 황토 고원 지대에서 토굴집을 만들 터를 찾던 사람들에 의해 개발되었을 것이다. 이 가설은 다음과 같이 검토해 볼 수 있다.

물의 조건

서양 학자 드 그루트가 풍수 지리설의 길지 선정에서는 바람의 조건을 이해하는 것이 가장 중요하다고 했으나, 이는 풍수의 원리를 따져 보지 않은 채 풍수나 장풍득수의 글자만 보고 말한 듯싶다.[7] 사실 풍수의 기본 원리를 담고 있는 곽박의 『장서』에는 풍수를 보는 데는 물을 얻는 것, 즉 득수(得水)가 가장 중요하고 그다음이 바람이 자는 것, 즉 장풍(藏風)이라고 했다.[8] 그래서 옛날부터 풍수에서는 물이 어디에서 어떻게 흐르는지 보는 것이 중요했다.

왜 양택이나 음택 풍수에서는 물이 그렇게 중요한가? 사람이 생활하는 데 물이 중요하다는 것을 생각하면 거주지 선정에서 물을 얻을 수 있는 곳을 찾는 것이 아주 중요하다는 점은 충분히 이해가 간다. 그렇지만 죽은 자의 무덤에 왜 물이 필요한 걸까? 풍수설의 이런 생각은 어디서 유래한 것인가? 그리고 물에 관한 음택과 양택의 기본 원리가 왜 똑같은가? 이러한 의문은 바로 음택은 양택을 기본으로 생겼고 풍수 원리는 양택에서 먼저 형성됐다고 볼 때에만 풀린다. 죽은 사람의 무덤에도 살아 있는 사람의 거주지에서와 같이 물이 필요하다고 생각했다면 이것은 죽은 사람의 지하에서의 생활을 살아 있는 사람의 생활에 비추어 상상한 데서 유래했을 것이다.

풍수에서는 득수가 아주 중요하다. 드 그루트의 기록에 따르면 중국 푸젠 성에서는 무덤 앞에 흐르는 물이나 웅덩이가 없는 경우 물탱크를 하나씩 파 놓는다고 한다.[9] 그 물탱크는 꼭 물을 담아 두기 위한 것이 아니고 물웅덩이를 상징하는 것이라고 한다. 살아 있는 사람의 거주지 근처에 물이 있어야 한다는 것은 이해가 가지만 죽은 사람의 거처에 물이 필요한 이유는 무엇일까? 아마도 죽은 사람도 산 사람같이 물이 필요하다고 생각했기 때문일 것이다. 이것은 제사를 지낼 때 마치 산 사람이 먹는 양 상을 차려 놓는 것을 보면 짐작가는 일이다.

그러나 물은 혈, 즉 집터나 묏자리에는 없어야 한다고 한다. 왜 그럴까? 이 의문도 풍수의 기본 원리가 살아 있는 사람의 집터를 찾는 데에서 유래한 것이라고 가정할 때에만 풀린다. 우리가 등산 가서 며칠 야영할 때에도 마실 물과 씻을 물을 얻을 수 있는 개울 근처를 찾지만 질퍽하게 젖어 습한 곳은 피한다. 풍수에서 말하는 이상적인 길지를 찾는 원리는 바로 이러한 이상적인 야영 장소를 찾는 원리와 같다.

바람의 조건

풍수에서는 바람이 없는 곳을 명당으로 치는데 왜 그럴까? 이것은 겨울에 차가운 서북풍이 몰아치는 중국 북부나 우리나라에서 겨울을 지내는 사람들은 쉽게 이해할 수 있다. 이 지역에서 이상적인 거주지는 서북풍을 막아 주는 산을 등지고 남쪽을 향해 앉은 곳이다. 풍수의 장풍 원리는 바로 거주지 선택에서 바람의 조건을 알려 준다.

그럼 왜 지상의 바람과 별 상관이 없는 죽은 사람의 지하 거주처, 즉 무덤의 자리를 잡는 데 바람을 고려했을까? 이 역시 무덤의 조건을 집터의 조건에서 유추해 낸 것이라고 봐야만 이해할 수 있다.

좋은 산의 조건

풍수에서는 바위산인 악산(岳山)을 산의 뼈가 노출된 산이라고 하여 좋지 않은 산이라고 하고, 흙이 두껍게 덮인 산은 살찐 육산(肉山)이라 하여 좋은 산으로 본다. 특히 좋은 산, 즉 길산(吉山)은 생기가 충만한 산인데 이는 수목이 우거지고 산짐승들이 노니는 것을 보고 알 수 있다. 이러한 산에서 사람들은 음식이나 생필품의 원재료를 쉽게 구할 수 있으므로 동식물이 풍부한 산이 살아 있는 사람에게 좋은 곳임은 틀림없다. 이런 곳을 묏자리로서도 길지라고 보는 것 역시 죽은 자의 집터를 찾는 음택 풍수의 원리가 살아 있는 사람의 집터를 찾는 양택 풍수의 원리에서 비롯되었음을 강하게 암시한다.

혈의 원래 의미

풍수에서는 묏자리든 집터든 간에 모든 길지를 '혈(穴)'이라고 한다. 이 혈이라는 한자어는 굴집이나 토실 또는 동굴 거주지라는 뜻이다. 한자의 글자 구성과 어원을 설명하는 중국 후한 시대의 저술인 『설문해자(說文解字)』에서 혈은 토실야(土室也), 즉 흙으로 만들어 진 집(방)이라고 설명한다.[10] 그렇다면 왜 풍수에서는 살기 좋은 땅, 즉 길지를 혈이라고 했을까? 이는 단적으로 풍수적인 길지의 개념이, 토굴에서 살던 사람들이 살기 좋은 굴을 팔 만한 땅, 즉 좋은 집터 찾기인 양택에서 시작되었음을 말해 준다.

중국 북부 황토 고원 지대의 사람들이 선사 시대부터 토굴에서 살았다는 것은 잘 알려진 사실이다. 그렇다면 옛날 황토 지대 토굴 거주자가 길지를 찾는다는 말은 바로 이상적인 토굴을 찾는다는 의미인 셈이다. 이것을 굴이 아닌 땅 위에 나무나 흙으로 지은 일반 독립 가옥에도 똑같이 적용한 것이며, 이 말이 그대로 풍수에서 길지를 찾는다는 말로 굳어졌던 것으로 보인다. 그래서 살아 있는 사람을 위한 집터를 찾는 것과 똑같은 풍수 원리가 죽은 사람의 거처인 무덤의 위치를 선정하는 데에도 적용된 것으로 보인다. 그래서 음택과 양택은 기본 개념과 원리가 똑같은 것이다.

황토와 토산

중국 음양오행설에서 누런색은 중앙, 푸른색은 동쪽, 검은색은 북쪽, 흰색은 서쪽, 빨간색은 남쪽을 가리킨다. 동서남북의 색깔이 왜 그렇게 되었는지 추리하기 어렵지 않다. 예를 들면 동쪽은 봄의 방향이니 오행으로는 나무[木]로서 봄에 초목이 자라기 시작하기 때문에 푸른색인 것은 이해가 간다. 동쪽에서 해가 뜨며 햇빛을 받는 초목은 푸르게 자라는 것이다. 서쪽은 오행으로 쇠[金]인데 해가 지는 동쪽의 반대 방향이며 봄의 반대인 가을을 가리킨다. 그래서 생기에 넘치는 동쪽과 반대 색깔로, 생기가 없는 창백한 흰색이 된 것 같다. 또는 중국 서방의 사막 및 만년설의 비유에서도 그 기원을 상상해 볼 수 있다. 남향집이 겨울에 다른 좌향을 한 집보다 훨씬 더 따뜻하다는 사실은 잘 알려져 있다. 남쪽은 오행으로 불[火]인데 더운 계절인 여름을 뜻하고 불을 상징하는 빨간색인 것은 충분히 이해할 만하다. 북쪽은 오행으로 물[水]이고 겨울을 뜻하는데 검은색으로 표현된

그림 3-1. 중국의 황토 고원.

다. 물은 불을 끄고, 북쪽은 햇빛을 받는 남쪽의 반대로 그늘진 방향이니 검은색으로 표현된 것 같다.[11]

문제는 중앙을 뜻하는 누런색[黃]이다. 왜 누런색이 중앙을 가리키게 되었고 왜 중앙을 지칭하는 오행은 흙[土]이 되었는지는 동서남북과 같은 식으로 추리하기가 여의치 않고, 일반적인 자연 현상의 변화와 비교해서 설명하기가 용이치 않다. 이 중앙의 색은 황토 고원이라는 독특한 자연 환경

을 생각하지 않고는 이해가 되지 않는다. 이곳은 중국 고대 문명의 중심지로서 누런 흙, 즉 황토로 온통 뒤덮인 곳이다. 중앙아시아에서 바람에 날아와 퇴적된 황토층의 두께는 평균 100미터나 되고 어떤 곳은 200미터도 넘는다고 한다. 황토 고원 지대는 이러한 황토로 뒤덮여 있는 곳이라 아침에 일어나면 하룻밤 만에 꼭 닫은 여관의 창문틀에 누런 먼지가 한 켜나 쌓여 있는 것을 볼 수 있을 정도이다. 이 황토 지대의 자연 환경을 되새겨 보면, 중국 사람들이 왜 오행 중 흙을, 그리고 색깔로는 누런색을 중앙에 놓았는지 이해가 간다. 고대 중국인들은 황토 지대 너머 다른 곳으로 여행하거나 다른 곳으로 이주하면 자기들이 살던 고향, 즉 중심 — 누구나 자기가 자라 온 고향이 심리적인 지리 공간 구성에서 중심을 차지하곤 한다. — 이 누런 흙의 세상이었음을 잘 알게 되었을 것이다. 그래서 세상 만물의 중심에 누런 흙을 가져다놓았을 것이다. 이것은 중국 문화의 발원지가 황토 고원이라는 사실과 연결할 때에야 비로소 이해가 된다.[12]

풍수론에서는 명당 특히 혈이 콩가루를 빻아 놓은 것과 같은 누런 흙으로 되어 있으면 최상의 길지로 친다. 이러한 풍수 원리는 부드럽고 마른 흙을 찾아 토굴을 파야 했던 고대 중국의 황토 굴집을 만드는 기술에서 풍수가 출발했음을 보여 준다. 최근까지도 중국 황토 고원 지대에는 약 4000만 명의 사람들이 황토를 파고 만든 굴을 거주지로 사용하고 있다고 한다.

이 황토 고원 지대가 중국 풍수의 기원이라는 가설을 뒷받침하는 또 하나의 증거로는 풍수의 기본 산형인 오산(五山)의 산형 중 토산(土山)의 산형이다. 풍수에서는 화산(火山), 목산(木山), 수산(水山), 금산(金山), 토산 등 다섯 가지 산의 모양을 논한다. 토산을 제외하고는 각각 불꽃 모양, 나무 모양, 물결 모양, 엎어 놓은 쇠종 모양으로 형상화되어 있다. 그러나 토산의 경우 다른 산들과 같은 식으로 그 형상을 설명하기 힘들고 실제 그 예를 우리나라 산야에서 찾아보기 쉽지 않다. 왜 토산의 산형이 산기슭은 높지는 않지만 급경사이고 산꼭대기 부분은 아주 평평하고 넓은 평지여야만 하는가? 왜 이런 형태의 산이 토산으로 불리게 되었는가? 이런 모양의 산이 정말로 실재하는가?

그러나 중국의 황토 고원을 답사해 보면 이런 의문은 단숨에 풀린다.

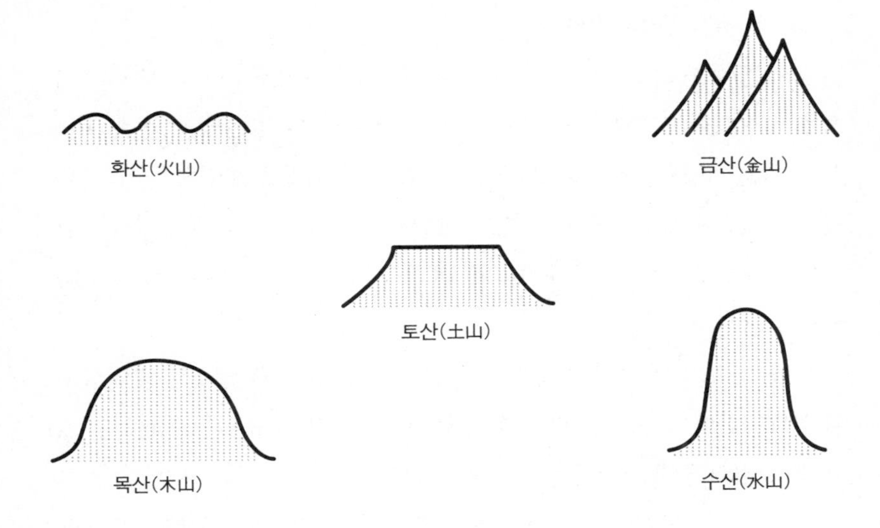

그림 3-2. 풍수의 기본 산형인 오산.

사실 한국이나 중국의 다른 지방을 가 봐도 산 정상이 넓고 평평한 평지인 전형적인 토산은 거의 찾아보기 힘들다. 그러나 미세한 황토가 쌓여 이룬 황토 고원 지대에는 이런 산들이 수없이 많다. 황토는 비에 쉽게 씻겨 내려간다. 따라서 토양 침식이 심하다. 어떤 곳의 골짜기는 수십 미터나 되는 급경사인데 올라가면 아주 평평한 평지이다. 이러한 곳을 답사해 보면, 과연 풍수 술서에 나오는 토산이 단순한 상징이 아니라 침식된 중국의 황토 고원 지대를 사실적으로 묘사한 것임을 깨닫게 된다. 풍수에서 황토가 세상의 중심을 의미한다는 것과 토산의 형태가 급경사인 산록과 아주 평평한 산정(山頂)으로 되어 있다는 것은 중국의 황토 고원 지대를 떠나서는 생각할 수 없다.

풍수적 택지 원리의 기원

이제 풍수 지리설의 기원에 대한 나의 생각을 요약해 이 논의를 마무리하고자 한다. 풍수 원리는 특히 음택이나 양택이 다 같은데, 이것은 모두 살아 있는 사람이 살 황토 고원의 요동(窯洞), 즉 굴집을 마련하는 데 아주 알맞고 필요한 원리들이다. 이것으로 미루어 볼 때 풍수적 택지 원리의 발상지는 황토 고원인 것 같다. 이러한 나의 주장을 뒷받침하는 근거를 요약하면 다음과 같다.[13]

첫째, 풍수에서 말하는 명당의 조건, 즉 배산임수의 땅으로 말발굽이나 삼태기같이 생긴 땅은 바로 황토 고원에서 찾아볼 수 있는 이상적인 요동, 즉 굴집의 입지 조건과 완전히 합치된다.

둘째, 음양오행설에서 누런 황토는 세상의 중심이다. 그런데 음택에서 풍수혈의 토색은 황토색을 으뜸으로 치는데 이것 역시 중국 황토 고원에서 사람들이 살 굴집을 마련하는 과정에서 얻은 지식으로 보인다. 굴집을 팔 때 쭉 고른 황토가 나와야 하는데 이것은 물이 스며들지 않은 순수한 황토를 의미하기 때문이다. 검은색 흙이 한 줄로 있거나 한 부분에 보이면 이는 비가 왔을 때 물이 스며들어 흙이 부패했음을 의미한다. 이러한 흙은 이곳에 굴집을 지으면 무너질 수도 있음을 경고하는 신호로 생각해 아주 불길한 흙색으로 취급했다.[14]

셋째, 풍수에서는 명당, 즉 길지의 핵을 혈이라고 하는데 이는 원래 흙으로 된 방, 즉 굴집이란 말이다. 현재 명당을 찾을 때 실제 굴집을 만들 터를 찾는 것은 아니지만 아직도 굴집을 찾을 때 쓰던 원리에 따른다. 이러한 표현과 방법은 황토 고원에서 이상적인 굴집을 팔 곳을 찾을 때 사용하던 원리가 풍수 지리설에 남아 지금도 그대로 쓰이고 있음을 보여 주는 증거라고 해석할 수 있다.

그림 3-3. 중국 산시 성의 황토 고원 지대에 있는 굴집들. 굴집을 만들기 위해 땅을 잘라내어 절벽을 만든 뒤 황토를 파내고 굴집을 만든다. 이렇게 집을 만들면 산이 삼면을 둘러싸고 앞은 터져 있는 풍수상의 길지와 유사한 공간이 형성된다. 집 뒤의 절벽은 주산이고, 좌우의 절벽은 청룡과 백호가 되는 것이다.

넷째, 풍수에서 토산은 산 정상은 넓은 평지이나 산기슭은 경사가 급하다. 그 이상적인 산 모양은 황토 고원에는 아주 흔하나 황토 고원 외의 지역이나 한국 등지에서는 거의 찾아볼 수 없다.

다섯째, 음택과 양택의 원리가 동일하고 이 원리가 실제로는 살아 있는 사람을 위한 이상적인 거주지 조건에 해당한다.

원래 풍수 지리설이 황토 고원 지대에서 요동, 즉 굴집을 만들던 것으로부터 시작되었다는 나의 가설은 중국 고대 시가집인 『시경(詩經)』에 나오는 다음과 같은 구절도 뒷받침한다. (인용문의 밑줄 친 부분은 내가 번역을 수정한 것이다.)

주렁주렁 이어진 작고 큰 오이
주나라 겨레들이 처음 생긴 덴
저칠 강물이 흐르는 고장
위대한 고공단보 받들어 모셔
(옹기 굽는) 가마같이 생긴 굴을 파서 만든
그러한 굴집에서 살았었다네.
그 당시엔 (땅 위에다 지은) 집(독립 가옥)이 없었다네.[15]

『시경』의 이 시는 당시 황허 중류 황토 지대에서는 사람들이 일반적으로 도자기를 굽는 가마같이 길쭉하게 파들어 간 굴집에 살았고 지상에 건립된 가옥은 그 후대에 생겼음을 알려 준다. 이러한 굴을 팔 때에는 양지바르고 겨울에는 서북풍을 피할 수 있도록 남쪽을 향하고 있으며 무너지지 않을 정도로 단단하고 순수한 황토로 이루어진 곳을 고르는 것이 중요한 문제였다. 이러한 좋은 굴집 터를 잡는 원리(조건)는 지금의 풍수 택지 원리와 본질적으로 같았다. 이러한 이상적인 굴집 터 찾기 원리가 바로 풍수 원리의 모태가 되었다고 생각된다.

이제까지의 논의에 근거해 나는 풍수 지리술이 황토 고원의 굴집을 파서 살던 사람들에 의해 시작되어서 양택 원리가 먼저 성립되었고 이것이 음택 원리에도 적용되었다고 본다. 풍수 지리술이 중국의 황토 고원 밖으로 퍼져 나가면서 기후나 지형 조건이 황토 고원과 상당히 다른 곳에서도 변하지 않고 그대로 각 지방에 적용된 듯하다.

왜냐하면 한번 생성된 생활 습성이나 신앙 원리는 다른 지방에 전파되었을 때 그곳 기후 및 기타 환경 조건에 잘 들어맞지 않아도 그 근본은 잘 변하지 않는 경향이 있기 때문이다. 이것이 바로 일종의 지오멘털리티의 힘

그림 3-4. 요동, 즉 굴집의 바깥쪽 면을 가까이서 본 것. 창문과 출입구 쪽만 외부 한기의 영향을 직접 받기 때문에 집안의 온도 유지가 땅 위에 세운 주택보다 훨씬 더 유리하다. 그리고 건축비와 유지비가 최소화되는 이점이 있다. 이러한 굴집은 습하지 않은 곳에 자리를 잡고, 햇빛을 많이 받을 수 있는 남쪽을 향해 만드는 것이 중요하다.

이다. 예를 들면 중국의 24절기는 거의 틀림없이 황허 지역의 기후에 맞추어 만들어진 것인데 1년 내내 눈을 구경할 수 없고, 얼음이 어는 일이 없는 중국 남부 열대 지방에서도 소설(小雪) · 대설(大雪)과 소한(小寒) · 대한(大寒)의 절후(節候)를 그대로 쓰는 것을 봐서도 알 수 있다.

한여름에 크리스마스를 맞이하는 뉴질랜드나 오스트레일리아 같은 남반구의 사람들이 더운 여름임에도 불구하고 북유럽에서 형성된 크리스마스 축제 양식, 즉 눈 덮인 크리스마스트리와 털옷을 입고 눈썰매를 타는 산타클로스가 등장하는 축제를 벌이는 것도 한번 형성된 지오멘털리티가 다른 지역에 전파되어도 별 변화 없이 유지되는 경향이 있음을 보여 준다. 어찌보면 풍수는 하나의 지오멘털리티가 전파 과정에서 어떻게 변화·발전하는지 잘 보여 주는 문화 지리학적 화석 증거를 풍성하게 담고 있는 학문적 보고라고 할 수 있지 않을까? 이제는 중국 황토 고원에서 기원한 풍수 지리설이 우리나라에 언제 어떻게 전래되었고 어떤 식으로 변화·발전되었는지 살펴보도록 하자.

제4장 풍수 사상의 한국 전래 시기에 대한 고찰

한국 풍수의 원리는 자생(自生)한 것이 아니고 중국에서 전파되어 왔다고 보는 것이 타당하다.[1] 풍수는 중국의 문화와 환경 안에서 생성된 택지술이다. 그것은 바로 앞에서 논한 바와 같이 풍수의 기본 택지 원리가 황토 고원의 자연 환경과 그곳에 사는 사람들이 굴집을 마련하는 원리와 밀접한 관계가 있거니와, 한반도에서 사용해 온 풍수의 기본 택지 원리와 기본 풍수서는 모두 중국에서 들여온 것이기 때문이다. 한국에서 사용해 온 기본 풍수서는 대체로 곽박의 『장경』, 호순신의 『지리신법』 또는 서선계·서선술 형제의 『인자수지』 등 중국의 풍수 고전서들이고, 한국의 지관들이 이야기하는 풍수 원리도 중국 전래의 풍수 이론에 근거하고 있다. 풍수 역시 유교처럼 중국 문화 속에서 유래해 우리 문화 속에 녹아든 것이다. 나는 중국 풍수 지리설과 그 사상의 한반도 전래는 중국 문화의 한반도 전래와 거의 함께 이루어졌다고 생각한다. 유교 또는 도교 사상의 전래 시기에 이미 풍수 사상도 전래된 것 같다. 그리고 이 시기는 삼국 시대 초기 또는 삼국 성립 이전으로 거슬러 올라갈 수 있다고 본다.

여기서는 먼저 '풍수 지리설의 전래'에 관한 지금까지의 나의 연구를 재정리해 바탕으로 삼고 약간의 새로운 논의를 더했다. 그리고 풍수 지리설이 어떻게 한국에서 활용되었는지 알아보기 위해 내가 찾아볼 수 있었던 일본 열도의 경우와 한반도의 경우를 비교해 고찰해 보고자 했다. 그리고 결론적으로 풍수 지리설의 한국 전래에 관한 연구는 한국 내 자료에만 의지해 한국 문화사만 고려할 것이 아니라, 중국을 둘러싼 주변국들의 상황, 특히 고대 일본과 고대 한국의 경우를 비교하는 것이 중요하다는 점을 강조하고자 한다.

풍수 지리설의 전래에 관한 연구는 풍수의 택지 원리가 어디에서 언제부터 사용되었는지 따져 보는 것이 중요하다. 이 택지 원리는 동아시아 여러 나라들의 도시 위치를 비롯한 집터와 묏자리 선정에 많이 쓰여 왔고, 현재에도 음택 및 양택 풍수에 많이 쓰이고 있어 풍수 지리설 전래의 구체적인 증거가 된다. 그래서 여기에서는 풍수 지리의 신비적 발복 신앙이나 생기 이론을 포함한 이기론의 형이상학적인 측면이 언제 어떻게 시작되었는지 따져 보는 것에 초점을 맞추지 않았다. 지관들이 길지, 즉 복을 주는 땅을 찾을 때, 산의 모양새와 물길의 유무 및 패철을 이용한 길방 설정 등, 어느 정도 객관성을 띤 택지 원리가 중국에서 생성된 뒤 언제부터 어떻게 한국에서 사용되어 왔는지를, 필요에 따라서는 일본의 경우와 비교해 알아보고자 한다.

황토 고원에서 생성된 풍수 원리는 전파·수용되는 과정에서 그 지역의 특성을 반영하게 된다. 그리고 그 특성을 원리 속에 함유하게 된다. 일종의 신앙 체계로서 준(準)종교적인 교리의 성격을 띤 풍수 원리는 중국에서 한반도로 수입된 뒤에도 그 기본 원리가 유지되었다. 그러나 이 원리가 한반도의 문화와 환경이라는 특수 조건 속에서 해석되고 사용되면서 독특한 양상을 보이게 된다. 여기에서 풍수 지리 사상이 한국 사상의 일부로서 자리 잡을 수 있는 근거가 마련되었다.

그러나 이와 같은 풍수 지리 사상을 '자생 풍수(自生風水)'라고 부르기는 어렵다. 왜냐하면 한국 풍수의 기본 원리와 기본 풍수서는 중국 것이기 때문이다. 풍수 지리 사상은 한국 사상의 일부이지만 그 연원 자체가 한국 밖에 있다는 말이다. 다만 황토 고원과 다른 한반도의 자연 환경과 역사적·정치적 문화적 특성 때문에 그 전개 과정에서 중국과 다른 시간적 특성을 나타내게 되었다. 따라서 한국의 풍수 사상을 연구할 때는 그 독특한 '수용 양상'을 연구해야 하는 것이다.[2]

풍수 지리설이 한반도에 전래된 뒤 한국 문화에 끼친 영향은 지대하다. 풍수설이 고대부터 각 시대에 걸쳐 한국 문화사에 어떤 형태로 어떤 영향을 끼쳤는지 알아보기 전에 다음 두 가지 질문을 살펴보도록 하자. 이것은 바로 '삼면이 산으로 둘러싸인 초승달 모양의 사신사(四神沙) 지형을 가진 고대 도읍지의 성터나, 사신도(四神圖)가 나타나는 무덤은 풍수설이 한반도에 전래되었다는 증거가 되는가?'라는 질문과, '궁궐 남쪽 마당에 연못을 파고 동산을 만든 정원이 출현한 것은 풍수설이 한반도에 전래된 증거인가?'라는 질문이다. 나는 한국과 일본의 사례를 비교함으로써 이 문제의 답을 찾고자 한다. 이 과정 속에서 풍수 지리설의 한반도 전래에 얽힌 수수께끼가 한 꺼풀 벗겨질 것이다.

1. 고대 도읍지의 위치는 풍수설 전파의 증거

풍수에서는 앞에서 말한 바와 같이 뒤에 산이 있고, 앞이 트인 들에 흐르는 물이 있는 지형, 즉 배산임수 지형을 길지로 친다. 특히 뒷산이 활처럼 굽어 삼면에서 명당을 에워싸고 있을 때 주산(현무), 청룡, 백호가 분명한 명당이 된다. 이러한 지형은 뒷산이 초승달같이 또는 말발굽같이 명당을 감싸고 있는 형국이다. 지금 현재 중국 지린(吉林) 성 지안(集安)에 있는 고구려 환도성 터를 둘러싼 산 모양을 보면 풍수적으로 이상적인 말발굽 모양이다. 그야말로 초승달 모양의 명당지이다.

244년에 위나라의 관구검이 고구려를 침략해 환도성을 함락한 사실로 볼 때 만약 환도성의 입지가 풍수를 고려해 선정된 것이라면, 이미 3세기에 고구려에 풍수가 들어와 있었다고 볼 수 있다. 우리가 잘 아는 바와 같이 고구려 무덤에는 풍수에서 중요시하는 사신사[사금(四禽), 네 짐승]를 상징하는 현무, 주작, 청룡, 백호의 벽화가 그려져 있다. 이러한 사신도는 고구려 시대에 풍수가 이미 도입됐다는 증거가 될 수 있다. 왜냐하면 한반도를 통해 풍수를 받아들였을 고대 일본에서는 700년대 초 일본 왕실이 새로

그림 4-1. 환도성을 둘러싼 말발굽 같은 지형.

운 도읍지를 선정할 때 수도 후보지를 조사하던 이들이 나라 분지의 주변 지형을 보면서 사신사 운운하는 기록이 남아 있기 때문이다.

『속일본기(續日本紀)』 708년 2월 15일 기사에는 "나라의 땅[平城之地]은 사신사가 법도에 맞고, 삼산(三山)이 막혀 있어서 도읍을 건설하기에 좋은 곳"이라고 평가한 구절이 보인다.[3] 이 구절은 헤이조쿄(平城京, 현재의 나라)를 건설할 나라 분지를 풍수적으로 평가해 보니, 뒷면이 주산, 청룡, 백호로 둘러싸인 길지로서 도읍을 건설하기에 적합한 명당이라고 결론 내린 것으로 풀이된다. 이 기록은 기원후 700년대 초 일본에서는 이미 풍수가 왕궁과 도시 건설에 쓰였다는 증거이다.

나는 1980년대에 헤이조쿄, 헤이안쿄(平安京, 현재의 교토), 구니쿄(恭仁京) 등 일본의 고대 도읍터를 답사할 기회가 있었는데, 주변 지형과 도시 유적의 배치를 봤을을 때 일본에서는 700년대 초에 이미 풍수 원리가 왕궁과 도시 건설에 쓰였음을 알 수 있다. 794년 일본은 수도를 헤이안쿄(교토)로 옮겼다. 이때 교토 건설의 책임자였던 와케노 기요마로(和氣淸麻呂)는 교토 분지의 사신사가 풍수 조건에 맞는지 확인하고 수도를 건설했다고 한다.[4] 내가 답사한 바에 의하면 교토의 히가시야마(東山)는 청룡이고 니시야마

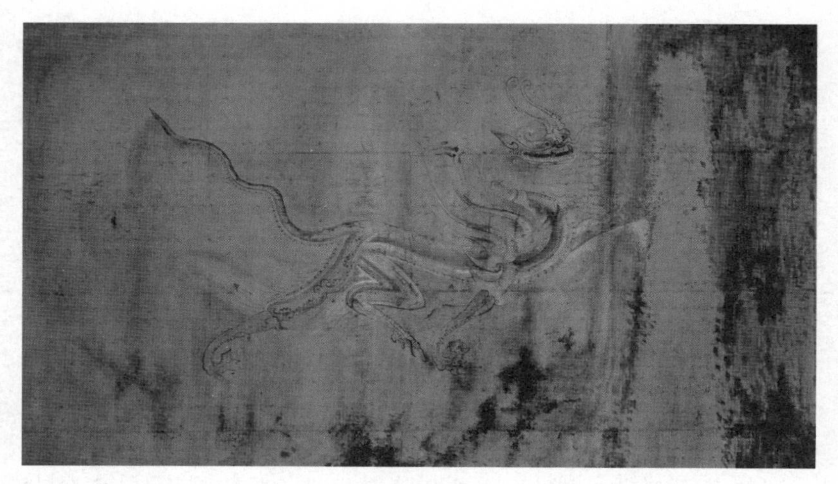

그림 4-2. 고구려 강서중묘의 사신도 중 청룡도를 모사한 그림. 국립중앙박물관 소장 자료.

(西山)는 백호이며 히에이(比叡) 산은 주산이 되는 지형으로서 산 두렁이 교토 시가지를 말발굽 또는 삼태기같이 삼면에서 둘러싸고 있다. 그래서 이곳은 풍수의 택지 원리를 적용해 봤을 때 도읍지로 적당한 명당이 틀림없다.

역사적인 기록과 실제 지형 지물 모두가 700년대 일본이 이미 풍수를 이용해 도읍지 후보를 골랐음을 보여 주고 있다. 이렇게 일본이 700년대 초에 풍수를 사용했다면, 비록 역사적 기록은 남지 않았지만 일본에 풍수를 전해 주었을 한반도에서는 그보다 훨씬 전부터 풍수를 이용하고 있었다고 보는 것이 자연스럽다. 그래서 고구려 벽화의 사신도 바로 풍수적인 의미를 포함하고 있다고 보인다. 그리고 사신도가 발견된 무덤의 위치 역시 풍수를 고려해 정해졌을 확률이 높다.

도읍지 결정과 풍수 지리설의 전파

일본에는 708년에 새 도읍지를 찾는 과정에서, 풍수술을 이용해 나라 분지의 지형을 평가했다는 기록이 분명히 있다. 이때 그들이 이용한 풍수술은 현대 풍수술의 지형 평가와 비슷하게 사신사, 즉 현무, 청룡, 백호, 주작을 보고 남쪽이 트이고 북쪽과 동서쪽이 우리 농촌에서 쓰던 삼태기나 초승달처럼 생긴 산줄기로 둘러싸인 길지를 찾는 것이었다.

그러나 한국에서는 이렇게 풍수 이론을 이용해 도읍 후보지의 지형을 평가해 보고 난 뒤에 도읍을 정했다는 구체적인 기록을 찾아볼 수 없다. 삼국 시대의 고구려·백제·신라의 수도는 물론, 고려의 수도 개경이 도읍으로 결정되는 데 풍수를 이용했다는 기록이 없는 것이다. 그러나 『삼국유사』에 기록되어 있는 가야국의 시조 수로왕(42~199년)의 도읍지 결정 과정에서 나온 왕의 말과 행동에서 풍수적인 요소를 조금 엿볼 수 있다.[5] 수로왕 2년, 왕이 도읍을 정하려 한다 하고 심답평으로 가서 주위 산악을 두루 바라보고, 이 땅이 여뀌잎처럼 협소하지만 산천이 수려하고 기이해 강토를 개척하면 좋을 것이라 하고 터를 닦고 궁궐을 짓고 도읍으로 삼았다고 한다. 그러나 수로왕이 주위 산천을 바라보고 수려하고 기이해 수도로 삼았다는 기록에는 구체적인 풍수 용어가 눈에 띄지 않아 도읍지 결정에 풍수설을 이용했다고 단정하기 힘들다. 일본이 나라를 수도로 정했을 때와 같이 사신사에 해당하는 지형을 둘러보았다든지 하는 풍수 원리를 적용해 택지를 했을 것이라고 추측할 만한 구체적인 단서가 보이지 않기 때문이다.

고려 시대에 이궁이나 별궁을 지으려고 풍수를 이용해 터를 찾아다닌 경우와 묘청의 서경 천도론을 제외하면, 1392년에 설립된 조선 왕조 초기 개성에서 서울로 천도하는 과정에서 새 도읍 후보지의 지형을 풍수술로 판단했다는 기록이 도읍지 결정에 풍수술을 적용한 사실을 구체적으로 보여 주는 가장 오래된 기록이 아닌가 한다. 이것이 사실이라면, 풍수 답사를 해 지형을 평가한 뒤에 도읍을 정해 천도했다는 기록은 일본이 한국보다 600~700년 앞선다. 개성은 명당지로 알려져 있고 그 지역에 대한 풍수적인 전설도 많다. 그러나 개성이 고려의 수도로 정해진 데에는 바로 태조 왕건의 고향이었다는 것이 가장 큰 이유로 보인다. 사실 왕건이 풍수 이론을 적용해 개성의 지형을 평가하고 수도로 정했다는 증거는 없다.

신라가 약소하게나마 668년에 삼국 통일을 이룩한 직후 신문왕 9년(689년)에 수도를 경주에서 오늘의 대구인 달구벌(達句伐)로 옮기려고 시도했으나 실패했다는 짧은 기록이 있다. 『삼국사기』「신라본기」 신문왕 9년 윤구월 26일조에 "장산성(獐山城, 지금의 월성군)에 임금이 거둥했다. 서원경(西原京, 지금의 청주)에 성을 쌓았다. 왕이 달구벌로 도읍을 옮기려 했으나 실현하지 못했다(秋閏九月二十六日, 幸獐山城. 築西原城. 王欲移都達句伐, 未果)."라는 기록이 바로 그것이다.[6]

이 짧은 기록에서 우리는 왕이 장산성에 거둥한 날이 윤구월 스무엿새였다는 것을 알 수 있으나 서원경에 성을 쌓았다는 말은 이날 성 쌓기를 마쳤다는 말인지 확실치 않다. 그리고 달구벌로 수도를 옮기려다 실패했다는 것은 도읍을 경주에서 대구로 옮기는 것을 포기한 날로 해석할 수 있다. 이것이 사실이라면 달구벌로 천도하기 위해 얼마나 오랫동안 준비했는지, 천도 계획 과정에서 왕이 실제 달구벌을 답사했는지, 일본의 나라나 교토의 경우와 같이 풍수적으로 대구 주위의 지형을 평가하고 그곳으로 도읍을 옮기려 했는지 알 길이 없다. 그러나 일본이 헤이조쿄(나라)와 헤이안쿄(교토)로 도읍을 옮길 때 그곳 지형을 풍수적인 면에서 고려한 것에 비추어 볼 때 신라에서도 달구벌의 풍수 지리를 보고 천도를 계획했을 가능성이 상당하다.

앞에서 인용한 『속일본기』의 기록을 보면 그 당시 일본에서는 아마도 궁중의 대신과 지관을 시켜서 도읍 예정지를 답사한 것 같다. 이것은 마치 조선 태조가 즉위하자마자 풍수에 밝은 이들을 시켜 수도 예정지를 찾았고 곧바로 풍수사를 동반해 수도 후보지를 답사한 것에 비교할 만하다. 그렇다면 신라 조정에서도 달구벌로 천도 계획을 세우는 과정에서, 조선 태조가 친히 서울과 모악 및 계룡산을 지관과 대신 들을 동반하고 답사했듯이, 신문왕이 직접 달구벌을 답사했을 수도 있고, 적어도 풍수를 잘 아는 사람과 대신을 시켜서 달구벌의 지형을 답사했을 확률이 상당히 있다고 보인다. 신문왕이 장산성에 거둥했다고 했는데, 그가 왜 그곳을 방문했는지는 모르지만, 그가 여러 지방을 방문했다면 도읍 예정지로 마음에 두고 있었던 달구벌도 방문했을 가능성도 크다. 그때 풍수를 잘 아는 대신이나 지관에 의해 대구가 미래의 도읍지로 추천되었던 것이 아닌가 짐작해 본다. 왜냐하면 대구 분지의 지형은 크게 봐서 풍수적으로 명당이 틀림없다. 적어도 풍수적으로 경주보다는 대구의 지형이 훨씬 더 크고, 새로 통일된 신라 국토의 중앙에 더 가까운 명당이다. 이렇게 신문왕의 천도 계획에 풍수적인 면이 영향을 준 것이 아닐까 하고 짐작은 가지만, 지금까지 사용할 수 있는 사료로는 확인할 길이 없다.

조선 태조가 새로운 왕조의 이미지를 부각시키고 왕조 교체의 정당성을 강조하기 위해 '망한 왕조'의 수도인 개성을 버리고 서울로 천도했듯이 신라의 신문왕도 삼국 중 가장 작은 나라였던 신라가 아닌 통일신라의 새로운 이미지를 선포하기 위해 국토의 한쪽에 너무 치우친 경주를 떠나 훨씬 넓고 국토의 중앙에 더 가까우면서도 경주에서 그리 멀지 않을 뿐 아니라, 풍수적인 조건도 더 좋은 대구로 도읍을 옮기고자 했을 가능성이 상당히 크다. 그래서 새로운 통일신라의 이미지를 본디 신라 사람들뿐만 아니라 새로이 신라 백성이 된 옛 백제와 고구려 사람들에게 보여 주려고 했을 것이다. 그러나 경주 지방의 기득권 세력에 의해 계획이 좌절된 것으로 보인다.[7] 이러한 해석을 증명할 자료는 없지만, 이는 조선 태조가 수도를 옮기려 할 때 개성 시민들의 반대가 컸으며, 정종이 잠시 개성으로 환도했을 때 개성 시민들이 열렬히 환영한 것을 봐서도 짐작해 볼 수 있다.

2. 고대 정원에 감춰진 풍수 전파의 증거

풍수 지리설에서는 생기가 산 두렁을 타고 흙속으로 명당(집터나 무덤)에 전달되지만 물을 건너지 못하고 머물게 된다고 믿는다. 그래서 생기를 집터나 무덤에 머물게 하기 위해 명당 뒤에는 산이 있고, 앞에는 강이나 연못 등의 물이 있는 곳을 길지로 쳤다. 이러한 지형을 가진 명당이 남향을 하고 있고, 앞에 나지막한 안산이 있으면 더욱 길한 땅이 되는 것이다. 이러한 명당 구조를 통해 볼 때, 동산과 연못을 집의 남쪽 앞마당에 파서 정원을 만들었다는 것은 풍수의 영향을 받은 정원을 만들었다는 것으로 볼 수 있다. 이러한 정원이 한반도에 출현한 것은 곧 풍수설이 한반도로 전파된 증거로도 볼 수 있다. 삼국 시대에는 궁성에 있는 정원에서 잔치를 했다는 기록이 『동사강목(東史綱目)』, 『삼국사기(三國史記)』 그리고 『대동사강(大東史綱)』 등에 여러 번 나온다.[8]

그러나 대부분의 경우 그러한 정원의 규모나 구조를 알기가 힘들지만, 정원의 구조를 추정해 볼 수 있는 기록이 『삼국사기』의 「백제본기」 제3 진사왕 7년(391년) 춘정월조에 "궁실을 다시 수리하고 못을 파고 산을 만들어서 이상한 짐승과 기이한 화초를 길렀다."라고 나온다.[9] 이 기사는 확실히 백제 궁성에는 인공적으로 동산을 만들고 연못을 파서 기이한 짐승과 화초를 길렀던, 상당히 크고 아름다운 정원이 있었음을 알려 준다. 이러한 정원이 궁성의 어느 쪽에 만들어졌는지는 기록이 없으나, 만약 이것이 백제 사람 노자공(路子工)이 일본에 건너가 612년에 만든 정원과 같이 궁성의 남쪽 마당에 만들어졌다면 다분히 풍수적인 영향을 받은 것으로 보인다. 풍수에서는 생기가 물을 건너지 못한다 믿고 집터에 잡아 놓기 위해 정원수가 있는 물길이나 연못을 앞마당(주로 남쪽)에 만들곤 했기 때문이다.

그러나 백제의 또 다른 궁성 정원에 대한 기록 중에는 정원을 궁궐의 남쪽에 만들었다는 것도 있다. 『동사강목』 제3 하 갑오 무왕 35년(634년) 2월조에는 "또 궁궐의 남쪽에 연못을 파고, 물을 20리 넘어나 끌어 들였다. 연못가에는 능수버들을 심고 연못 가운데는 섬을 만들었는데 방장선산(方丈仙山)을 본떴다."라는 글이 나온다.[10] 이 연못은 지금도 부여에 있는 궁남지(宮南池)로, 일부 복원되어 있는데 그 규모가 크고 아름답다. 그리고 궁의 남쪽에 연못을 파서 정원을 만들었다는 것은 다분히 풍수의 영향을 받은 것으로 보이며, 이는 풍수가 391년 이전(아무리 늦어도 634년 이전)에 한반도에 전파되었다는 것을 암시한다. 이러한 백제 정원의 기록과 유적을 보면 백제 사람 노자공이 일본에 최초로 만든 정원의 규모와 설계가 백제의 궁성 정원과 비슷했으리라고 짐작할 수 있다.

『일본기(日本紀)』에 의하면 일본 정원의 시초는 612년에 백제 사람 노자공이 일본 왕궁의 남쪽 마당에 수미산을 만들고 아치형의 오교 다리를 놓아 만든 것이라고 한다. 『일본기』에 나오는 글은 다음과 같다.[11]

> 이때(612년) 백제국에서 한 사람이 이민해 왔는데 얼굴과 몸이 온통 흰 반점으로 얼룩져 있었다. 아마도 흰 버짐[백선(白癬), 무좀같이 가려우며 흰 반점을 남기는 피부

병]이 있는 사람이었다. 사람들이 이 특이한 생김새의 사람이 싫어서 바다 속 섬에 버리기를 원했다. 그때 그 사람이 말하기를 "당신들이 나의 흰 반점이 있는 피부를 싫어한다면 흰 반점이 있는 얼룩소나 얼룩말을 기르지 않아야 할 것이오. 더욱이 나는 작은 재주가 있소. 나는 산이나 언덕 모양을 만들 수 있소. 나를 (버리지 말고 이곳에) 머물게 하여 활용한다면 이 나라에 유익할 것이오. 왜 나를 바다 속 섬에 내다 버리려고 하오?"라고 했다. 그 사람의 말을 듣고 그를 (섬에) 버리지 않았다. 그래서 그는 수미산의 모양을 한 동산과 오교(嗚橋, 아치형의 다리)를 궁궐 남쪽 마당에 만들었다. 그 당시 사람들은 그를 '노자공(路子工), 미치코노 다구미'라는 이름으로 불렀고, 또는 '시키마로'라고도 불렀다.

일본 역사상 최초의 궁전 정원을 짓게 된 사실을 알리는 글에서 우리는 두 가지 중요한 면에 주목할 필요가 있다. 첫째는 일본 최초의 정원은 백제에서 이민 온 사람, 노자공에 의해 만들어졌다는 것이고, 둘째는 그의 정원 설계는 상당히 풍수적으로 보인다는 점이다.

이 글에서 수미산과 아치형 오교를 만들었다는 것은 연못 가운데 동산이 있는 섬을 만들고 그 섬과 연못 바깥을 연결하는 아치형 다리를 만들었다는 것으로 해석할 수 있다. 이는 연못을 파고 동산을 만들어 정원을 만들었다는 백제 진사왕 시대의 왕궁 정원 구조나 무왕 시대의 궁남지를 생각해 보면 쉽게 짐작이 간다. 노자공이 일본 궁성에서 자신의 재능을 소개한 것이나 정원을 만들었다는 대목으로 미루어 봐서 그는 아마도 백제 왕궁에서 정원 일을 하던 사람이었을 것으로 보인다. 왜냐하면 정원 조성은 노동력과 자금이 많이 들기 때문에 왕궁이나 큰 사찰 같은 곳이 아닌, 당시 일반 백성의 집에서는 정원을 조성하지 않았을 것으로 추측되기 때문이다.

그림 4-3. 현재의 궁남지를 하늘에서 내려다 본 모습. © 우희철.

노자공은 연못이 아니더라도 정원에 작은 개울물을 흐르게 하고, 그 위로 다리를 걸쳐 놓고 집에서 볼 때 다리 너머 동산을 만들고 그곳을 수미산이라고 했을 수도 있다. 수미산은 불교에서 말하는 세상의 중심에 있다는 성스럽고 높은 산인데, 집에 앉아 정원을 내다볼 때 멀찌감치 다리 너머 꾸며 놓은 동산을 상징적으로 부른 듯하다. 이러한 정원을 궁성 남쪽 마당에 만들었다는 것은 상당히 풍수적으로 보인다. 남쪽은 풍수에서 좋은 방향이며 남쪽 마당은 집의 앞마당으로 해석할 수 있다. 풍수에서 생기는 물을 건너서 도망하지 못한다고 믿기 때문에 집에 딸린 정원의 개천이나 연못을 만들 때는 생기를 받아들이는 통로가 되는 집 뒤가 아니라 받은 생기가 흘러 나가지 못하도록 앞마당(주로 남쪽임)에 파는 것이 원칙이기 때문이다. 또 풍수에서는 뒤에 산이 있고 앞이 트인 평지로서 물이 있어야 하지만 앞이 너무 멀리까지 평평하면 안 되고, 앞에서 안산이 막아 주는 것을 길지의 조건으로 삼는다. 수미산이라고 부른 정원의 동산은 이러한 앞막이, 집에 앉아서 볼 때 안산의 역할을 한다고 볼 수 있다.

이러한 정황을 볼 때, 일본에서 노자공이 만든 것은 풍수술의 영향을 받은 정원으로 보인다. 일본의 정원 조성 원리는 풍수적인 성격이 짙다. 현존하는 것으로는 세계에서 가장 오래된 정원서로 알려진 일본의 『작정기(作庭記)』에 나타난 정원 만드는 법은 풍수 지리설과 밀접한 관계가 있음을 쉽게 알 수 있다.[12] 특히 지형의 기복 조성, 나무의 종류를 골라 길한 곳에 심기, 물이 흐르는 모양과 방향의 결정 등에서 풍수 사상의 영향이 뚜렷하게 보인다. 일본에서 정원의 시작은 풍수술의 전래를 의미하는 것으로 해석되며, 일본 정원 문화의 발달은 풍수 지리설과 깊은 관계를 맺고 있다.

고대 정원 문화를 통해 본 풍수의 전파 시기에 대한 고찰

한반도나 일본 열도에서 풍수술의 영향이 보이는 정원이 출현했다는 것은 곧 풍수술의 전파에 대한 증거이다. 이러한 정원술도 물론 중국에서 한국과 일본에 전파된 것이다. 일본에 풍수적인 성격이 있다고 생각되는 정원은 612년에 백제 사람 노자공에 의해 설계되었다. 한국에는 이렇게 풍수적인 영향을 받은 정원을 누가 언제 처음으로 만들었는지를 알려주는 기록은 없다. 그러나 백제의 정원에 관한 사료를 볼 때 391년 진사왕 때 만든 정원이나 634년 무왕 때 만든 궁남지 정원은 모두 풍수의 영향을 받은 것으로 생각된다. 게다가 백제에서 일본으로 건너간 정원 설계사, 즉 노자공이 일본 최초의 정원을 풍수설의 영향 속에서 만들었다는 것을 고려할 때 일본에 최초의 궁정 정원이 만들어지기 전에 백제 또는 한반도에 풍수설의 영향을 받은 정원이 만들어졌으리라 추측하는 것이, 즉 612년 이

전에 한반도에 풍수설이 전래되었다고 추측하는 것이 논리적으로 자연스러워 보인다. 이렇게 비교 연구를 함으로써 풍수의 전래를 포함한 문화의 전래에 관한 연구를 보다 더 객관적으로 진행할 수 있다.

한국과 일본에서 쓰이고 있는 풍수의 택지 원리는 중국에서 시작된 것이다. 풍수설은 중국 문화가 한반도에 도입되던 초기에 도입되어 한반도 문화에 큰 영향을 미친 것으로 보인다. 그러나 현재로서는 풍수 지리설의 한반도와 일본 열도 전파 연대를 정확히 확인할 수 없다. 그러나 두 나라의 고대 궁중 정원의 역사나 도읍지 선정 과정은 풍수의 전파를 암시해 준다. 일본과 한국의 고대 문화를 비교하는 것은 일본이나 한국의 풍수 전래 시기와 그 방법을 규명하는 데 큰 도움이 될 것이다.

풍수 지리설 전파에서 비교 문화 연구의 필요성

고대 한반도와 일본 열도로 중국 문화가 언제 어떻게 전파되었는지 알아보기 위해서는 고대부터 중국의 주변에 있던 나라들이 어떻게 중국 문화를 수입했으며 어떻게 수입된 문화를 소화했는가 비교해 서로의 공통점과 차이점을 밝히는 것이 중요하다. 특히 고대부터 중국의 주변국으로서 중국 문화를 수입했던 한국과 일본의 경우를 서로 비교해 보면, 고대 한국과 일본에서 풍수 지리설이 어떻게 수입되어 소화되었는지 알아보는 데 도움이 된다. 일본이 중국 문화를 수입하는 과정에서 한국 사람들의 역할이 매우 컸었다는 것은 잘 알려진 사실이다. 그래서 그 당시 양국의 문화와 사료를 비교하고 대조할 때, 한국이나 일본 어느 한쪽에만 있는 사료나 문화 유적은 다른 쪽의 당시 사정을 추정하는 데 큰 도움이 된다. 한국인이 한국 내의 자료에만 의지해 한국 문화를 연구한다면, 김원룡 교수가 말한 바와 같이 한국 문화는 모두 남의 것보다 우수하고 독창적이라는 극단적인 민족주의 함정에 빠지기 쉽다.[13] 비교 문화적인 연구 방법으로 다른 나라의 경우와 비교하는 한국 문화 연구는 이러한 우물 안 개구리식의 식견과 오류를 피할 수 있는 기회를 제공한다.

일부 한국 학자들은 우리가 현재 쓰고 있는 풍수가 중국에서 생성되어 한국으로 전파된 것이 아니라 한국에서 자생된 것이라고 말한다. 그러나 이러한 풍수술의 한국 자생론은 근거 없는 상상이라는 것이 비교 문화적으로 고려해 볼 때 확실해진다. 문헌상 기록이나 남겨진 풍수 고전들, 알려진 유명한 풍수사들을 고려해 볼 때 풍수는 중국에서 발생한 것이 분명하다. 그리고 한국의 자생 풍수의 근거로 인용되곤 하는 한국의 비보 풍수나 산천을 의인화·의물화해 다루는 풍수 신앙도 한국에만 있는 것이 아니고 중국에서 흔히 보이는 것이다. 중국이나 일본의 자료도 참고해 비교 문화적으로 한국의 풍수를 연구했다면 자생 풍수론은 결코 거론되지 않았을 것이라고 본다.

사리(事理)를 왜곡하지 않는 선에서 민족주의는 용납되지만, 사리를 왜곡하는 국수주의적인 논리는 국제학계에서 용납되기 힘들고, 한국학의 실질적인 발전에 저해가 될 것이다.

제5장 한국 풍수 사상의 시대 구분

한국의 풍수 사상은 기본 풍수 원리와 기본 풍수서가 중국과 동일했지만, 그것을 해석하고 강조하는 지점은 중국과 달랐다.[1] 한국 내에서도 시대의 흐름에 따라 풍수술을 강조하고 적용하는 바가 달랐다. 따라서 한국 풍수 사상의 정수는 택지술의 원리를 담은 풍수서보다는 한국의 풍수 설화·풍수 가사·풍수 도참술서 또는 풍수 무가에 더 잘 반영되어 있다고 생각한다. 이러한 민간 전통 요소들에 관한 분석을 통해서 우리는 한국 사상사나 한국의 지리 사상에서 드러나는 풍수 지리설의 특성을 찾아볼 수 있다.

풍수술이 중국에서 전파된 후 풍수술은 각 시대마다 다른 역사적 상황에서 다른 목적으로 운용되었고, 따라서 때로는 다른 양상을 띠며 꾸준히 영향을 미쳤다. 이몽일(李夢日)은 한국의 풍수 사상을 고대에서부터 고려·조선·일제 시대를 거쳐 현재에 이르기까지 일반 한국사 시대 구분을 따라서 기존 연구 성과를 종합해 정리했다.[2] 이것은 한국의 풍수 사상사를 고대부터 현재까지 체계적으로 정립해 보려고 한 최초의 시도였고 상당한 성과를 거두었다.

그러나 기존 왕조 정치사적인 시대 구분에 맞추어 연구하는 것보다는 풍수 지리 사상이 한국 문화에 끼친 양상의 변천에 따라 시대를 구분해 연구할 필요가 있다고 생각한다. 어디까지나 시론 단계의 논의이지만 이제 현존하는 사료와 이 방면의 학문적 연구 성과를 종합해 볼 때, 우리나라 풍수 지리 사상이 한국 문화에 미친 영향을 기준으로 대략 다음과 같은 6단계의 시대 구분이 가능하다고 생각한다.

1. 풍수설의 도입부터 도선 이전까지

중국에서 생성된 풍수 사상이 한반도에 전래된 시기는 고대 중국 문화가 한국에 전래된 시기와 같을 것이라고 생각한다. 유교 또는 도교 사상이 한반도에 전래된 시기는 삼국 시대 초기 또는 삼국 성립 이전으로 거슬러 올라갈 수도 있다고 보여 풍수의 전래 또한 그러할 것으로 본다. 기원전 1세기에는 이미 한반도에 한사군(漢四郡, 기원전 108년~기원후 30년)이 설치되어 있었다. 이때 중국 문물이 대폭 전래되었고, 풍수 지리설도 이때 이미 한반도에 전파되었을 수도 있을 것 같다. 물론 당시는 중국에서 『장경』이 성립되기 전이었다.

현재 우리는 풍수 지리설이 언제 어떻게 중국에서 한국으로 전파되었는지 단정할 수 있는 근거가 없다. 그러나 다음과 같은 단편적인 역사적·민속적 사실은 풍수설이 우리나라에 전래된 시기의 단서를 찾는 데 짚고 넘어가야 할 자료들이다.

단군이 아사달에 도읍했다는 것이나 환웅이 하늘에서 내려다보니 태백산이 가히 홍익인간(弘益人間)의 다스림을 펼칠 만해 태백산 꼭대기에 3,000인을 데리고 내려와 신시(神市)를 열었다는 이야기를 들어 혹자는 단군 신화가 풍수적인 내용을 담고 있다고 말한다.[3] 그러나 단군 신화에는 풍수적으로 터를 잡았다고 볼 수 있는 구체적인 내용이 전혀 없다. 누가 어떤 장소를 선정했다고 하여 모두 풍수로 볼 수는 없기 때문이다.

『삼국유사』의 「가락국기」에 수로왕이 수도를 건설할 때 임시 궁궐의 남쪽 신답평에 가서 주위 산을 둘러보고 기이하니 좋다고 하여 궁궐을 짓고 수도로 정했다는 기록은, 앞서 언급한 바와 같이 그가 풍수적으로 땅을 봤을 수 있다는 암시일 수 있지만, 확증은 아니다.[4] 그러나 신라 제4대 왕인 탈해(脫解) 이사금 이야기에서 풍수 전파의 흔적을 발견할 수 있다. 탈해가 왕이 되기 전 어린 시절에 숯을 묻어 당대의 권력자인 호공(瓠公)을 속여 반달같이 생긴 땅(지금의 월성(月城))을 차지해서 살았다는 이야기가 있다. 이는 풍수적 요소가 크게 반영된 것으로, 수로왕의 이야기보다 더 구체적인 풍수 전설로 볼 수 있다. 일연의 『삼국유사』에 실린 탈해의 이야기를 이병도의 번역본을 통해 보면 다음과 같다.

> 그 아이(탈해왕)가 지팡이를 끌며 두 종을 데리고 토함산(吐含山)에 올라 석총(石塚)을 만들고 7일 동안 머무르면서 성 중에 살 만한 곳이 있는가 바라보니 마치 초승달같이 둥근 봉강(峰岡)이 있어 지세가 오래 살 만한 곳이었다. 내려와 찾으니 바로 호공의 집이었다. 이에 모략을 써 몰래 숫돌과 숯을 그 곁에 묻고 이튿날 아침 일찍 그 집 문에 가서 이것이 우리 조상 때의 집이라 했다. 호공은 그런 것이 아니라 하여 서로 다투어 결단치 못하고 관가에 고했다. 관가에서는 무엇

으로써 너의 집임을 증거하겠느냐 하니, 동자(童子) 가로되 우리는 본래 대장장이였는데 잠시 이웃 시골에 간 동안 다른 사람이 빼앗아 살고 있으니 그 땅을 파 보면 알 것이라 했다. 그 말대로 파 보니 과연 숫돌과 숯이 있으므로, 그 집을 차지하게 되었다. 이때 남해왕(南解王)이 탈해의 슬기 있음을 알고 맏공주로 아내를 삼게 하니 이가 아니부인(阿尼夫人)이었다.[5]

이 설화에 나오는 마치 초승달 같은 언덕은 풍수적으로 명당임에 틀림없다. 이러한 지세는 주산과 좌청룡, 우백호가 삼면에서 혈을 에워싸고 있는 명당을 의미하기 때문이다. 탈해가 호공을 속이고 그 집터를 차지하는 장면도 명당 쟁탈전의 연원을 잘 보여 주고 있다고 하겠다. 그러나 이 이야기는 13세기 후반에 일연이 채록한 야사(野史)이기 때문에 그 사료 가치는 그다지 높다고 볼 수 없다. 단군 신화나 수로왕 및 탈해와 호공의 이야기는 모두 고대부터 민중에게 널리 알려진 전설로 내려오던 것을 13세기에 비로소 『삼국유사』에 글자로 기록한 것으로 보인다. 일연이 기록할 때 얼마나 각색했는지는 알기가 힘들다.

고대 중국 은나라 주왕의 삼촌뻘인 기자(箕子)가 은나라가 망한 뒤 한반도로 와서 조선 왕이 됐다는 전설은 역사적 사실이 아닐 확률이 높다. 그러나 비록 기자 동래설(箕子東來說)이 사실이 아니더라도 그 전설이 갖는 문화사적인 의의는 자못 크다고 생각한다. 기자 동래설은 기자의 실존 여부나 한반도 도래 여부에 관계없이 고대 중국 문화가 한국에 전래되어 고대 한국 문화에 큰 영향을 미쳤다는 것을 암시하기 때문이다. 아마 풍수 사상도 기자 동래설로 상징되는 초기의 중국 문화 유입과 함께 한반도로 건너왔을 가능성이 있다. 어떤 이들은 풍수는 신라 말 도선(道詵)에 의해 전래되었다고 하며 경주에 있는 평지의 왕릉은 풍수설이 아직 적용되지 않은 증거라고 주장한다. 그러나 풍수 사상이 발달한 한나라 또는 당나라 때 만들어진 무덤들이 중국 관중 지방의 분지에 흩어져 있는 것을 보면 무덤의 위치만으로 풍수 사상의 유입 여부를 판단할 수는 없음을 알 것이다. 그리고 몇 가지 문헌 기록을 참조하면 우리나라에도 삼국 시대 또는 그 이전에 이미 풍수가 전래되었다는 것은 짐작하기 어렵지 않다.

풍수 지리설이 불교나 정원 등 다른 문물과 같이 고대 일본에 전달되는 과정에서 고대 한국 사람들의 역할이 컸다고 보인다. 일본에서는 700년대 초, 더 거슬러 올라가면 600년대에도 풍수가 이미 이용된 것으로 보인다. 『일본서기(日本書記)』에 의하면, 백제의 승려 관륵(觀勒)이 602년 10월에 일본 궁실에 천문 지리 및 역술에 관한 책을 가져왔고, 그때 서너 명의 일본 학자들이 관륵에게서 배웠다고 한다.[6] 천문 지리에서 천문에 대비되는 지리는 풍수술로 보는 것이 자연스럽고 이 기록대로라면 아무리 늦어도 602년에는 풍수가 일본에 전달된 셈이다. 이렇게 본다면 일본에 풍수를 전한 한반도(백제)에는 일본보다 더 일찍이 풍수 지리설이 전파되어 이용되고 있었을 것이다. 아무리 늦어도 600년대 이전 삼국 시대나 그전에 이미 풍수가 우리나라에 들어와 이용되었다고 말할 수 있다. 200년대의 고구려 환도성의 지형과 300년대 백제 진사왕 때 만든 왕궁의 정원은 이러한 가능성을 뒷받침한다고 본다.

700년대에는 이미 풍수술이 한국 사회에 상당히 깊이 파고들어 왕실과 절 사이에서 명당 쟁탈전이 일어났던 기록이 남아 있다. 이를 보여 주는 것이 최치원(崔致遠)이 지은 숭복사(崇福寺) 비문이다. 이 비문은 풍수 지리설의 사용을 확인할 수 있는 최초의 기록으로 798년에 신라 원성왕(元聖王)이 돌아간 다음 왕릉 자리를 논하는 구절이 등장한다. 이 비문에는 무덤은 지맥을 가려서 써야 후손에게 복이 간다고도 했고, 풍수 지리설의 조종으로 꼽히는 청오자(靑烏子)도 거론되는 등 풍수 사상이 반영되어 있다.[7] 또 이 비문에 의하면, 반대에도 불구하고 원성왕의 능은 곡사(鵠寺)라는 절터에 모셔졌다. 이는 물론 그 절터가 풍수적으로 좋은 터였기 때문이다. 그래서 우리는 아무리 늦어도 798년경에는 왕의 무덤을 명당에 쓰기 위해 절을 헐 정도로 신라에서 풍수를 심각하게 신봉하고 있었다는 것을 알 수 있다. 그러나 신라에 풍수 지리설이 언제 들어왔는지 전파 시기의 상한선을 긋는 데에는 숭복사 비문이 아무런 의미가 없다. 풍수 지리설이 이 비문에서 말하는 원성왕릉 사건보다 몇백 년 전에 한반도에 들어왔는지에 대해 아무런 설명도 암시도 없기 때문이다.

통일신라 시대에 들어서는 다수의 절이 풍수 지리설에 맞추어 지어졌고, 신라 말기에 가까울수록 풍수 지리설은 신라 사회에 더 깊이 파고들어 보편화되었던 것으로 보인다. 이와 같은 조건에 도선이 출현해서 풍수 지리설은 더 유행하게 되었다. 신라 말 옥룡자(玉龍子) 도선이 크게 붐을 일으켰고 고려 시대에 극성해 정치를 어지럽히고 국가 재정을 고갈시키는 결과까지 낳았다. 지금까지 한민족의 뼛속에 깊게 뿌리박힌 사상이 되어 한국 문화에 큰 영향을 미치게 된 것이다.

2. 신라 말엽 도선부터 조선 세종까지

두 번째 시기는 신라 말엽 풍수 비보설에 깊이 관여했던 선승(禪僧) 도선(827~898년)으로부터 풍수에 심취했던 조선 시대 세종까지이다. 이 시기는 풍수 사상의 전성기로 풍수 지리설이 한국의 정치 사회에 막강한 영향을 미쳤던 때이다. 그 당시 풍수설은 특히 나라의 도읍을 계획하고 이전하는 문제에 있어, 적어도 표면적으로는 가장 중요한 역할을 했고 이로 인해 정치적 분쟁이 컸다.

도선은 한국 역사상 가장 잘 알려진 풍수 승으로서 신라 말엽인 827년에 현재 전라남도 영암에서 태어났고 898년에 입적한 것으로 추정된다. 그는 풍수 명당의 결점을 보완하는 풍수 비보론을 전파하는 데 중요한 역할을 했고 한국 풍수사의 조종(祖宗)으로 꼽힌다. 그는 전국의 사찰이 풍수적인 요건을 고려해 입지하는 데 큰 역할을 했다. 이는 고려 태조의 「훈요십조」 제2조의 "모든 사원은 모두 도선의 의견에 따라 국내 산천의 좋고 나쁜 것을 가려서 창건한 것이다."라는 구절에서도 확인할 수 있다.[8] 고려 태조는 불교와 풍수에 대한 신앙이 상당히 깊었던 것으로 짐작되며 이후 고려 전 시대에 걸쳐 풍수 사상은 정치 사회에 큰 영향을 미쳤다.

그림 5-1. 풍수 비보설에 깊이 관여했던 도선.

당시 나라의 수도를 옮기는 문제나 여러 궁궐의 축조 경영 문제는 지기 쇠왕설(地氣衰旺說), 산천 비보설(山川裨補說)과 맞물려 있었다. 지기 쇠왕설은 개인이나 왕조가 아무리 명당을 차지하고 있더라도 시간이 지나면 그 땅의 기운이 변하게 됨으로 발복이 끊기고 망할 수 있다는 주장이다.[9] 그래서 지기 쇠왕설의 근본적인 관심은 명당, 특히 국도(國都)의 지기가 쇠(衰)한지 왕(旺)한지를 점치는 일이었다. 고려 시대에는 이러한 지기 쇠왕설의 영향을 받아 수도를 개경에서 서경(평양)으로 천도하는 문제가 정치적 쟁점이 되었고, 결국에는 묘청(妙淸, ?~1135년)의 난으로 발전되기도 했다. 고려는 이 밖에도 지기 쇠왕설에 따라 풍수 지리적으로 중요한 명당의 왕성한 지

기를 입기 위해 이궁(離宮)을 남경(南京, 현재의 서울)이나 서경 등 여러 곳에 지었다.[10]

조선 시대에도 태조부터 세종에 이르기까지 수도 이전과 풍수 문제는 중요한 정치적 쟁점이었다. 이 시기는 풍수 사상사적인 면에서 고려 시대와 흡사해 고려 시대의 연장으로 볼 수 있다. 태조(재위 1392~1398년)는 새로운 도읍지를 찾기 위해 고심했고, 수도를 개성에서 서울로 옮겼다. 정종(재위 1398~1400년)은 수도를 개성으로 환도했으나 태종(재위 1400~1418년)은 수도를 다시 서울로 옮겼다. 조선 제4대 임금인 세종(재위 1418~1452년)은 풍수술에 상당히 심취했었고 따라서 이때에도 풍수 지리설의 강한 영향력을 발휘했다. 경복궁 터가 제대로 된 명당인지, 백악(白岳), 즉 북악산(北岳山)의 내맥(來脈)이 어디로 들어왔는지, 또는 인왕산(仁王山)이 주산인지 등에 관한 풍수적 견해가 당시 정치에 상당한 영향을 미쳤다. 세종은 경복궁 터에 관한 엇갈린 견해를 판정하기 위해 백악산에 직접 올라 답사하기도 했고 여러 풍수사의 의견에 귀를 기울이기도 했다. 세종은 특히 풍수 지리에 관심이 많았는데, 그는 일상 생활에도 풍수술을 많이 고려했던 것 같다. 『세종실록』에는 그가 왕궁을 떠나 자주 여러 사제(私第, 개인 소유의 집)에 이어(移御)했다는 기록이 많다. 특히 그의 재위 32년 중 마지막 10년에 이어가 심했으며, 어떤 해에는 1년의 거의 대부분을 사제에서 지냈다. 결국 경복궁이 아닌 영응대군(永膺大君)의 집에서 승하했다.[11] 당시 사정으로 미루어 볼 때 세종은 경복궁의 풍수적 조건에 불안을 느꼈던 것 같다.[12] 풍수 사상은 세종의 마음과 행동에 깊은 영향을 끼친 것이 틀림없는 듯하다.

3. 세조 이후 실학 시대 이전까지

조선 세조 이후 실학의 발흥 이전까지는 수도 이전 문제와 서울의 풍수 문제가 비교적 잠잠해지고, 주로 왕실의 왕릉 조영(造營)과 민간인들의 음택 풍수가 풍수 신앙의 주류였다고 보인다. 일반적으로 유학자들도 별 비판 없이 풍수를 수용하고 부모에 대한 효도로서 명당을 찾아 무덤을 썼다. 남송(南宋)의 주희(朱熹, 1130~1200년)가 자기 부모나 아들의 묏자리를 걱정할 정도로 풍수 신앙을 받아들인 것이 조선 시대 유학자들이 풍수를 수용하는 데 큰 영향을 준 것으로 생각된다.[13] 그러나 명당에 묏자리 잡기는 표면적으로는 효도의 양상을 띠고 있었을지라도 실제로는 발복을 바라는 심리가 더 컸다고 생각된다.

4. 실학 시대로부터 한일 합방까지

17세기 실학의 발흥기부터 1910년 한일 합방으로 대한제국이 끝날 때까지는 뜻있는 선비들의 풍수 사상에 대한 비판이 높았던 시기였다. 조선 후기의 실학자들은 풍수에 대한 비판의 글을 상당히 썼다. 예를 들면 이익(李瀷, 1681~1763년)은 『성호사설(星湖僿說)』에서 풍수를 신랄히 비판했고, 정약용(丁若鏞, 1762~1836년)과 박제가(朴齊家, 1750~1805년) 등 다른 실학자들도 풍수지리설의 부정적인 영향을 역설했다.[14] 실학자들의 풍수 지리에 관한 글은 당시 한국 엘리트들의 환경 사상 연구에 중요하다. 정약용은 『목민심서(牧民心書)』나 『풍수론(風水論)』에서 풍수의 피해를 비판하는 글을 남겼다.[15] 그는 풍수 신앙 때문에 오는 여러 가지 폐단에 관해 예를 들어 지적하고, 관가에서 묘지 풍수 신앙에 관계되는 소송 사건들을 공정하게 처리하기 위해 상황을 잘 파악하고 올바른 원칙에 의거해 판결을 내려야 한다고 말했다.[16] 정약용은 또 풍수가 한국인의 지오멘털리티에 얼마나 깊이 녹아 들어가 있는지를 정선(鄭瑄)의 말을 인용해 보여 주기도 했다.[17] 이와 같이 조선 후기에 들어오면서부터는 음택 풍수의 피해가 더욱 극심해졌고, 이에 대한 실학자들의 논리적이고도 양심적인 비판도 높아졌다.

5. 일제 시대

1910년 한일 합방 이후 일제의 총독부는 공동 묘지 제도를 도입해 묘지를 각 지역별로 한곳에 집중시키는 정책을 썼다. 이로써 일반 민중의 음택 풍수를 활용한 묏자리 찾기가 이전보다 제약을 받게 되었다. 그러나 음택 풍수는 한국인의 마음 깊숙이 자리 잡고 있었고 이로 인한 폐단도 끊이지 않았다. 일제는 또 풍수를 정치적으로 이용해 자기들의 식민 통치를 정당화하고 민족의 사기를 억누르는 데 이용했다. 예를 들면 그들은 서울에서 조선 총독부 건물과 총독 관저를 경복궁 앞뒤에 세워 정궁(正宮)인 경복궁을 샌드위치처럼 양편에서 눌러, 보는 이로 하여금 조선 왕조의 맥은 끊겼다는 인상을 주려 했다. 그리고 지방에도 풍수적으로 중요한 지점에 신사(神社)를 지어 식민 통치의 권위를 부각시키려 했다. 이몽일은 일제가 길지에 쇠 말뚝을 박고, 도로와 철도를 부설해 지맥을 끊고, 총독부 청사와 신사를 지어 용맥(龍脈)을 단절했으므로 "일제 시대의 한국 풍수 사상은 단맥 풍수로 집약"된다고 서술했다.[18] 일제의 시책을 용맥 단절의 측면에서 본 것이다. 이 시대 풍수 사상의 특징을 조감해 본다면, 일본 식민 정부가 한국인의 풍수 신앙을 정치적으로 이용하기 위해 풍수적으로 중요한 지점에 일본의 권위를 상징하는 경관을 조성했고, 일반 민중의 음택 풍수 시행이 공동 묘지 제도의 도입으로 제약받게 된 점을 들 수 있다.

6. 해방 후부터 현재까지

해방 이후 근대화의 물결을 타고 풍수는 공식적으로는 인정되지 않았지만, 사회 일각에서는 음택 풍수가 계속 존중되고 있었다. 그러나 한국 전쟁을 거쳐 1960년대와 1970년대까지는 풍수가 사회적 이슈로 부각되지는 않았다. 일반 국민의 생활에 경제적 여유가 없었고, 급격한 근대화 과정에서 전통 풍속이나 문화 유산이 등한시되었기 때문이다. 그러나 1980년대 이후 한국의 경제 성장으로 인한 부(富)의 축적은 한국인들에게 경제적 여유를 가져다주었고 전통 문화에 대한 향수를 일깨워 주었다. 그리고 전통 사회에서 가장 중요시해 온 효 사상과 맞물린 풍수의 발복 신앙이 사회적으로 되살아나기 시작했다. 이는 가난할 때 불가능했던 명당 찾기와 분묘 치장으로 이어졌다. 그래서 풍수 신앙은 한국 사회에서 1980년대 이후에 더 활발해진 것 같다. 1970년대 전반 서울의 한 유명 서점에 풍수 관계 서적이 불과 몇 종류밖에 되지 않았으나, 1980년대 후반에는 수십 종에 달하는 서적이 서가의 여러 단을 메우고 있는 것을 봐도 알 수 있다.

풍수 지리설은 현대 정치와도 무관하지 않다. 전직 대통령이 대통령으로 당선되기 전에 당시 세간에 이름을 날리던 지관을 통해 가족 묘를 용인으로 옮겼다는 것은 잘 알려진 사실이다. 소문으로는 2002년 대통령 후보가 되고자 하는 몇몇 인사들이 이미 조상의 묘를 세인들이 알게 모르게 이름 있는 지관을 고용해 이장(移葬)했다고 한다. 이렇게 요사이도 선거 때가 되면 후보나 당선자의 명당 발복이 심심찮게 거론된다. 이러한 현상을 학계에서도 비판하고 있지만,[19] 오늘날 풍수가 정치에 이용되어, 여론 조작 내지는 상징 조작에 동원되고 있는 것이 사실이다. 한국의 정치와 사회는 아직도 풍수로부터 자유롭지 못하다.

이와 같은 역사 과정을 통해서 한국의 풍수 지리 사상은 대략 세 가지의 특성을 가지게 되었는데, 그 첫째는 **명당 발복론**이다. 이는 풍수가 발복을 목적으로 명당을 찾으려는 수단이 된 것이다. 명당 발복론은 풍수 지리설의 근본 신앙으로, 한국사의 전개에 상당한 영향을 끼쳤다. 역대 왕실이 궁궐이나 왕릉을 축조하기 위해 명당을 찾아 나서거나, 명당의 풍수적 조화를 관리하기 위해 중앙 정부가 권력으로 민간의 권리를 침해한 일이 흔했다.

두 번째의 특성은 **풍수 비보론(裨補論)**이다. 이는 풍수적으로 미흡하거나 지나친 지세를 인공적으로 약간 수정하고 관리해 결점을 보완하자는 사상이다. 풍수 비보론이 한국 정치 사상에 크게 영향을 미친 시기는 신라 말엽 도선 이후였다. 이때에 이르러 명당 형국에 미흡한 부분을 보완하거나 지나친 지세를 누르기 위해 절이나 탑을 많이 세우게 되었다. 그리고 명당의 허한 곳(산이나 언덕이 없어 약한 부분)에 흙을 쌓아 동산을 조성하든지[造山], 나무를 심어 인공 숲을 조성하든지 하는 방법이 유행했다. 이러한 비보 방법은 고려와 조선 시대를 통해 도성에서부터 지방 도시나 시골 마을에 이르기까지 널리 퍼졌다. 이 비보 행위를 위해 정부 차원이나 민간 차원에서 상당한 권력이 행사되었고 상당한 재정이 소요되었음은 쉽게 짐작할 수 있다.

세 번째 특성은 **지기 쇠왕설**이 큰 영향력을 발휘했던 것이다. 이 지기 쇠왕설은 명당의 지기가 시간이 경과함에 따라 약해질 수도 있고 강해질 수도 있다는 이론이다. 다시 말하면, 명당의 기운이 때에 따라 변함으로써 발복이 끊기고 그 땅을 사용하고 있는 사람을 망하게 할 수도 있다는 것이다. 그러므로 지기 쇠왕설은 그 땅의 기운이 왕성할 때인지 쇠퇴할 때인지를 점치는 도참 예언으로 변질되었다. 한 명당의 기운이 어떤 때는 강해지기도 하고 어떤 때는 약해지기도 한다는 이론은 고전 풍수서에는 보이지 않는 이론이다. 이 지기 쇠왕설은 중국에서도 한때 유행했지만 우리나라에서는 고려 시대에 주로 유행했다.

근대에 와서 이러한 한국의 풍수 지리 전통에 대한 자료 조사와 연구를 책으로 정리한 사람으로는 무라야마 지준이 최초일 것이다. 그는 조선총독부 촉탁으로 있으면서 방대한 자료를 조사·정리해 1931년에 857쪽에 달하는 『조선의 풍수』를 출간했다.[20] 무라야마는 총독부에서 실행한, 조선 통치에 필요한 각종 민속 자료 수집과 재래 풍속 조사에 종사했던 사람이다. 조선 총독부에서는 조선인의 심성에 뿌리 깊게 작용하고 있던 풍수 지리설을 체계적으로 이해하기 위해 이에 관한 조사 작업을 했고, 그 결과로 책을 썼다. 그의 연구 작업은 일제 총독부의 식민지 지배를 원활히 하려던 목적을 가지고 있었다. 그러나 이 책은 민속학 내지 인류학적 입장에서 풍수에 대한 자료 조사 결과를 집대성한 것으로 단행본으로서는 가장 방대한 재래 풍수 자료를 정리하고 해설해 놓은 책이다. 풍수에 대한 해석과 설명보다는 그 당시 풍수 신앙의 실상을 보여 주는 자료가 풍부하다. 이 책에 포함되어 있는 풍수술에 관한 중요한 사례와 자료는 함경남도 북청 태생으로 구한말 대한제국 황실의 지관이었던 전기응(全基應)을 포함한 당시 유명 지관들로부터 모은 것으로 알려져 있다.[21] 이 책이 이후 한국의 풍수 연구자들에게 미친 영향은 지대하다. 『조선의 풍수』는 한국 풍수 지리 연구의 최초이자 가장 중요한 이정표로 남아 있다.

해방 후 한국인에 의해 풍수에 대한 본격적 연구가 시도되었다. 이병도는 1948년 『고려 시대의 연구』를 통해서 풍수 지리 사상이 가지고 있는 사회적 기능을 본격적으로 정리해 주었고,[22] 고려 시대 전반에 걸쳐 풍수 지리설이 정치 사회에 어떠한 영향을 미쳤는지 자세하게 고증했다. 이 책에 포함된 이병도의 연구는 50년이 넘도록 정설로 학계에 받아들여질 정도로 치밀하게 고증된 것이다.

근래 한국의 풍수 지리 연구에 있어 가장 많이 읽히고 영향을 준 책은 최창조(崔昌祚)의 『한국의 풍수 사상』일 것이다.[23] 이 책은 1984년에 출판된 뒤 풍수 지리가 무엇인지를 전문 학자뿐 아니라 일반인들에게 알리고 풍수에 관한 관심을 불러일으키는 데 큰 역할을 했다. 그 후로도 최창조는 『좋은 땅이란 어디를 말함인가』, 『한국의 자생풍수』(전2권) 등 풍수에 관계된 여러 편의 저서와 논문을 냈다.[24] 최근에 그는 언론 매체를 통한 풍수 관계 글을 자주 발표하고 강의도 많이 했다. 결과적으로 최창조의 풍수 연구는 현대 한국 사회에서 풍수 지리 신앙에 대한 관심을 고조시키는 데 도움을 준 것으로 보이며, 이와 동시에 풍수 지리 사상에 대한 비판적 인식의 필요성을 제기하기도 했다.

제6장 풍수 지리의 기원과 한반도 도입 시기에 관한 논쟁

1. 들어가면서

오늘날 한국 사회에서는 풍수에 대한 사람들의 관심이 높아지며 다시금 풍수가 논란의 대상이 되는 것 같다. 현대 사회에서 풍수 지리설을 옛날처럼 신봉한다는 것은 바람직하지 않으며 묘지나 장례 제도의 개선 또한 시급함을 알 수 있다. 그러나 풍수를 그냥 미신이라고만 몰아붙인다고 맹목적인 풍수 신앙을 치료할 수 있을 것 같지는 않다. 풍수의 본질을 적나라하게 학문적으로 캐내서 풍수에 대한 사람들의 인식을 올바르게 교정하는 것이 더 중요하다고 생각한다. 이러한 취지에서 볼 때, 《한국사 시민 강좌》의 제14집이 이기백 교수의 책임 편집으로 '한국의 풍수 지리설' 특집으로 다룬 것은 의미 있는 일이다. 그 책에는 이기백 교수의 「한국 풍수 지리설의 기원」이 첫 논문으로 실렸고, 역사학 강의에 나의 논문 「풍수 지리설의 본질과 기원 및 그 자연관」이 실렸다.

이기백 교수께서는 권두언 「독자에게 드리는 글」의 서두에서 상당한 지면을 할애해 풍수 지리설의 기원에 대한 나의 학설을 비판했다. 한국 역사학계의 원로 학자이신 분이 중요한 잡지에서 하신 말씀이기 때문에 일반 지식인들에게 끼칠 영향이 상당히 클 것을 고려해 부득이 지상을 통해 이기백 교수의 비판에 대한 나의 견해를 발표해 풍수 지리의 기원과 한반도에 도입 시기를 토의해야만 했다.[1]

우선 그 비판의 대상이 된 학설을 먼저 간단히 소개하겠다.

2. 나의 풍수 기원설

나는 지금까지 서양학자나 동양학자 들이 제안한 풍수 지리설의 기원에 관한 여러 학설은, 풍수설의 택지 원칙을 분석·음미하지 않았고, 그 풍수 원리들이 어떻게 유래했는지 고려하지 않은 결점이 있다고 보았다. 그래서 풍수 지리설의 기원 연구는 풍수 지리설의 택지 원칙을 분석해 그 원리들이 어떻게 유래했는지 따지는 것이 가장 중요하다고 생각하고, 다음과 같은 요지의 풍수 기원론을 발표했다.

첫째, 음택 지리(묏자리 잡기)는 양택 지리(집터 잡기)의 택지 원리를 그대로 적용한 것이고, 풍수 지리설은 고대 중국 사람들이 주위 자연 환경을 고려해 좋은 주거지를 찾으려는 인간의 본능적인 욕구에서 출발했다.

풍수 지리설에서는 길지 자체는 물기가 없어야 하나 그 근처에 강이나 웅덩이가 있어야 하고 좋은 터는 남쪽을 향해야 하며 북쪽으로는 산이 막혀 명당을 말굽같이 에워싸야 한다. 이는 모두 추운 겨울 찬 서북풍에 시달리던 고대 중국 사람들의 좋은 주거지 조건에서 중요한 것이다. 이러한 살아 있는 사람을 위한 좋은 주거지를 찾는 조건이 왜 죽은 사람의 주거지인 무덤에서도 똑같이 중요해야 하는가를 따져 볼 때, 풍수의 기본 택지 법칙은 원래 살아 있는 사람을 위한 집터를 잡는 방법으로 출발했고, 그 원리를 무덤 자리를 잡는 데에도 그대로 적용한 것이다. 옛사람들이 죽은 사람의 주거지도 살아 있는 사람의 주거지와 똑같은 조건이 필요하다고 생각한 것은 죽은 사람의 생활을 살아 있는 사람의 생활에 비추어 상상했기 때문이다.

둘째, 풍수 지리는 고대 중국의 황토 고원 지대에서 굴을 파서 굴집[窟洞]을 짓고 살던 사람들에 의해 시작되었을 것이다.

이러한 견해의 근거는 첫째로, 풍수에서는 좋은 터를 '혈(穴)'이라고 하는데 그 혈의 어원을 캐 보면 흙으로 만들어진 굴방(土室, cave)이라는 뜻으로 바로 굴집을 의미하는 것이다. 둘째로, 콩가루를 빻아 놓은 것 같은 황토로 되어 있는 것을 길지로 치는데, 이것은 바로 황토 고원 지대에서 굴집을 팔 자리를 찾는 데 있어서 필수 조건이라는 점이다. 황토 고원 지대에서 불순물(다른 색의 흙이나 모래 또는 자갈)이 들어 있는 흙이 있는 곳은 굴집을 팔 자리로는 적당하지 않다. 이런 곳에 굴을 파면 쉽게 무너지기 때문이다. 셋째로, 풍수에서는 산 모양을 오행에 따라 다섯 가지로 나누는데 토산을 제외한 화산, 목산, 수산, 금산은 모두 불꽃 모양, 나무 모양, 물결 모양, 엎어 놓은 쇠종 모양 등으로 쉽게 그 형상을 설명할 수 있으나, 토산의 경우는 이런 식으로 설명을 못한다는 점이다.

토산의 산 모양은 산기슭은 급경사이지만 산꼭대기 부분은 아주 평평하고 넓다. 왜 이런 형의 산을 토산이라고 부르는지도 중국의 황토 고원을 떠나서는 설명하기 힘들다. 황토 고원 지대에는 이런 형의 토산이 무수히 많다. 그러나 우리나라나 중국의 다른 지방에서는 이런 식의 산을 찾아보기 어렵다. 비에 씻기기 쉬운 황토는 토양 침식이 심해서 주로 급경사의 산기슭과 넓고 평평한 정상으로 되어 있다. 황토 고원 지대에서는 겨울에 서북쪽에서 부는 찬바람을 막아 주는 산이 뒤에 있고 앞은 터져 있어야 햇빛을 잘 받을 수 있으며, 굴 자체는 말라 뽀송뽀송하나, 가까이 물(웅덩이나 개울)이 있는 곳을 이상적인 흙 굴 거주지 조건으로 치는데, 이러한 곳은 바로 풍수 지리에서 말하는 이상적인 길지의 조건이기도 한 것이다. 이러한 황토 고원 지대의 택지 관념이 풍수 지리설로 굳어져 다른 지방으로 전파되었을 때, 황토 고원 지대와는 자연 환경이 아주 다른 곳에서도 황토 고원 지대의 이상적인 거주지 조건을 최상의 집터나 묏자리의 조건으로 치게 되었다는 것이 나의 풍수 기원설의 요지였다.

3. 이기백 교수의 비판

이기백 교수는 이러한 나의 주장을 비판했는데, 그 요지는 다음 세 가지로 요약할 수 있다.

① 중국 고대에 집터나 묏자리를 택하던 것은 풍수 지리설이라고 할 수 없다.
② 신비스러운 요소가 없는 택지술은 풍수가 아니다.
③ 풍수 지리설의 한국 전래는 8세기 이후이다.

이기백 교수의 비판을 각각 소개하고 나의 견해를 설명하기로 한다. 첫째로, 이기백 교수는 내가 《한국사 시민 강좌》 제14집에서 내놓은 풍수 기원설(지난 1976년 처음 출판해 1989년도에 중국 답사 후 보충한 것)은 "풍수 지리설에 대해서 독자적인 견해를 갖고 있는 새 학설"이기는 하나 "가령 공자 이전에 공자의 그것과 비슷한 사상이 있었다고 해서 그것을 곧 유교(儒教)라고 할 수가 없고 또 석가 이전에 석가의 신앙과 비슷한 것이 있었다고 해서 그것을 곧 불교(佛教)라 할 수가 없는 것과 마찬가지로 집 자리나 무덤 자리를 선택했다는 것만으로 이를 풍수설이라고 할 수가 없다."는 것이다. 왜냐하면 "풍수 지리설에는 신비스러운 요소가 깊이 자리 잡고 있으며 그것이 곧 풍수의 본질이기 때문"이라고 했다. 이 말은 상당히 일리가 있고 논리 정연한 것 같으나 한번 짚고 넘어가야 할 것 같다.

"공자 이전에 공자의 그것과 비슷한 사상은 유교"라 할 수 없다는 이기백 교수의 논리는 특정 창시자가 있는 고등 종교에서는 어느 정도 통할 수 있다. 그러나 풍수, 무속 등 미신을 포함하는 민간 신앙에는 유교, 불교와 같이 특정인의 창시자가 없다. 그래서 창시자 이전부터 존재해 온 특정 종교의 교리와 비슷한 사상은 그 종교의 사상이라고 볼 수 없다는 논리는, 특정 창시자가 없는 민간 신앙에는 적용될 수가 없다. 민간 신앙을 특정 고등 종교를 이해하는 방식으로 이해하려는 데에는 무리가 있다. 비록 고등 종교라 할지라도 창시자 이전에 존재했던 사상을 그 종교의 교리로 받아들이는 예는 상당히 있다. 예수 이전에 있었던 십계명을 비롯한 구약의 사상은 기독교 교리의 중요한 부분이 되었으며, 공자가 존경하던 공자 이전의 인물인 주공(周公)의 행적과 사상을 유학자들이 유교의 이상형으로 숭앙하고 있는 것을 보면 알 수 있다.

민간 신앙의 내용은 작자 미상의 민간 전승으로 내려오는 것이 대부분이며, 누가 그 내용을 실제로 썼는지 알 수 없고, 책으로 기록되어 내려오는 것도 주로 예로부터 입에서 입으로 전해 오는 작자 미상의 것들을 기록한 것에 지나지 않는다. 이러한 민간 신앙의 본질을 볼 때, 현재 풍수 지리설에서 사용되는 택지 원리와 비슷한 것을 옛 중국 사람들이 집터나 묏자리를 잡을 때 사용했음에도 불구하고 그것이 곧 풍수 지리설은 아니라고 한 이기백 교수의 논리는 이해가 잘 되지 않는다. 만약 그들이 풍수적 차원에서 터 잡기를 하지 않았다면 어떤 차원에서 그들이 지금과 비슷한 풍수 원리를 사용했는지 이기백 교수는 밝히지 않았다. 나는 지금 현재 집터나 묏자리를 선택하는 데 쓰이는 풍수 원리의 기원이 옛날로 거슬러 올라갈 수 있고, 옛날 사람들의 행동이 풍수를 실행한 증거라고 보는 편이 자연스럽다고 본다.

둘째로, 이기백 교수의 주장을 음미해 보면, 고대의 택지술이 후대에 신비성을 띠기 시작한 뒤부터 풍수 지리설이라고 할 수 있다고 했다. 내 생각에는 택지술과 신비주의적 요소는 처음부터 구별된 것이 아니고 정도의 차이는 있었을지라도 항상 함께했다고 믿는다. 풍수의 기본 자연관에서는 땅(자연)을 신비스럽고 주술적인 힘을 가진 것으로 본다. 옛날에는 사람들이 신비주의적 요소가 가미되지 않은 과학적인 터 잡기를 하다가 그런 방법이 미신화되어(타락해) 후대에 신비성을 띠면서 길흉화복을 점치게 되었다는 것은, 옛사람의 생활을 그들의 입장에서 이해하려기보다 현대인의 입장에서 파악하려는 것으로 사료된다.

옛사람에게는 과학적인 것(환경에서 배운 경험)과 종교 신앙적인 것(신비주의적인 것)이 구분되지 않았다는 것은 잘 알려진 사실이다. 지금까지 축적된 인류학적 또는 문화 지리학적 연구에 의하면 아무리 미개한 민족이라도 그 정도의 차이는 있지만 초자연적인 힘이나 주술적인 힘에 대한 신앙은 있다고 한다. 옛날 중국 사람들도 춘추 전국 시대에 이미 초자연적인 힘이나 땅의 기운에 대해 신비적이고 신앙적인 태도를 가졌던 사실이 잘 알려져 있다. 남태평양에서 석기 시대 문화 수준을 유지하며 살고 있던 마오리 족도 땅의 '마나(mana)', 즉 초자연적이고 신비적인 힘을 믿고 있었다. 그래서 옛날 황토 고원 지대의 사람들이 오늘날 풍수설에서 쓰고 있는 택지 원리와 비슷한 것을 사용해 '주거지나 무덤' 자리를 찾아다녔을 때 길지와 흉지의 신비성과 초자연성을 나름대로 염두에 두었다고 생각하는 것이 자연스러울 것 같다.

셋째로, 이기백 교수와 나는 중국 풍수가 한국에 전파된 시기에 관한 의견에 상당한 차이가 있다. 나의 견해로는 중국과 한국과 일본의 문화 교류 관계를 고려해 볼 때 빠르면 삼국 시대 또는 그전에, 아무리 늦어도 700년대 이전에는 풍수 지리설이 우리나라에 도입되었다고 본다. 특히 중국 문화가 한국에 전래된 초기에 유교·도교 사상과 함께 풍수 사상이 한반도에 도입되었을 수 있다고 본다.

이기백 교수는 한국 내의 사료에만 근거를 두고 풍수 지리설의 한국 전래 시기를 8세기 이후로 본 것 같다. 이 교수에 따르면 풍수 지리설의 전래를 확인할 수 있는 최초의 기록은 798년 신라 원성왕의 무덤 자리를 논하는 구절이 나오는, 최치원이 지은 숭복사 비문이라고 한다. 이 기록에 근거해 "8세기 말 신라 하대(下代)의 초에는 풍수 지리설이 도입되었음을 알 수 있다. 그런데 그것이 풍수 지리설의 시초라고 할 수만은 없으므로 이미 8세기 들어서 풍수 지리설이 도입되었다고 봐서 잘못이 없겠다."라고 상한선을 긋는 것이 이 교수의 주장이다. 그러나 이러한 민속 자료(사료)의 고증에 있어서 숭복사 비문은 풍수 지리설 전파 시기의 하한선 설정에는 유용할지언정, 그 상한선을 설정하는 데에는 의미가 없다. 숭복사 비문의 존재가 의미하는 것은 아무리 늦어도 풍수 지리설이 우리나라에 798년 이전에 이미 전래되어 있어서 798년에는 왕의 무덤을 명당에 쓰기 위해 절을 헐고 그 터에다 능을 쓸 정도로 풍수 지리를 심각하게 생각하고 있었다는 것이다.

어떤 나라의 역사(풍수의 역사를 포함)를 쓰는 데 그 나라의 국내 사료에만 의지하며 주변 나라와의 관계나 그 당시 다른 나라의 사정을 고려하지 않는 태도는 우물 안 개구리 식이 되기 쉽다고 생각한다. 아널드 토인비(Arnold J. Toynbee)는 개별 국가의 역사는 서로 연관되어 있다고 주장하며 한 문화권에서 단독 국가의 역사를 따로 떼어 내서 이해하려고 하는 태도를 심하게 비판했다. 그는 유럽에서는 영국사가 그래도 개별 국가로서 따로 떼어 내어 이해하려고 해 볼 만하나 그 역시 따로 고립시켜서는 이해될 수 없다고 했다. 그가 말하길 영국사를 따로 고립시켜서 이해할 수 없는 것이 사실이라면, 유럽 다른 나라 역사는 더욱더 그러하다고 했다.[2]

한 나라의 역사만 따로 떼어 내어 생각할 때 왜곡되어 이해되기 십상이다. 나는 풍수 지리설의 한국 전파 시기를 한국 국내 사료나 국내 사정만 고려해 이해하려는 태도에 큰 문제가 있다고 생각한다. 풍수 지리설의 한국 전래는 중국과 한국과 일본의 당시 상황을 고려해 논해야 한다고 생각한다. 중국에는 이미 춘추 전국 시대부터 풍수적인 사고 방식과 풍수적인 택지 선정이 있었다는 기록이 있다. 한나라 또는 당나라 때 풍수가 널리 이용되었다는 것은 잘 알려진 사실이다. 한나라 때에는 중국이 한반도 서북부에 이미 한사군을 둘 정도로 우리 민족과 관계가 밀접해 중국 문화가 쉽게 한반도에 전파되었다. 이 시기에 우리나라에는 중국으로부터 유교, 도교와 함께 풍수설이 도입되었을 가능성이 있다.

일본의 헤이조쿄, 구니쿄, 헤이안쿄 등의 옛 도읍지들을 돌아보면, 이들 고대 도읍지는 풍수적으로 지형을 따졌다는 확증이 있으며, 풍수를 고려한 도시 계획을 한 것이 확실하다. 이러한 일본의 풍수 지리는 일본의 불교나 정원과 같이 고대 한국인에 의해 일본에 전파되었다고 보는 것이 타당하다고 생각한다.

여기까지 살펴본 바를 종합해 보면, 고대 한국인이 700년대 이전에 일본에 풍수를 전하려면 한국에는 풍수 지리가 아무리 늦어도 700년대 이전에 이미 전파되었어야만 하고, 빠르면 고대 중국 문화의 한국 전래 시기에 이미 전파되었을 수 있다는 것이 나의 논리이다. 한국의 문화사는 한·중·일의 비교가 절실히 필요하다고 생각한다.

4. 마무리

나는 풍수의 본질을 학문적으로 연구해 사람들의 풍수 인식을 올바르게 교정해, 풍수의 폐해를 막자는 데에는 전적으로 동의한다. 풍수에서는 땅(자연)을 신비스럽고 주술적인 힘을 가진 존재로 보기 때문에 미신적인 면이 다분하다. 그러나 풍수 지리설에 포함되어 있는 환경 과학적인 면은 새로운 아이디어의 창출을 위해 다시 음미해 볼 여지가 있다고 생각한다. 풍수 지리설의 원리는 집터를 잡을 때 고려해야 할 조건들로서, 황토 고원 지대의 이상적인 굴집 선택의 조건이기도 한 것이다. 그래서 풍수 지리설은 황토 고원 지대에서 굴을 파서 굴집을 짓고 살던 사람들이 이상적인 굴집 자리를 찾는 데서 태어났을 것이라고 추측된다.

제2부

풍수와 환경 사상

미국 버클리에서 대학원 재학 시절 나의 논문 지도를 맡아 주었던 클래런스 글래켄(Clarence J. Glacken) 교수는 서양 환경 사상사의 대가로 참으로 존경스러운 학자였다. 아직도 고대부터 18세기 말까지의 서양 환경 사상사 연구에서 그의 저서 『로디안 해변의 궤적을 찾아서(*Traces on Rhodian Shore*)』을 능가할 책은 없다고 본다.

그 글래켄 교수가 나에게 말하길, 서양의 환경 사상을 내게 가르쳐 줄 테니, 이 서양의 환경 사상사에 걸맞은 동양의 환경 사상사를 정립해 보라고 했다. 그 뒤 나는 글래켄 교수의 충고를 마음에 새기고 지냈다. 그는 풍수는 동양의 환경 사상에서 중요한 영역인데 서양인이 이를 제대로 이해하기는 힘들다며 풍수의 환경 사상을 연구해 보기를 권했다. 그래서 나는 한국의 풍수 문화와 자연의 관계에 관해 학위 논문을 썼다. 그러나 나는 아직도 동양의 환경 사상사는 쓰지 못하고 있다.

학위를 마친 1976년에 나는 뉴질랜드의 오클랜드 대학교에서 지리학과 조교수로 학생들을 가르치기 시작했고, 곧 그곳의 원주민인 마오리 족의 문화 지리를 공부하게 되었다. 당시 오클랜드 대학교에는 풍수를 연구할 도서관 자료가 없었고, 야외 조사를 할 수도 없었다. 초임 교수로 뉴질랜드에서 한국의 풍수 연구를 고집한다는 것은 무리였다. 그래서 마오리 족의 문화를 공부하기로 했다. 그곳에는 마오리 족 문화에 대한 참고 자료가 많고, 마오리 족 문화를 쉽게 현지 답사할 수 있었으니 말이다. 나에게는 생소하고 어려운 주제였지만 그 당시로서는 마오리 족 문화를 공부하는 것이 순리였다. 10여 년 가까이 마오리 족 문화를 공부해서 작은 책(『마오리의 마음, 마오리의 땅(*Maori Mind, Maori Land*)』)을 쓰고 난 뒤에는, 학문적으로도 약간의 기반이 잡혔고, 학생들 교육도 생각대로 진행되었다.

1980년대 후반부터는 동아시아, 특히 한국에 자주 와 야외 조사를 할 수 있게 되었다. 다시 동양의 환경 사상에 눈을 돌리게 되었다. 그때 풍수에서는 자연을 주술적인 존재로 본다는 것, 자연을 의인화·의물화해서 파악한다는 것, 그리고 자연은 사람에 의해 쉽게 다치기도 하고 회복될 수도 있는 존재로 본다는 것 등 세 가지로 그 자연관을 정리해 학술지에 발표했다. 그리고 서양의 환경 결정론과 풍수의 자연관을 비교·분석하는 글도 발표했다. 이러한 나의 풍수적 자연관에 대한 발표는 서양 학자들 사이에서 상당히 긍정적인 반응을 얻었고, 요즈음까지도 가끔 나의 논문 별쇄를 청하는 글을 받기도 한다.

제2부 「풍수와 환경 사상」에 실린 글들은 제8장 「풍수 형국 속의 문화 생태」을 제외하고는 이전에 영문으로 발표했던 것들을 우리말로 번역하고 수정·발전시킨 것들이다. 그중 제7장 「풍수 지리의 자연관」은 한국어로 요약해 《한국사 시민강좌》 제14집에 발표하기도 했던 글이다.

이 글들 중에 내가 깊은 공을 들인 것은 동아시아 최초의 환경 인자 순환 이론은 옛 풍수 이론에서 나왔음을 보여 주는 도표를 만들어 발표하는 일이었다. 곽박의 『장경』에 나오는 두 구절을 합쳐 동양의 환경 인자의 순환 이론은 풍수 이론에서 비롯되었다고 잠정적으로 가정한 뒤 나는 한동안 감동에 쌓여 있었다. 서양 환경·생태학계에서 사용하는 물의 순환도에 맞먹는 순환도가 풍수 사상 속에 있음을 보여 주는 이 그림은 제9장 「풍수의 환경 관리 이론」에 실려 있다.

제8장 「풍수 형국 속의 문화 생태」는 아직 공식으로 발표되지 않은 글이다. 나는 사람과 환경(자연)을 연결하는 풍수 사상 속에는 미신적인 풍습만 담겨 있는 것이 아니라 참으로 흥미로운 공중 위생적인 의미도 함축되어 있다고 생각한다. 행주형 풍수 형국을 가진 마을에서는 우물을 파면 안 된다는 풍수적 금기 때문에 강물이나 개울물을 식수로 사용할 수밖에

없었고, 그에 따라 주민들이 기생충 감염이나 다른 질병에 노출될 수밖에 없었을 것이다. 물론 반대의 경우도 있었을 것이다. 이 시초적인 글에서는 행주형의 지형 분석과 우물 기피 현상은 풍수를 주제로 한 문화 생태학의 중요한 연구 과제일 수밖에 없음을 보여 주고 싶었다.

제7장 풍수 지리의 자연관

자연 환경, 특히 땅을 평가하고 이용하는 면에 있어서 우리 민족이 가진 정신 구조, 즉 지오멘털리티는 풍수적인 차원을 통해야만 비로소 그 중요한 일면을 해석할 수 있다. 전국 방방곡곡을 지관(풍수가)들이 두루 찾아다니면서 땅을 평가해 놓았고, 좋은 땅이라고 생각되는 곳에는 취락이나 사찰이나 능묘 등이 자리 잡아 민족의 숨결이 스며들어 있다. 그래서 풍수의 기본 원리와 한국인의 풍수적 자연관을 모르고는 조상 대대로 전해 내려오는 문화 경관을 이해하기 힘들다고 본다. 여기서는 1976년 영문으로 출판된 졸고(拙稿) 「한국 감여적(堪輿的) 연구(Geomantic Relationships Between Culture and Nature in Korea)」와 1982년에 영문으로 출판된 논문인 「풍수 지리설에 있어서 자연의 이미지(The Image of Nature in Geomancy)」에서 논의된 풍수적인 자연관의 세 가지 측면을 기초로 하고, 그 뒤에 발표된 나의 견해인 '풍수에 있어서는 인간과 자연의 경계가 모호하거나 없다고' 볼 수 있는 측면을 더해 풍수의 자연관을 네 가지 측면에서 캐 보고자 한다. 우선 풍수 사상에 반영되어 있는 전통적인 환경 사상이라 할 만한 측면들을 살펴보기로 한다.

1. 신비롭고 주술적인 힘을 가진 자연

풍수에서 자연은 신비롭고 주술적인 힘을 가진 존재로 인식되며 이러한 자연은 인간을 복되게도 할 수 있고 해롭게도 할 수 있다고 본다. 예를 들어 어떤 사람이 좋은 땅을 잡아 풍수 원리에 맞게 집을 짓거나 무덤을 만들어 이용하면 발복한다는 것이다. 이러한 자연관은 풍수 지리설에서 가장 근본적이다. 풍수가들은 전국 방방곡곡을 답사해 어떤 지역의 어떤 지형이 풍수적으로 신비롭고 주술적인 힘을 갖고 있으며, 이러한 힘은 어떠한 형태로 발복할 것인지 평가해 왔다. 이것이 바로 우리가 보고 들어온 길지나 명당에 관한 이야기들이다.

예를 들어 『선사유산록(先師遊山錄)』에 충청도 홍성 동면 구거리 서쪽에는 반룡형(盤龍形) 풍수 형국이 있는데, 이곳은 3대에 대발(大發)하고 구대삼공(九代三公)이 나는 길지라고 한다.[1] 또한 충청도 보령 석장상 도금하에 있는 복형(伏形)은 길지라서 만 대에 영화를 누린다고 했다.[2] 이런 예에서 볼 때 풍수에서는 홍성의 반룡형을 이루고 있는 자연은, 3대째에는 크게 발복하고 9대째에 가서는 세 명의 정부 최고위 관직을 지내는 자손이 나와서 그 자손들이 크게 출세할 수 있게 하는 신비롭고 주술적인 힘이 있다고 평가하는 것이다.

왜 풍수에서는 자연을 이렇게 신비롭고 주술적인 힘을 가진 존재라고

그림 7-1. 2002년 답사 중 경기도 지역에서 만난 지관 최태석 옹. 당시 92세였다. 손수 그린 풍수 지도(명당도)를 보여 주고 여러 가지 이야기를 들려 주었다.

보는 것일까? 이것은 생기라는 개념을 떠나서는 생각할 수가 없다. 만물을 생성하게 하는 생기가 많이 모여 있고 바람을 타지 않아 흩어지지 않을 수 있는 자연 환경을 갖춘 곳은 그 자연에 걸맞은 신비롭고 주술적인 힘을 갖고 있다고 보는 것이다. 땅 표면에서 깊지 않은 곳(1~3미터)에 생기가 고여 있고, 사람이 그곳에 집이나 무덤을 만듦으로써 생기를 받을 수 있는 곳은 바로 주술적인 힘을 가진 땅, 즉 발복지인 것이다.

2. 자연은 의물화·의인화된 시스템

주술적인 힘을 가진 자연은 대체로 의인화 또는 의물화되어 있다. 풍수지리설에서는 한 지역의 자연 환경 자체 또는 그 일부분인 산, 강이 모두 동식물이나 무생물 또는 인간이 만든 물건들 또는 인간 자체의 여러 형상들과 견주어졌다. 자연을 그에 걸맞은 형상과 견주고, 그 사물인 양 다루며, 그 자연이 그러한 형상들과 같은 속성을 갖고 있다고 믿는다. 풍수사가 의인화·의물화하는 자연은 그 형상에 따라 여러 가지가 있는데 예를 들면 소, 돼지, 닭, 개, 용, 뱀, 연꽃, 매화, 배, 장군, 옥녀 등 이루 헤아리기 힘들 정도이다. 이 형상들 중 아름답고 정답고, 위엄이 있는 형은 좋은 것으로 치고, 추하고 더럽고 균형이 잡히지 않아 위험한 형은 나쁜 것으로 친다. 예를 들면 용이 하늘로 치솟아 올라가는 형은 길지이고 죽은 뱀이 나뭇가지에 걸쳐 있는 형은 나쁜 형이다. 이 두 형은 얼핏 보기에 아주 비슷하나, 하나는 생기가 넘치는 형이고 하나는 죽은 기운[死氣]이 넘치는 형이다. 이런 식으로 풍수에서는 주술적으로 힘을 발휘하는 자연이 모두 의인화 또는 의물화되어 있다.

풍수설에서는 왜 자연을 의인화 또는 의물화하고 있을까? 그 이유를 설명하기는 쉽지 않다. 그러나 풍수에서는 한 지역의 자연 환경 전체나 그 일부를 일정한 주술적인 기능을 가진 시스템으로 간주하고 있다고 볼 수 있다. 시스템이란 예를 들어 자전거와 같이 일정한 목적을 달성하기 위해 여러 부분이 서로 협력하도록 연결되어 있어서 제각기 필요한 기능을 발휘하며 다른 부분과 함께 일하는 것이다. 풍수의 지형 시스템은 살아 있는 생명체나 사람들이 쓰고 있는 여러 기구에 비교되는 일정한 형상을 가지고 그 기능을 발휘하고 있다고 인식한다. 예를 들어 장군대좌형(將軍對座形) 같은 명당 지형에서 어떤 산은 장군의 역할을, 어떤 지형은 군졸(軍卒)의 역할을 맡아 스스로 기능을 발휘하기 때문에, 그 지역의 자연 환경은 명당 시스템으로 기능을 발휘할 수 있다는 것이다. 이때 명당 시스템의 목적은 묘를 쓴 후손에게 크게 발복하는 것이고, 그곳의 산과 강 들은 명당 시스템의 부분이다.

내가 생각하기에 풍수에서는 명당이 그것을 이용하는 사람에게 발복하게 하는 주술적인 힘을 가졌다고 인식하고 주위 환경이 한데 뭉뚱그려져 일정한 체계를 이루는 것으로 간주하고 있다면, 이러한 각종의 체계를 여러 동식물과 사람 또는 다른 물체와 비교해 의인화·의물화되는 것으로 쉽게 발전할 수 있으리라 생각한다. 풍수에서는 의인화·의물화된 지형의 종류, 즉 여러 풍수 형국에 따라 그 발복이 다양하다고 본다. 예를 들면 금계포란형(金鷄抱卵形)에 묘를 쓴 동래 정씨 후손은 발복해 대대로 부자가 되었다는 것이다. 발복은 대체로 조상을 위한 것이 아니고 당대나 후손을 위한 것이 특징이다. 풍수 지형의 의인화·의물화에 쓰이는 명칭에는 일정한 제한이 있는 것 같지 않고 지관이 그 지형을 어떻게 인식하느냐에 따라 여러 가지로 명명할 수 있다. 이와 같이 한 지역의 자연 환경을 의인화·의물화한 것은 풍수설이 갖고 있는 중요한 자연관의 일부이다.

3. 쉽게 다치기 쉬운 자연

풍수에서 자연 환경의 조화는 인간에 의해 쉽사리 깨질 수도 있고 또 고쳐질 수도 있다고 본다. 그래서 자연 환경을 함부로 개조하는 것을 엄히 금한다. 왜 풍수에서는 자연이 쉽사리 다치기 쉽다고 볼까? 그 이유는 다음 두 가지로 나누어 생각해 볼 수 있다.

첫째, 땅속의 지맥을 통해 흐르고 있는 생기 자체가 바로 다치기 쉽고, 쉽게 다른 것으로 변하는 성질이 있다는 점이다. 앞서 말한 바와 같이 이 생기는 음양의 기가 변해 된 것인데 이 생기가 땅에서 스며 나오면 바람, 구름, 또는 비로 변해서 그 기능을 잃는 것이다.

둘째, 쉽게 다치고 다른 것으로 변하는 생기는 아무 데나 흐르고 고여 있는 것이 아니라 풍수적으로 합당한 지형과 방향을 구비한 특정한 장소에만 있는 것이다. 명당의 자연 환경은 다치기 쉽다. 그래서 생기가 모여 있는 길지에 함부로 물줄기를 돌린다든지 산줄기를 끊어서 개조하면 생기가 보존되지 않아서 명당이 나쁜 땅으로 변한다는 것이다.

왜 자연 환경은 쉽게 다치는 것일까? 자연 환경이 주술적인 힘을 가진 체계, 즉 의인화·의물화된 시스템으로 인식되기 때문이다. 한 장소의 자연 환경을 둥둥 떠가는 배[行舟形]나 잠자는 소[眠牛形]로 인식하고 있다면 이렇게 의물화된 자연은 실제로 배나 소가 감당해야 하는 위험과 제약을 갖고 있다고 생각하는 것이다. 예를 들어 강에 떠가는 배가 짐을 너무 많이 싣고 밑바닥에 큰 구멍이 나면 그 배는 가라앉고 말 것이다. 이러한 논리를 그대로 의물화된 땅에 적용해 행주형 지형으로 간주해 온 평양에서는 우물을 파는 것이 배 밑바닥에 구멍 내는 것과 같다고 생각해 예부터 시내에 우물을 파지 못하게 했고 그래서 그곳 주민들은 강물을 길어 먹어야 했다고 한다. 이 책 앞부분에서 인용한 봉이 김선달 이야기는 이러한 풍수의 자연관과 풍수를 통해 엮인 인간 생태의 일면을 잘 보여 준다. 또한 신라가 망한 이유는 경주가 행주형인데 날아간 봉황형(飛鳳形)으로 잘못 알고 그 새를 붙들어 놓기 위해 봉황의 알과 같이 인공 조산(造山, 봉우리, 실제로는 무덤으로 판명되었음)을 많이 만들었기 때문에 마침내 배가 무거워 침강했다는 전설이 있다. 이런 식으로 자연을 의인화·의물화했기 때문에 풍수에서는 자연을 다치기 쉬운 존재로 인식하고 있는 것이다.

이렇게 쉽사리 상처를 받고 제 기능을 잃은 자연이 또한 인간의 힘에 치료를 받고 그 기능을 회복할 수 있다고 믿는 것도 또한 풍수적 자연관의 중요한 특징이다. 이러한 면을 우리나라 전설에서 흔히 볼 수 있는데 다음의 고성 이씨 조묘(祖墓) 이야기가 그 한 예이다.[3]

경상북도 안동군 임화면(臨化面) 미질동(美質洞) 수다산(水多山)에는 고성 이씨 조상의 묘가 '누워 있는 소', 즉 와우형에 자리 잡고 있는데, 이 묘를 쓴 지 6대 후에 크게 발복해 후손 중에서 크게 벼슬한 이들이 많게 되었다. 그래서 그들의 잦은 고향 방문 때마다 그곳 백성들이 길을 닦고 고관들의 행차를 맞을 준비를 해야 하게 돼서 불평이 커지게 되었다. 이러한 불평을 들은 한 풍수승(風水僧)이 그곳 백성들에게 안산(案山)에 있는 바위 하나를 깨라고 귀띔해 주었다. 그 바위는 누워 있는 소의 소죽 역할을 하는 것이었다. 그 바위가 깨지자 소죽을 잃은 소는 배가 고파 죽을 지경인 셈이 되었고 그래서 그 후손들에게서는 인물이 점차 안 나오게 되었다. 이것을 나중에 알아차린 고성 이씨들이 그 부서진 바위를 다시 붙여 놓으니 그 누워 있는 소는 다시 배불리 먹을 수 있게 되어 그 명당은 다시 제 구실을 하게 되었고, 벼슬한 인물이 다시 나기 시작했다는 것이다.

이런 풍수 전설은 바로 인간에 의해 상처를 받은 자연이 인간에 의해 다시 소생된다는 자연관을 잘 보여 주는 예이다. 우리나라의 풍수적인 자연관을 진정으로 이해하는 데에는 아마도 풍수 설화의 분석이 매우 중요하다고 생각한다.

풍수에 있어서 쉽게 상처받을 수 있는 자연을 인간이 어떻게 이용하느냐에 따라 인간은 좋은 땅(발복하는 땅)을 나쁜 땅(발복은커녕 액운을 가져오는 땅)으로 만들 수 있다는 사상은 현대 구미에서 일어난 환경 친화주의 운동과 비교할 만하다. 레이철 카슨(Rachel Carson)이 1962년에 쓴 『침묵의 봄(*Silent Spring*)』을 읽은 사람은 자연 환경이 얼마나 쉽사리 인간의 힘에 의해 파괴될 수 있는지 쉽게 알 수 있다. 그녀의 책에서는 디디티(DDT)와 위험한 살충제 살포가 얼마나 쉽게 생태계를 파괴하고 죽음의 땅으로 몰고 갈 수 있는지 보여 준다. 그녀는 "사람이란 자연의 일부이기 때문에 인간이 자연과 전쟁한다는 것은 결국 인간이 인간 자신과 전쟁한다는 것이다."라고 했다.[4] 이제 자연 환경은 쉽게 파괴될 수 있고 자연을 파괴하는 것이 바로 인간 자신을 파괴하는 것이라는 명제는, 현대 환경론자들의 기본 사상이 되었다. 이렇게 다치기 쉬운 자연이라는 현대 서양 사상은 명당을 이루고 있는 환경이 쉽게 파괴될 수 있다는 풍수 사상으로 나타나 있다.

풍수에서 자연은 쉽게 상처받기 쉬운 존재이기도 하고 또 쉽게 회복될 수도 있는 존재로 보기도 한다. 이에 관련된 연구 과제는 실로 많다고 생각한다. 풍수 설화에서, 또는 풍수서(산서)에 실린 풍수 이론 등에서 현대 환경 사상과 환경 관리 방법에 유용한 개념을 도출해 낼 수도 있다고 생각한다.

풍수 비보는 자연은 쉽게 다치기도 하고 치유될 수도 있다는 풍수 사상의 연장이며, 그 사상을 실제로 실행하기도 한다. 풍수 비보 사상은 서양 환경 사상사적인 면에서 볼 때 참 흥미롭고도 특이한 환경 사상이자 환경 관리 방법이다. 서양 환경 사상의 특징은 인간과 자연의 관계에서 항상 일방적인 관계를 설정하고 있고, 어느 한쪽이 다른 쪽에 능동적으로 영향을 주고 다른 쪽은 수동적으로 그 영향을 받아들여 적응하는 식이다. 예를 들어 환경 결정론은 자연이 인간에게 일방적으로 영향을 준다고 주장하고, '인간이 지리적 환경 형성에 영향력을 행사한다는 사상'은 그 반대로 인간이 자연에 미치는 영향에 초점을 맞춘다. 그러나 동양의 풍수 사상에서는 이 비보 사상 때문에 인간과 자연이 모두 동시에 영향을 주고받는 면, 다시 말하면 둘 다 능동적이자 수동적인 면을 보여 주고 있다.[5]

풍수 사상에 의하면 근본적인 길지의 조건은 자연의 산물이고, 자연이 제공하는 길지를 사람이 찾아내야 한다. 이러한 면에서는 자연이 인간에 대해 능동적이고 영향력을 행사한다. 하지만 완벽한 길지 형국이란 극히 드물기 때문에 풍수 사상에서는 주어진 길지의 자연적인 결점을 인위적으로 약간 보강할 수 있는 면을 보장하고 있다. 이러한 인간의 자연 조건 보강권을 풍수 비보라고 할 수 있는데, 이 경우에는 인간이 자연에 대해 능동적인 영향력을 행사한다. 일차적으로 자연이 결정한 길지를 찾아 적응하고 이차적으로 자연의 결점을 인간이 보강해 가며 사는 방식이 풍수적인 인간과 자연의 관계였던 것이다. 풍수 지리설에 있어서 인간의 자연에 대한 기본 태도는 원천적으로 인간에 의해 조작된 인위적인 명당 건설은 고려하지 않는다. 명당의 기본 구조와 모양새는 자연적으로 주어져야 하지만 그 명당 형국의 일부 결점은 인간에 의해 보완될 수 있다고 믿는다.

그래서 비보 사상이 용납되는 것이다.

4. 인간과 자연의 경계가 모호한 풍수 사상

이 점은 지금까지 논의한 세 가지 측면의 풍수의 자연관, 즉 주술적인 힘으로서의 자연, 의인화·의물화된 자연, 그리고 다치기 쉬운 자연이 모두 연결된 풍수의 자연관을 총제적으로 보는 결론적인 견해이다. '풍수에서는 인간과 자연의 경계가 모호하다.'는 것을 논의하기에 앞서 장군대좌형에 위치한 송시열의 묘 앞으로 청천장을 옮겨서 장꾼들이 산의 군졸 역할을 하게 한 이야기를 소개하고자 한다.

충청북도 괴산군, 청천면에는 청천장이라고 부르는 시장이 있다. 이 장터는 조선 시대에 큰 유학자이자 정치가이었던 우암 송시열의 7대손인 송종수에 의해 개설되었다. 그는 자기 선조, 우암 선생의 산소를 경기도 수원의 무봉산에서 정조 3년(1779년)에 이곳 괴산군 청천면으로 옮겨 왔다. 우암의 새 묘소는 풍수적으로 봐서 장군대좌형(將軍對坐形)의 길지에 해당하는 곳이었다. 그러나 장군은 병졸이 없으면 제 구실을 하기 어려운 법인데, 이 명당에는 군졸 역할을 할 수 있는 지형이 없는 것이 흠이었다. 따라서 지관은 이 무덤을 쓴 뒤 자손이 복을 받기 위해서는 묘 앞에 병졸을 세워 놓아야 한다고 주장했다. 송종수는 궁리 끝에 엽전 300냥을 들여 다른 곳에서 열리던 장을 우암의 묘소 앞으로 옮겨 장터를 열었다. 그 뒤 장은 한 달에 여섯 번씩 열렸는데 마치 병졸이 우글거리는 것 같았다. 이 장터는 산속의 작은 시장에 불과하지만 항상 많은 사람과 물화가 그득 넘쳐흘렀고. 그래서 장군대좌형의 명당에 자리 잡은 우암의 무덤은 장이 설 때마다 수많은 병졸을 거느리게 되어 발복할 수 있게 되었고, 이 때문에 송씨 가문과 마을이 아주 번창하게 되었다고 한다.[6]

이 전설에서는 인간과 자연의 경계가 아주 모호하고 인간은 인간 자체로서 자연의 결점을 메우기 위해 동원될 수 있고, 자연의 일부로 기능할 수 있다는 것을 볼 수 있다. 사실 이러한 장터를 열어 명당의 결점을 수습해 주는 것은 상당히 드문 비보의 한 방법이다. 풍수 비보에서 대부분의 경우 인간은 인공적인 자연물, 즉 돌이나 흙을 쌓아 조산을 만들고, 물길을 돌려 명당의 결점을 보완하고 바로잡는다. 그러나 앞의 경우 풍수에서는 인간이 만든 인공 자연이 아닌, 인간 자체가 자연(명당)의 결점을 메울 수 있다고 믿는다. 명당에서 군졸의 기능을 할 수 있는 조산 경관을 만드는 것이 아니라 장날에 모인 인간 자신이 조산 역할을 해 명당의 결점을 메우고 발복할 수 있게 한다는 것은, 인간과 자연의 경계가 모호하며 인간이 작은 병정같이 생긴 지형을 대신해 장군 역할을 하는 산의 병사로서 기능한다는 것이다.

풍수의 철학적 사고를 상고해 보면 생기는 인간과 자연이 서로 주고받는 것이며, 인간과 자연은 모두 생기가 그 근본이다. 그래서 사실 인간과 자연은 같은 본질 즉 생기가 다른 형태로 표현된 것에 지나지 않는다. 그래서 인간이 탈바꿈하지 않고서도 자연의 일부로서 기능해 자연과 힘을 합쳐 복된 경관(명당)을 완성해 내는 것이다. 이러한 풍수의 자연관에 따르면 생기란 만물의 근원이며 물의 순환과 같이 자연 현상이 변화하는 각 단계에 다 나타난다는 것이다. 이러한 풍수의 자연관은 물론 인간과 자연이 양분될 수 없고 하나라는 중국 도교 사상의 테두리 안에 있다.

제8장 풍수 형국 속의 문화 생태

여기서는 한국의 전통 풍수설의 풍수 형국 중 행주형 지역의 전통 문화 생태를 알아보고자 한다. 여기서 말하는 문화 생태란 한 문화 집단에서 찾아볼 수 있는 특정 문화 습성과 그곳의 환경과의 교호 작용 관계, 즉 문화와 자연과의 연결 고리를 밝혀 설명하는 것이다. 한국의 전통 문화를 이해하는 데 풍수 형국, 특히 행주형의 중요성은 유명한 '봉이 김선달 이야기'를 통해서도 잘 알 수 있다. 평양의 풍수 형국은 행주형이지만 서울은 행주형이 아니라는 풍수적인 배경을 이해하지 않고서는 왜 서울의 한강 물이 아닌 하필 평양의 대동강 물을 팔아먹었다는 해학적인 이야기가 나올 수 있었는지 설명할 수가 없다.

이처럼 행주형은 풍수 형국 중 한국 마을 풍수에 특히 자주 등장하고 전통 문화 생태를 이해하는 데 상당히 중요하다. 그래서 이 글에서는 행주형 풍수 형국의 특징과 그 분포와 그 지역 주민들의 환경 관리(환경 이용), 즉 행주형 풍수 형국의 문화 생태 연구를, 아직은 예비적인 차원이지만, 시도해 보고자 한다.

1. 풍수 형국의 성립

풍수는 전통적인 택지술로서, 생기가 지표에서 그리 깊지 않은 흙 속으로(어떤 풍수사에 의하면 약 1미터와 3미터 사이로) 사람의 핏줄과 같이 흘러서 길한 지형과 방향을 갖춘 곳에 고여 있으며, 이러한 곳에 집이나 무덤을 만드는 이들은 이 생기에 감응되어 복을 받게 된다는 가정 위에 세워져 있다. 풍수에서는 이렇게 생기를 받아 발복할 수 있는 지역을 혈이라고 하며 이 혈을 중심으로 주위 지역의 경관을 대체로 의인화 또는 의물화해 이해한다. 다시 말하자면 풍수 경관은 생기를 혈에 모아 두었다가 그 혈을 옳게 사용하는 사람에게 발복하게 하는 것을 목적으로 하는 경관 시스템이다.

이 경관 시스템은 살아 있는 사람, 또는 동식물이나, 사람의 조형물인 배, 소쿠리 등과 같은 기능을 하는 하나의 시스템으로 비유적으로 파악된다. 즉 풍수 형국으로 파악된다. 이 풍수 형국이라는 경관 시스템은 인간을 축복할 수 있는 주술적인 힘을 가진 것으로 형국의 종류에 따라 발복의 형태도 다양하다고 믿는다. 의인화·의물화되어 있는 풍수 형국은 살아 있는 생명체나 사람들이 쓰고 있는 도구처럼 일정한 경관 형태가 (지형이나 식생 또는 인위적인 구조물 등으로) 갖추어져 있어야 제대로 작동한다고 믿는다. 예를 든다면 와우형 형국에서는 누워 있는 소를 상징하는 지형(산)이 있어야 하고, 그 앞에는 소죽통을 상징하는 지형 지물이 멀지 않은 곳에 있어야 형국이 성립된다고 믿는다.

풍수에서는 그 지역의 풍수 형국(주위 지형 및 경관 전체)을 하나의 유기체나 전체를 이룬 사람이나 동식물이나 사물인 양 다루었기 때문에 지역 풍수 형국의 조화를 깨뜨리는 행위는 금기시했다. 예를 들어 한 지역의 경관 시스템을 와우형, 즉 누워 있는 소로 보면 그 소의 목 부분이나 머리 부분에 해당하는 지형에 길을 내거나, 굴을 뚫으면 그 소 모양의 지형을 죽이는 셈이기 때문에 여러 가지 전설과 풍습을 통해 그런 행위를 못 하게 했다. 풍수는 근본적으로 지나친 개발과 변화를 싫어하고 궁극적으로 안정되고 지속적인 인간과 자연의 관계를 원한다. 다시 말하면 풍수 형국이라는 경관 시스템 안에서 인간과 자연은 지속적인 평형을 추구한 것이다. 이러한 풍수적인 태도가 주민 생활에 상당한 불편을 초래할 수 있었다.

2. 풍수 형국의 종류

풍수 형국의 종류는 아주 다양하다. 구한말의 궁중 풍수사들의 도움을 받아 당시의 풍수 정보를 집대성한 무라야마 지준의 『조선의 풍수』는 근대 한국 풍수 연구의 효시로 볼 수 있다. 이 책에는 1929년 5월 당시 한국에서 조사된 173개의 풍수 형국이 열거되어 있다. 이것은 각 도에서 5, 6개 군을 택하고 전국 70개 군의 경찰서장을 통해 조사·보고된 것을 열거한 것으로, 전국에 어떤 풍수 형국이 얼마나 널리 분포되어 있는가 가늠하는 데에 좋은 자료이다.[1] 그중 금계포란형은 전국 13개 군에 산재해 있어 빈도가 가장 높았고, 두 번째로 높은 것이 와우형으로 12개 군에 분포해 있었고, 그다음이 연화부수형(蓮花浮水形)으로 9개 군에 산재해 있었다. 그러나 이상하게도 그 당시에도 널리 퍼져 있었을 것으로 생각되는 행주형 형국이 선두에 뽑히지 않았다. 심지어 목록 표에 포함조차 되어 있지 않았다. 그러나 무라야마 지준이 『도선비결(度詵秘訣)』 중에서 뽑아 자신의 책에 실은 풍수 형국 목록에는 행주형이 하나 들어 있다.[2]

1974년 나는 야외 조사에서 주로 시골의 지관들에게 39개의 풍수 형국의 이름을 들을 수 있었는데 그중 지금도 상당히 잘 알려져 있는 몇 가지를 열거하면 다음과 같다.[3]

와우형(臥牛形): 누워 있는 소 형국.

잠두형(蠶頭形): 누에머리 형국.

장군대좌형(將軍對坐形): 장군이 마주 보고 앉아 있는 형국.

행주형(行舟形): 배가 둥둥 떠가는 형국.

청학포란형(青鶴抱卵形): 푸른 학이 알을 품고 있는 형국.

금계포란형(金鷄抱卵形): 금빛 닭이 알을 품고 있는 형국.

옥녀산발형(玉女散髮形): 옥녀(가무에 능한 여인)가 머리를 풀어 헤친 형국.

옥녀탄금형(玉女彈琴形): 옥녀가 가야금을 연주하는 형국.

비룡등천형(飛龍登天形): 나는 용이 하늘에 오르는 형국.

비룡농주형(飛龍弄珠形): 나는 용이 구슬을 가지고 노는 형국.

연화부수형(蓮花浮水形): 연꽃이 물 위에 떠 있는 형국.

매화낙지형(梅花落地形): 매화가 땅 위에 떨어져 있는 형국.

노서하전형(老鼠下田形): 쥐가 밭에 (먹이를 찾아) 내려온 형국.

맹호출림형(孟虎出林形): 호랑이가 숲에서 뛰어 나오는 형국.

평사낙안형(平沙落雁形): 평평한 모래사장에 기러기가 내려와 앉은 형국.

3. 행주형의 특징

행주형은 배가 둥둥 떠가는 형국이니 주로 강가나 바닷가에 있는 풍수 형국이라고 생각하기 쉽다. 사실 평양같이 유명한 행주형 풍수 형국은 큰 강을 끼고 있다. 그래서 배 밑바닥에 구멍을 뚫지 않기 위해 평양 주민들은 우물 파는 것을 금하고 대동강 물을 길어 먹었다고 한다. 많은 경우 행주형은 강이나 개천 또는 바다에 임한 물줄기와 연관된 지형에 위치하고 있다. 또 흔히 행주형 마을은 옛날 물줄기가 바뀌기 전에는 그곳이 선착장이었다고 하는 곳에서도 흔히 볼 수 있다. 그러나 행주형이 꼭 그렇게 큰 강이나 개천 등 물과 접한 곳에만 있는 것은 아니다. 강이나 그보다 더 작은 개천과도 관계가 없는 산악 지형에도 행주형이 있어 행주형 지형을 일반화하기가 쉽지 않다. 그리고 어떤 경우에는 꼭 행주형이라고 불릴 만한 강변 지역이 행주형으로 불리지 않는 경우도 허다하다.

지형학자 박수진 교수는 행주형 형국은 지형학적으로 대부분 포인트 바(point bar) 지형에 속한다고 할 수 있다고 이야기한다. 하천의 곡류 부분에 깎여 내려온 흙이 쌓이는데 이 퇴적토가 쌓여 길쭉하게 나온 지형을 포인트 바 지형이라고 하고, 이런 퇴적토 지역이 전형적인 행주형 지형으로 주목된다고 했다.[4] 그러나 전형적인 포인트 바 지형인 경상북도 안동의 하회마을은 전통 풍수에서 원래 연화부수형으로 알려져 왔다. 이 마을을 연화부수형이라는 것은 내가 1964년도에 이 마을을 방문해 하룻밤 묵었을 때 마을 어른에게 전해 들은 오래된 이야기이다. 그런데 이 하회마을을 행주형이라고 말하는 사람들도 있다. 그렇지만 지형학적으로 봐서 미앤더형 강에서 강물이 휘돌아 가는 지형은 행주형이라고 일반화할 수 없다. 그러나 일반적으로 행주형의 풍수 형국이라고 명명된 지역은 경관 내의 일정한 지형 지물을 배의 돛대를 세울 곳이라든지, 배의 밧줄을 묶어 둘 곳이라든지, 배의 밑바닥에 해당하는 땅이라고(그래서 우물을 파서는 안 된다고) 지정하고 있다. 눈으로 봐서 결코 배처럼 생기지 않은 지형인데도 그곳을 배가 둥둥 떠가는 형국이라고 하면 어리둥절해지는 경우가 허다하다.

행주형은 전국적으로 많이 발견된다. 이 행주형은 특히 취락의 위치로 아주 좋은 터라고 알려져 왔기 때문이다. 이에 대해 무라야마 지준은 그의 저서『조선의 풍수』에서 다음과 같이 논한다.

> 주로 마을 터에 사용되는 형국으로 키, 돛대, 닻을 구비하면 아주 좋지만 그중 하나를 구비해도 좋다. 만약 이들 모두를 갖추지 못하면 이 배는 안정을 얻지 못해 전복하든가 또는 유실될 우려가 있다. 또한 이 행주형의 땅은 우물을 파면 배 밑바닥이 깨져서 침수되므로 흉하다. 행주형은 인물을 만재(가득 싣고)해서 바야흐로 출발하려 하는 배를 멈추어 두는 의미로서, 이 형의 토지에는 사람 및 재화가 풍성히 모이는 모양을 초래하는 소응(효능)이 있다. 즉 이 땅을 읍기(邑基)로 하면 이 읍의 발달과 번창은 의심할 바 없다는 것이다.[5]

그럼 한국에서 마을의 풍수 형국으로 이렇게나 좋다고 알려진 행주형에 위치한 취락은 과연 얼마나 될까? 그 정확한 수는 아직 확인된 것이 없다. 본격적인 조사 전의 예비 조사이긴 하지만 행주형 풍수 형국이라고 하는 곳을 몇몇 지방지, 전설집 또는 지방 민속 조사 보고서 및 최근 최원석의 비보 연구서와 권선정의 금산의 풍수 연구서 등에 조사된 것을 통해 각 지방에 널리 퍼져 있는 것을 확인할 수 있다.

- 평양: 앞에서도 설명한 유명한 봉이 김선달 이야기와 평양이 행주형이라 우

물 파는 것을 금하고 몰래 판 우물이 발견되면 묻어 버렸다는 기록이 있다.[6]

- 경주: 최상수가 채취한 전설로 「봉황대와 율림정」이란 이야기에 의하면 고려 태조 왕건은 경주가 행주형이라 이대로 두면 신라가 다시 성하게 될 것이라고 봤다. 그래서 그는 유명한 지관을 신라 왕에게 보내어 경주는 비봉형이라 봉황이 날아가 버리지 않게 봉황이 마실 우물을 파고, 품을 알에 해당하는 동산을 만들어야 한다고 속였다. 이에 신라 왕은 율림에 깊은 우물을 파고, 남쪽에 동산을 여럿 만들게 했다. 이는 실제로 배 밑에 구멍을 뚫고 짐을 많이 신는 격이 되어 배가 가라앉게 되니 신라가 망했다고 한다.[7]
- 전라남도 함평군 손불면 대전리 행주마을: "행주형이라 함."[8]
- 경상북도 월성군 외동면 서계 1리 아랫돌깨.[9]
- 경상남도 울주군 어음리 상리.[10]
- 전라북도 장수군 정면 선창리 양선부락.[11]
- 전라북도, 무주군 무풍면 현내리.[12]
- 경상북도 안동부(조선 시대): 기틀이 행주형이어서 돛대를 상징하는 철주를 부성 남문 밖에 조성.[13]
- 경상북도 포항시 하송: 행주형이어서 배가 떠내려가지 못하게 바다 쪽으로 숲을 조성.[14]
- 경상북도 포항시 청하면 미남리 윗필미: 돛대의 상징물로서 마을 중앙에 짐대를 세웠다.[15]
- 경상북도 칠곡군 북삼면 율리(栗里)의, 안배미(內栗)과 바깥배미(外栗) 또는 들배미(野栗): 『경북 마을지』에 의하면 "배미라 함은 율리의 속칭이다. 그런데 이 배미에 대한 전설에 따르면 배미마을은 풍수혈로 배혈(舟形)이라 한다. 옛날 경호천과 낙동강의 물이 맞닿는 곳이라 마을 앞까지 배가 드나들던 곳인데, 그때 내율의 뒷산인 도추비알에다 배를 댔다고 한다. 그래서 이

마을도 행주형이라 해서 배는 돛대가 있어야 순항할 수 있다 해 마을 앞 돌무덤에다 높이 10여 미터나 되는 소나무 연목으로 돛대를 세웠는데 이곳을 돛대거리, 돛대걸로 부르고 있다. 그래서 이 마을 이름도 배가 마지막 끝에 하는 곳이라 해서 배미(舟尾)라고 부르게 되었다 한다. (이복기 제공)"[16]

- 경상남도 산청군 단성면 남사리 상사원 솟대 비보: 행주 형국으로 원래 이름이 배설. 우물 금기가 있고 마을 중심에 돛대를 세움.[17]
- 경상북도 김천시 하대리 뱃들: 돛대를 세우지 않으면 마을이 망한다고 해 솟대를 세웠다. 솟대의 형태는 돌무더기 위로 솔기둥을 세우고 꼭대기에 소나무 가지를 깎아 오리 모양으로 1마리를 만들어 얹었다.[18]
- 합천 해인사: 이 절터 주위 땅 생김새를 행주 형국으로 보는데 최원석은 "산의 높은 곳에서 해인사 터를 보면 마치 배가 해인천으로 출항하려는 모양새와 같습니다."라고 했다.[19] 최원석은 해인사 터를 구체적으로 배에 적용시켜 볼 때 "우선 가야산은 선체에 해당한다고 봅니다. 그리고 해인사는 선실로 보고, 중봉의 마애석불은 선장이 서 있는 것으로 봅니다. 그리고 남산의 험한 바위들은 삿대에 해당하고, 장경각 뒤쪽에 바위(일명 돛대바위로 불림)는 돛대에 해당합니다."라고 했다.[20]

권선정의 『풍수로 금산을 읽는다』에는 충청남도 금산군 여러 마을이 행주형으로 알려져 있다고 기록하고 있다.

- 충청남도 금산군 금산읍 중도리 탑선리 마을: 행주형 지세에 위치하고 있기 때문에 "우물을 파면 배가 가라앉는 격이 되어 마을에 화가 미친다 하여, 그래서 우물을 파지 않고 용수를 얻기 위해 마을 앞 금천(금산천) 냇물을 식수로 사용했다고 한다."[21]

- 충청남도 금산군 추부면 신평리: 행주형으로 알려져 있는데 "마을 뒤에는 태곳적에 배가 넘나들었다고 전해지는 배너미지가 남아 있다."라고 한다.[22]
- 충청남도 금산군 추부면 신대리 맨산리 마을: 예로부터 행주형이라고 하여 "예전에는 샘을 파지 않고 도랑물을 길어다 먹었다고 하며, 돈을 많이 벌면 마을을 떠나야 한다는 속설이 전해진다."[23]
- 충청남도 금산군 추부면 용진리 원용진 마을: 행주형 형국에 있다 하여 "현재 초등학교가 위치한 곳이 배의 중심에 해당한다고 하는데, 배의 순조로운 항해를 기원하는 상징물로 거대한 선돌(돛대)을 학교 뒤편에 세웠다."라고 한다.[24]
- 충청남도 금산군 남일면 초현리: 운중반월형(雲中半月形) 명혈이 있다고 해서 그렇게 불렀다고 하나 행주형의 형국에 비유되기도 하여, 이 마을에 우물을 함부로 파면 동네에 우환이 생긴다고 하여 예전에는 공동 우물이 세 개밖에 없었다. 그래서 우물물을 뜨기 위해 새벽부터 우물로 달려가야 했고, 윗말 주민들은 아예 시냇물을 식수로 사용하기까지 했다고 한다.[25]
- 충청남도 금산군 부리면 수통리 도파리 마을: 행주형 지세로서 큰 배 한 척이 금강을 향해 떠나려는 형국이라고 한다. "예전에는 이 마을에 함부로 우물을 파는 것이 금기시되어 육십 가구나 되는 주민들이 두 개밖에 없는 샘물을 길어 먹는 큰 불편을 감수했었다고 한다."[26]
- 충청남도 금산군 부리면 신촌리 새터 마을: 행주형 지세라고 하여 예전에는 샘을 파지 않고 강물을 그냥 길어 먹었다고 한다.[27]

4. 행주형 풍수 형국의 문화 생태

앞에서 말한 바와 같이 풍수에서는 우리가 눈으로 볼 수 있는 한 지역의 풍수 형국, 즉 그 지역의 경관(경치)을 의인화·의물화해, 사람이나 동식물 또는 물건에 견주어 파악한다. 그리고 그렇게 파악된 풍수 경관을 실제로 그러한 사람이나 동식물 또는 물건같이 대접하곤 한다. 행주형 마을은 그 마을의 지형을 실제 물 위를 떠갈 수 있는 배인 양 다루곤 했다. 그래서 그 배를 망가뜨린다고 생각되는 행위를 극히 조심했다. 예를 들면, 행주형 풍수 형국에 자리 잡은 마을에서는 우물 파기를 금한 경우를 자주 볼 수 있다. 그리고 행주형 마을에 돛대에 해당하는 지형 지물이 없을 경우 돛대에 해당하는 또는 돛대를 상징하는 조형물을 설치해 자기들이 타고 있는(살고 있는) 배(풍수적 지역 경관)를 보수·보강하는 조치를 취한 경우가 많다.

행주형 풍수 형국을 통한 인간과 자연 관계, 즉 행주형 문화 생태 연결고리는 크게 여섯 가지로 분류되고, 이 중 세 가지는 다시 각각 두 가지씩으로 세분될 수 있는 것 같다. 그래서 그림 8-1에서와 같이 아직 잠정적이지만 모두 아홉 가지로 분류해 생각해 볼 수 있다.

우물 파는 것을 금함

풍수 형국 때문에 우물 파는 것을 통제하는 경우를 우리는 민속 문화 속에서 자주 볼 수 있다. 이는 행주형 형국에서 가장 많이 볼 수 있는 현상이지만, 때에 따라서는 금계포란형같이 마을 지형을 닭으로 볼 때에도 우물을 파면 닭의 피를 뽑아내는 것과 같다고 해서 금하기도 한다. 우물을 팔 수 없는 경우에는 냇물이나 강물을 식수로 쓰는 경우가 많다. 이런 경우는 주민과 환경의 관계에 있어 중요한 의미가 있다. 이는 주민들이 식수

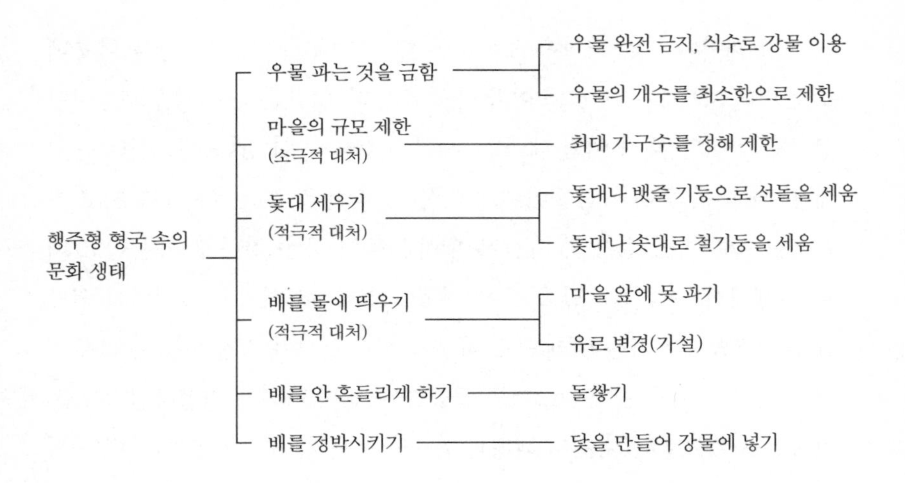

그림 8-1. 행주형 형국 속의 문화 생태적 연결 고리.

로 사용하는 물의 질과 관계가 있다. 강물을 먹을 경우 기생충 감염 등 공중위생에 영향을 줄 수 있기 때문이다. 우물을 파지 못하게 하는 것은 행주형 형국에 사는 주민과 환경과의 연결 고리 형성 과정에서 인간이 소극적으로 대처하는 것으로 해석할 수 있다.

① **우물 파는 것을 완전 금지하고, 강물을 식수로 사용한 경우:** 한 고장의 지세(풍수 형국)가 행주형이기에 우물을 금한 경우는 전국 각지에서 많이 찾아볼 수 있는데, 전라북도 무주군 무풍리는 그 한 예로서 『한국민속종합조사보고서(전라북도편)』은 다음과 같은 한 시골 할아버지의 견해를 생생하게 전한다.

> 무풍은 지형 형국이 행주형이라 캅니다. 그리서 이 골서는 샘을 몬 파게 하지요. 배에 구멍이 나면 씨겠능기요…….[28]

내가 태어나 자란 경상북도 선산군 해평면 해평에서 낙동강을 나룻배로 건너면 강정(고아읍 예강 2리)이란 마을이 있다. 이곳은 나룻배를 운영하던 강나루 동네다. 내가 어릴 때(지금으로부터 50~60년 전) 이 강나루를 건너 큰집에 갈 때면 이 동네 사람들이 자주 낙동강 강물을 길러 물지게를 지고 가는 것을 볼 수 있었다. 이 마을은 뱃사공들이 사는 강나루 마을이고 배 같이 생겨서 그렇다는 말을 들은 기억이 있다. 이 기억을 확인하기 위해 2009년 5월 2일 이 동네 배근호 이장(58세)을 찾아가 강정 마을의 나룻배와 우물과 식수에 관한 이야기를 들었다. 이장이 나에게 귀띔하길 지금은 낙동강을 가로질러 강 건너 해평과 연결하는 큰 다리가 놓였는데, 이미 이 다리를 놓기 전부터 나룻배를 운항하지 않아서 뱃나루를 쓰지 않은 지가 꽤 오래되었다고 했다. 또 그 옛날 나룻배를 몰던 사공들은 이미 모두 세상을 떠난 지 오래여서 옛날이야기를 잘 모른다고 했다. 그러나 마을 이장을 비롯한 동네 어른 두 분은 풍수에 관해서는 잘 모르고 이 마을이 행주형이란 이야기는 들은 기억이 없다고 하면서도, 마을 유래와 강물 길어 먹던 이야기를 해 달라는 나의 요청에 응해 자유로운 분위기에서 이야기를 해 주었다. 대담 시 이야기를 가장 많이 해 준 배근호 이장은 어릴 때부터 낙동강 물을 정해진 장소, 즉 바위가 강으로 좀 튀어나온 곳에서 물을 길어 식수로 먹고 자랐다고 했다. (그림 8-2 참조) 세 사람 모두 어릴 때에는 강물을 먹고 지내다가 펌프를 한동안 사용했고, 지금은 수돗물(구미시 상수원에서 정수된 도시 수돗물)을 사용한다고 했다.

다음은 지방 기념물 제16호로 지정된 강정 마을의 매학정에서 나눈 이야기 중 우물과 강물에 관계되는 부분을 추려 정리한 것이다.

필자 : 옛날에 강정에는 우물을 안 파고 낙동강 강물을 길어 식수로 사용했는

그림 8-2. 강정 마을의 식수 채취 장소.

데 거기에 대한 민속적인 이야기를 좀 듣고 싶습니다.

이장 : 옛날에 원래 우물이 지금 마을 회관 앞에 하나 있었는데 이미 내가 태어나기 전 옛날에 그 우물을 사용 안 하고 큰 돌로 메우고 강물을 식수로 길어 먹었답니다. 그러다 우물물을 먹으면 나병(문둥병) 환자가 동네에 생긴다고 하여 안 먹게 되었답니다. 얼마 전 도로 공사를 하면서 그 우물 터를 파 보니 큰 돌로 메웠습디다. 큰 돌들을 파냈는데 몇 톤 되는 것 같습디다. 옛날 그 당시 마을에 나병 환자가 몇 명 있었다고 합니다. 요사이 같으면 마을이 없어질 정도의 큰일이었지요. 나병 환자가 동네에 있으면 누가 이 동네 사람들하고 사돈 맺으려고(혼인하려고) 하겠습니까? 그러니 우물을 메우고 강물을 먹게 된 것입니다. 낙동강 강물을 퍼서 물지게로 져다가 밥을 해 먹고 식수로 먹고 다 했습니다. 나도

어릴 때 이 강물을 먹고 자랐습니다.

이장 : 내가 어릴 때 보면 이 동네에 나병 환자가 몇 명 있었습니다. 그래서 나병 환자가 풍수 지리적으로 어떤 이유가 있어서 그렇다 그런 이야기가 있었겠지요. 그러나 지금은 그런 풍수를 아는 사람이 이 마을에는 아무도 없습니다.

이장 : 오래도록 강물을 먹다가 그다음에는 지하수를 (펌프로) 뽑아 쓰다가 7, 8년 전인가 10년 전인가부터 상수도(구미시 수돗물) 물을 먹게 됐지요.

동네 두 노인들 : 지금부터 한 40년 전까지 강물을 먹었습니다. 우물물을 먹으면 안 좋다 카는 말이 있으니, 나병 환자가 생긴다 카이 우물을 메우고 강물을 먹었습니다. 확실하게는 모르고 전해 들은 이야기입니다. (우물 대신에) 낙동강 물을 길어 먹으니 좀 낫더라 카는 거지요. 우물물이 짭아서도(짜서도) 못 먹었다 캤어요. 이제 노인들은 다 돌아가시고 자세히는 아무도 모릅니다.

이 대화에서 세 분의 강정 마을 어른들이 제보한 바에 의하면 강정 마을이 행주형 형국이라는 풍수적 전승이 전해 내려오는 것 같지는 않다. 그러나 지난날 지금의 다리가 놓이기 한참 전까지 뱃나루가 운용되었고, 동네에 하나 있었던 우물은 액운을 막기 위해(나병 환자가 마을에 생기는 것을 막기 위해) 아무리 늦어도 해방 이전에 묻어 버린 것은 사실인 것 같다. 지금 사람들은 이 마을의 풍수 형국을 모른다고 했지만, 모든 정황으로 미루어 행주형이란 말이 한동안, 또는 일부 주민들 사이에서 돌았을 수도 있다.

내가 강정 마을의 풍수 형국이 무엇인지 옛날 어른들로부터 들었던 적이 있느냐고 하자, 마을 이장은 들었던 적이 없고 모른다고 했다가 나중에 강정 마을을 소쿠리(삼태기의 사투리) 모양이라고 했던 것은 들은 적이 있다고 했다. 삼태기형이란 바로 3면에 산이 있는 지형을 말한다. 이 마을의 풍수 형국이 비록 행주형이 아니라도 이 마을에서 우물을 금하고 강물을 길어 먹은 것은 한국의 여러 행주형 마을에서도 있었던 일이라서, 그러한 마을에서 왜 어떠한 계기를 통해 우물을 금하고 강물을 식수로 사용하게 되었는지를 알아보는 데 도움이 되었다고 생각한다.

행주형 마을에서는 처음부터 강물을 길어 식수로 사용했다기보다는 강정 마을같이 한때 우물이 있었으나 나병이나 돌림병이 돌아서 마을이 큰 피해를 입었다든지, 홍수나 큰 불로 큰 재앙을 당한 뒤 무당이나 풍수가 등이 우물을 묻어 버리고 강물을 길어 먹기를 권했을 가능성이 상당히 크다. 이러한 처방에는 물론 행주형 형국에서 우물을 파는 것이 배 바닥에 구멍을 뚫는 것과 같다는 믿음이 큰 역할을 했을 것이다.

앞으로 행주형 풍수 형국과 식수 문제는 보다 체계적인 조사를 통해 분석·설명되어야 한다고 생각한다. 행주형을 통한 인간과 자연 환경의 연결고리는 우물을 팠느냐 안 팠느냐, 왜 못 파게 했느냐, 못 파게 할 때 식수 문제를 어떻게 해결했느냐, 옛날에 우물물을 먹지 않고 강물을 식수로 사용했을 때 공중 보건에 미친 풍수의 영향은 어떠했느냐 등을 체계적으로 조사하고 자료를 분석·설명해야 밝혀질 수 있다고 생각한다.

어찌했든 풍수 사상 때문에 우물을 파지 않고 강물을 길어 먹었다면 재래 우리 식생활 행태로 봐서 차를 끓여 먹은 것도 아니고 강에서 떠 온 냉수를 그대로 마셨을 것이 자명하다. '배가 떠가는 모양'의 풍수가 그곳 주민들의 공중 보건에 미쳤을 부정적인 영향은 가히 짐작하고도 남는다.

② 우물의 수를 최소한으로 제한한 경우: 『한국구비문학대계』의 경상남도 울산시 울주군 편에는 '행주혈(行舟穴)인 어음리(於音里)'라는 제목 아래에 다음과 같은 이야기를 기록하고 있다.

그래 인자 요오 화장산 줄기로 그 때문에 이 뒤견에 여게 사람이 많이 살았고

요. …… 이 앞에 거랑(냇가) 있고 뒤에 거랑이 있습니다. 뒤에 꺼는 간천이라, 이 북방간(艮)짜 간천이라는 거랑이 있고, 앞에 남천이라는 거랑이 있어가지고 어거 말하자면 태화강 상류거등요. 상륜데, 이 형국이 배 형국이라고 이래가지고 그 전에는 우리가 어릴 적에만 해도 이 동네에 새미(우물)가 한, 에 새미가 한 서너 너댓 개 잘 안 됐읍니더. 한 서너 개밖에 없었읍니더. 하류에는 안주까지 새미가, 지금은 어찌 되는지 모르겠읍니다마는, 옛날에는 새미가 하나밖에 없었읍니더. 하나밖에 없었고, 상류에는 새미가 한 서너 개밖에 없었읍니더.

그거는 인자 왜 그러느냐 하면은, 그 이 행주형국이기 때문에, 배가 떠나는 형국이기 때문에 땅을 갖다가 자꾸 파기만 파머 배 밑구녕이 물이 새가지고서는 안 된다, 침수가 된다. 그렇게 해가지고 그걸 못 팠답니더. 못 팠는데, 요 중년까지만 해도 하류에는 새미가 하나밖에 없었읍니더. 그라고 상류에는 인자 새미가 많이 파졌읍니더. 그렇기 때문에 상류에는 잘 못 살았고 하류에는 잘 살았다 카는 이런 말도 다……. 마 전설이 아니지만는도 그런 말도 있었읍니더.[29]

이 이야기에 따르면 앞의 평양이나 강정같이 강물을 식수로 사용하지는 않고, 우물물을 식수로 사용했으나 우물의 수를 극히 제한했다. 이러한 행주형 형국의 문화 생태는 지형을 실제의 배와 똑같이 여겨 '우물 파는 것을 완전히 금하고 강물을 길어 먹기'를 철저하게 관철하지는 않았으나, 그래도 풍수적 배에 구멍을 많이 내지 않도록 우물의 수를 최소한으로 줄였다. 이러한 면에서 유형 ①의 경우에 비해 정도가 약화되었지만 유형 ①의 경우와 같은 소극적인 대응이 행주형의 자연 환경에 대해 행해진 경우이다.

행주형 형국에서 우물이란 배 바닥에 구멍을 내는 행동인데, 아예 금하지 않고 왜 그 수만 제한했을까? 이 문제에 대해서는 좀 더 체계적인 연구가 필요할 것이다. 하지만 이러한 곳은 아마 우물에 의존하지 않고는 식수 문제를 해결할 다른 대안이 없는 지역일 수 있다. 다시 말하면, 깨끗한 물이 흐르는 냇물이나 강물이 없는 지역일 수 있고, 또 마을 안에 새로운 우물을 팠을 경우 기존 우물의 물이 줄어들어 분쟁의 소지가 된 곳일 수도 있다. 그리고 집 안에 개인 소유의 우물을 팠을 경우 마을 공동 우물물이 줄어들고, 개인 소유 우물의 수를 줄이자 마을 공동 우물의 물의 양이 늘어나서 마을 사람들이 골고루 충분히 사용할 수 있었던 경우일 수도 있다. 그리고 옛날에는 우물을 하나 가진다는 것은 일종의 특권을 소유한 것인데 마을 사람들이 모두 자기 우물을 가지게 되면 기존 우물 소유자의 특권이 없어지니 자기들의 특권을 보호하는 차원에서 우물을 많이 파면 액운이 찾아온다고 하면서 그 수를 제한하고, 새로이 파는 것을 견제했을 수도 있다. 어찌되었든 간에 이에 대한 체계적인 조사·연구가 요구된다.

마을의 규모 제한

풍수 사상은 확실히 급격한 개발과 변화를 싫어하고, 평형을 추구하는 것 같다. 개발이냐 안정이냐 둘 중 하나를 택하라면 풍수는 안정 쪽을 택할 것이다. 물론 풍수적으로 봐서 좀 부족한 부분이나 지나친 부분이 있다고 판단될 때 이것을 좀 수정해 바로잡아야 한다고 하기는 하지만, 자연의 근본 틀을 깨지는 않는다. 일단 마을이나 개인 집의 경관이 고정되어 상당 기간 지속된 경우 그 안정을 깨고 큰 변화를 주는 행위를 피하기를 풍수 신앙은 권장한다.

그 한 예로서 내가 시골에서 보고 들은 바에 의하면, 집을 개축·증축하는 것도 잘못 하면 재앙을 부른다고 하여 꼭 필요한 경우에만 아주 조심스럽게 지관 같은 풍수 지식을 가진 사람과 상담해서 진행했다. 집수리 뒤 여러 해 동안 집안에 불길한 일이 없을 때에야 괜찮은 것으로 인정했다. 안정을 원했고, 변화를 꺼렸으며, 평형을 이루었다고 생각되는 상태가 지속되는 것을 선호했다. 환경 관리적인 면에서 아주 안정 지향적이고 보수적인 사고 방식인 것이다. 이는 행주형의 풍수 형국을 통한 문화와 자연의 연결 고리를 소극적으로 대처해 주민과 환경의 연결 고리가 평형성을 유지하도록 하려는 의지에서도 잘 파악된다.

마을 전체의 경관을 변화시키는 문제에서도 풍수 사상은 아주 보수적이다. 풍수적인 설화 중에는 마을의 호수나, 마을 규모를 제한해 현 상태로 유지하기 위한 의지가 보이는 이야기들이 있다. 예를 들면 어떤 행주형 형국의 지형 안에는 일정한 규모와 수의 집밖에 못 짓는다는 이야기가 있다. 그래서 일정 수 이상의 집이 들어서면 재앙이 닥쳐서 마을의 운세가 기운다는 것이다. 전라북도 선창리에 전해지는 마을 전설을 보면, 그 마을의 집 수(호구 수)가 40호를 넘으면 마을의 운세가 기울고 40호 이하가 되면 운세가 다시 돌아온다고 한다. 이러한 적정 수는 이 마을의 풍수 형국이 배 모양인데 그 배(지형)의 크기로 봐서 배에 실을 수 있는 짐(집 수)은 40호밖에 안 된다는 풍수적 판단에서 나온 듯하다. 이 선창리 전설을 『한국민속종합보고서』「전라북도편」은 제보자가 옆에서 금방 이야기해 주고 있듯이 실감나는 사투리로 다음과 같이 전한다.

> 선창리는 옛날에 배가 드나들던 선창이 있어서 선창리라고 부르게 됐다고 한다. 이 동네 동북쪽에 있는 복골이라는 산날망에 가 보면 배를 맷던 자리가 있다. 이 동네 사람들은 기질이 괄괄하고 꺼뜻하면 큰 소리를 잘 지르는듸, 이것은 옛날으 바대사람으 기풍을 쭈욱이어 받어 내려오기 땜이라고 한다. 선창리

는 동서로 두 부락으로 나누어져 있는듸 서쪽 부락을 양선이라고 하고 동쪽 부락을 음선이라고 한다. 음선부락은 100여 호가 사는 큰 부락이지만 경제적으로는 40호밖에 안 되는 양선부락만 못하다. 양선부락은 호수가 40호가 넘으면 동내가 쇠퇴해지고 호수(戶數)가 줄다가 몇 해가 지내면 도로 흥해서 느는듸 40호를 넘지 않는다. 그리서 양선부락은 늘 40호 정도로 사는 부락이다. 이 까닭은 여그가 배 형국이라서 그런다는 것이다. 배는 짐을 많이 실으면 지우러져서 가란게 되는 법이라 호수가 많으면 지울 것이 아닌가.[30]

이 전설은 주어진 자연 환경 내에서 적합한 취락 규모를 40호로 제시하고 있으며 그 이상은 그 지역 환경이 감당하지 못한다는 풍수적 진단을 표현하고 있다. 이렇게 풍수 형국의 형태 또는 크기에 따라 어떤 지역의 개발 잠재력에 한계가 있다는 생각은 한국 전통의 개발 성장 한계성 사상을 내포하고 있고 한국형 환경 관리의 일면을 보여 주고 있다.[31] 이 사상은 앞에서 검토한 "지역 환경을 의인화·의물화된 시스템으로 보는 것"과 "자연은 쉽게 부서질 수 있다."고 보는 풍수 사상에 직결된다.

풍수 사상의 개발 성장 한계성 사상은 명당을 고르는 기준에서도 분명하게 볼 수 있다. 명당 형국의 형태와 크기는 바로 어떤 식의 개발을 얼마나 크게 할 수 있는가를 의미한다. 예를 들면 명당의 종류에 따라 도성도 될 수 있고 작은 읍이나 마을도 될 수 있다. 풍수 사상의 원리에 따르면 어떤 길지이든 간에 명당 주위 분지만 개발 가능하며, 뒤로 주산, 동으로 청룡, 서쪽으로 백호, 앞으로 안산 등은 개발 제한 구역으로 설정되어 있다. 그래서 근대적 환경 사상이 없던 시대에도 도시나 취락의 주위는 녹지대로 보호되었다. 녹지가 없는 데에서는 오히려 녹지를 조성했다. 이와 같이 어떤 곳이든 그 개발 잠재력에 한계가 있다는 것이 풍수 사상의 기본 원리이다. 풍수에서는 일정한 범위 내에서 약간의 수정이나 변화는 수용하지만, 급격한 변화와 개발보다는 현상 유지와 지속 가능성을 원한다. 이것이 풍수 사상의 중요한 측면이며 인간과 자연을 연결하는 핵심 고리 중 하나이다.

돛대 세우기

앞에서 설명한 세 가지 인간과 자연의 연결 고리는 인간의 소극적인 대응을 보여 준다. 어떤 행동을 하지 않는 것, 즉 우물을 파지 말라는 것 아니면, 현상태를 유지하는 것, 즉 마을의 호수를 일정 수 이상 늘리지 않는 것이었다. 그러나 행주형 풍수 형국에서 주민들은 적극적인 대응을 택할 경우도 있다. 예를 들어 그 마을 지형을 배로 보고, 돛대 역할을 할 지형 지물이 없을 경우 적극적으로 돛대를 만들어 세우는 것이다. 돛대를 만들어 풍수 형국의 모자라는 점을 인위적으로 보충해 배의 풍수 형국을 완성시키고, 둥둥 떠가는 배의 기능을 제대로 발휘하게 하겠다는 것이다. 돛대 만들기의 문화 생태적 연결 고리는 아직 더 깊이 이해해야 하지만, 우선 다음 두 가지 유형이 보인다.

① **돛대나 뱃줄 묶는 기둥으로 선돌을 사용하는 경우:** 행주형 형국의 마을에 돛대에 해당하는 지형 지물이 없을 때 흔히 선돌을 마을 입구에 세워 돛대로 삼는다. 또는 선돌을 배를 부두에 정박시켰을 때 배를 매어 두는 기둥으로 삼는 경우도 있다. 이는 의물화된 풍수 형국을 실제 배로 취급하는 좋은 예이다. 다음의 '선돌빼기와 행주형'이란 전설은 선돌을 배를 매어 두는 기둥을 상징하는 것으로 보고 행주형 형국의 미비한 점을 완성시키는 경우이다.

여 선돌빼기라꼬 거 돌이 하나 섰지, 돌이 섰는데, 한 십여 자 될께구만. 원래 저 평지에 큰 마실 저거는 우리 터라요. 인제 수풀을 쳐내고 인제 전설이 그렇더만, 처내골랑 거기다 살았는데. 그래가 행주형이라. 배로 띄우는 형새(형상)이라. 그러이 '행주형에느 이 돌이 무악적 뱃줄을 매는 자리가 있어야 한다. 옛날에 인제 그런 야설로 문서떼기 들아다 보고, 그래서 그 돌 서운기라. 그 돌을 서아논(세워 놓은) 것이 우리는 전설로 그래 듣고 있지. 인제 그 행주형에는 배는 줄매는 기 없이만, 지절로 표푸에(폭풍에) 날려가 어두로 갈지 모르니까 매어져야 된다는 이거 인자, 여동리 평지에 그래 생겼는기라. 그래서 그래 됐다 이카든구마는.[32]

또 최원석이 2009년 현지 답사 뒤 제공한 정보에 의하면 전라북도 부안군 내요리의 돌모루라는 마을이 행주형이라고 알려져 있는데 선돌을 세워서 돛대로 삼고 있다고 한다.[33] 마을의 형국은 하천 근처도 아니고 특별히 배같이 생긴 지형도 아니라서 풍수 연구자의 눈에도 이곳을 왜 행주형이라고 하게 되었는지 특별한 이유를 찾아보기 힘들다고 한다. 이 선돌 돛대는 돌모루 마을의 당산으로도 기능하여 정월 대보름 당산제의 중심이 된다고 한다. 당산제를 지내고, 줄당기기를 한 뒤 마을 사람들은 그 줄을 '용줄'이라고 하며 돌 돛대에 칭칭 감아 둔다고 한다. 마을 사람들은 이러한 의식을 두고 당산 할머니에게 옷을 입힌다고 한다고 했다.[34]

우리는 이 돌모루의 선돌 돛대와 이를 둘러싼 당산제를 통해 풍수 비보사상이 마을 토속(무속) 신앙과 접합되어 있는 것을 알 수 있다. 한국의 풍수 사상은 유교, 불교, 무속 신앙의 영향을 받아서 그 종교들의 의식이나 가치관이 그 안에 녹아 있는 것을 볼 수 있다.[35] 행주형 형국과 토속 신앙으로 구현된 문화 생태적 연결 고리는 앞으로 중요한 풍수 연구 과제이다.

② 돛대로 솟대나 철주를 사용한 경우: 앞서 언급한 바와 같이 최원석 박사의 답사에 의하면 경상북도 김천시 하대리 뱃들에서는 돛대를 세우지 않으면 마을이 망한다고 하여 솟대를 세웠는데, 그 형태는 돌무더기 위로 솔기둥을 세우고 꼭대기에 소나무 가지를 깎아 오리 모양으로 한 마리를 만들어 얹었다고 한다. 조선 시대에 경상도 안동부에서는 부성의 터가 행주형이어서 돛대를 상징하는 10여 미터(30자 정도) 철주를 부성 남문 밖에 조성했다고 한다.[36] 석가래같이 가늘지만 긴 장대를 세워 솟대로 삼는 것은 작은 마을도 할 수 있는 일일 것이다. 그러나 돛대로 삼기 위해 철주를 사용했다는 것은, 큰 읍성이나 감당할 수 있을 정도의 큰 비용이 드는 일일 것이다. 이 철주 돛대는 일종의 솟대로도 볼 수 있다. 나무 장대든 철주든 간에 이러한 솟대가 행주형 형국의 돛대 역할을 했다는 것은 한국 토속의 솟대 신앙과 풍수 사상이 접합되어 융화된 것을 보여 준다. 이것은 풍수 사상과 토속 신앙의 타협이 어떤 식으로 이뤄졌는지를 보여 주는 대표적 사례일 것이다.

배를 물에 띄우기

행주형의 땅에 강이나 호수가 없을 경우, 못을 파거나 물길을 돌려 인공적으로 물을 마련해 물에 뜬 배를 상징하려고 노력한 경우도 있다. 이는 주민들이 행주형 형국의 결점을 보완해 완성(조화)시키려는 적극적인 대처로 해석된다.

① 마을 앞에 못을 판 경우: 창령읍에서는 배가 뜨려면 물이 있어야 한다고 해서 못을 판 경우가 보이고,[37] 진주성은 행주형이어서 외성 북면에 못을 팠다고 한다.[38]

② 물길을 변경한 경우: 행주형이기 때문에 행주형에 물을 대기 위해 냇물

이나 강물의 물길을 변경했다는 전설은 아직 찾지 못했다. 따라서 행주형 형국을 완성시키기 위해 물길을 바꾸기도 했을 것이라는 추측은 아직 가설적인 단계에 머물러 있다. 그러나 여러 가지 풍수적인 이유 때문에 물을 끌어들이려고 했거나, 흐르는 방향이 풍수적으로 나쁘다며 물길을 다른 방향으로 돌렸던 것으로 봐서 행주형의 형국을 완성하기 위해 물길을 돌린 경우가 있었을 것으로 추정된다. 이는 좀 더 본격적인 조사를 통해 찾을 수 있을 것 같다.

배가 안 흔들리게 하기

파도에 배가 흔들린다고, 돌을 쌓아(배에 짐을 쌓아) 흔들리지 않게 한다는 처방을 내린 경우가 보인다. 최창조의 『한국의 자생 풍수 2』에 등장하는 영월군 영월읍 방절리 돌단배기 관련 기록에는 "마곡(방절 1리 지역)이 돛단배의 지형이라 돌을 쌓아서 배가 흔들리지 않도록 했다."라는 기록이 있다.[39] 이러한 경우는 흔치 않지만, 배가 둥둥 떠내려갈 때 일어날 수 있는 여러 가지 현상과 이에 대비하기 위해 말하자면 돌을 모아 한군데 모아 둔 경우라고 생각된다.

배를 정박시키기

행주형 형국이 배처럼 흘러가 버린다고 배(자기들이 사는 고장)를 정박시키고 안정시키기 위해 쇠닻을 만들어 강물에 넣은 예가 있는데, 평양 지역에서 일어났던 일이다.

5. 행주형 형국 속의 문화 생태 음미

여덟 가지 유형 중 처음 세 가지, 즉 우물 파는 것을 피하는 두 가지와 마을 규모를 제한하는 유형은 민속 신앙적인 의미도 있지만, 우물 회피 금기가 주민들의 위생에 직접적인 영향을 준다는 점에서 문화 생태학자의 관심을 끈다. 우물은 어느 정도 여과되고 정화된 식수지만 강물이나 개천물은 식수로 부적합해 공중 보건에 지대한 영향을 끼칠 수 있기 때문이다. 특히 한국 전통 사회에서는 물을 끓여 먹는 습관, 즉 차를 마시는 습관이 거의 없었으므로 정수되지 않은 강물과 개천 물을 식수로 사용할 경우 기생충 감염 등의 부작용이 예상된다. 이에 관한 치밀하고 깊이 있는 연구가 요구된다.

선창리 등의 풍수 설화에서는 안정을 추구하고 개발과 팽창에 비판적인 풍수 사상의 입장이 표현되어 있다. 이 마을에서는 풍수 지형 조건상 일정 수 이상의 가옥을 건축하는 것이 바람직하지 않다고 이야기하고 있다. 그래서 실제로 이 마을에서는 가구 수를 제한해 왔는지, 아니면 그냥 자율적으로 조정되도록 놔두었는지 등을 알아보는 것도 중요하다. 가구 수 제한이 주민에게 어떤 문화 생태적 영향을 미쳤는지 좀 더 체계적으로 연구할 필요가 있다.

나머지 다섯 가지 유형은 생태적으로 직접적인 영향이 적은 반면, 민속 신앙 차원에서의 의미가 더 중요한 것 같다. 풍수 사상이 어떻게 한국의 전통 신앙인 무속 신앙, 성황당 신앙, 솟대 신앙, 선돌 신앙, 미륵 신앙, 장승 신앙 등과 연관되고, 민속 신앙과 풍수 사상이 서로 녹아들어 주민의 세시 풍속, 토속 신앙, 마을 제사 등을 형성하게 되었는지 체계적으로 연구할 필요가 있다. 배를 물에 띄우기 위한 주민들의 행동은 심각한 생태적 연결 고리 — 농업과 관개수로 — 등과 관계를 형성하고 있을 수도 있다. 이는 좀 더 체계적이고, 조직적인 조사·연구가 필요하다.

행주형 형국만 아니라 금계포란형 형국에서도 우물을 파서 물을 길어 올리는 것이 닭의 피를 뽑아내는 것과 같다고 여겨져 안동 권씨의 집성촌인 닭실(유곡리) 마을에서도 우물 파는 것을 금했다는 이야기를 들은 적이 있다. 이것은 우물 파는 것을 금기시하는 습속이 풍수 사상과 어떤 식으로 결합해 있는지, 중국의 행주형 형국 지역에서도 이러한 일이 일어나는지 조사하고 비교해야 좀 더 온전한 해석을 할 수 있을 것 같다.

풍수를 매개로 한 한국인과 한국 자연의 관계는 참 흥미롭고도 특이한 연구 주제이다. 이렇게 풍수를 이용해 마을 입지를 정하고 구조물을 건설해 인간이 자연과 관계를 맺은 뒤 어떻게 그 관계를 유지해 왔는가 하는 것 또한 풍수 지리 연구자들에게는 큰 관심거리이다. 이러한 자연 환경과 인간의 관계 유지를 설명하는 데 있어서 풍수 비보 사상의 연구는 중요한 역할을 하게 된다.

이와 같이 풍수 사상은 한국의 전통적인 인간 생태와 환경 사상을 이해하는 데 매우 중요한 열쇠가 되는 경우가 많다. 이를 고려해 볼 때 풍수 사상은 한국 문화 연구, 특히 한국 문화와 환경의 연결 고리, 즉 문화 생태 연구에서 빼놓을 수 없는 연구 주제이다. 풍수의 기본 원리를 고려하지 않거나 풍수술이 한국 문화에 미친 영향을 파악하지 않고는 한국 문화를 제대로 이해하기란 거의 불가능하다고까지 말할 수 있다.

제9장 풍수의 환경 관리 이론

현재 한국 사회에 널리 퍼져 있는 풍수 지리설은 대체로 미신적인 것이다. 그러나 이 풍수 지리설 속에서 우리는 한국의 전통 환경 관리 방법을 이해할 수 있는 중요한 실마리를 찾을 수 있다. 한국의 풍수 지리설을 따져 볼 때 우리는 환경 관리 면에서 상당히 합리적이라는 것을 알 수 있다. 여기서는 먼저 풍수 지리설에서는 어떻게 자연을 보는가, 즉 풍수의 자연관을 살펴보고 그다음 풍수 지리설에 나타나 있는 다른 환경 사상, 즉 환경 관리 이론이나 환경 순환 이론 등을 살펴본다.[1]

환경 사상사의 일부로 풍수 지리설을 연구하는 데는 두 가지 연구 방법이 필요하다고 생각한다. 그 하나는 풍수술서와 역사상의 학자들이 쓴 풍수 관계(비판) 문헌에 드러나 있는 환경 사상을 발굴하고 설명해 내는 것이고, 또 다른 하나는 풍수 설화에 나타난 민중적 환경 사상을 읽어 내는 것이라고 생각한다.

풍수술서의 저자는 대체로 풍수술에 조예가 있는 학자들이었다. 풍수서를 포함한 학자들의 저서는, 자신이 발표하는 글에는 자신의 이름이 따라다닌다는 것을 염두에 두고, 말하고자 하는 바를 잘 걸러서 괜찮다고 생각되는 것만 발표하기 때문에, 불만이나 소망 같은 민중의 적나라한 속마음을 알아보는 데에는 적절하지 않을 수 있다. 그러나 풍수술서에 있는 풍수 사상은 지식인 계층의 환경 사상을 공부하는 데 중요하다. 이 풍수술서들은 소수나마 영향력이 큰 저자들, 즉 엘리트 전통이 생산한 풍수 사상을 보여 주기 때문이다.

민중은 이러한 풍수 사상을 소비했는데 이들의 풍수 신앙이나 자연에 대한 태도 등은 민담이나 전설 등을 비롯한 풍수 설화에 잘 나타나 있다. 입에서 입으로 대를 물려 내려오는 설화는 통상 지은이가 밝혀져 있지 않다. 그래서 전설이나 민담은 그 내용에 관한 책임을 추궁받을 염려가 없으므로 민중의 생각이 잘 나타나 있다고 한다. 이러한 구비 민속 자료는 민중 속에 실재하고 있는 풍수 사상을 공부하는 데 중요한 자료이다. 대대로 내려오는 고전 풍수술서나, 학자들이 쓴 풍수 관계(비판) 문헌이나 민간 풍수 신앙에 나타나 있는 지리 사상 및 환경 사상의 연구는 한국 학계가 세계 학계에 공헌할 수 있는 중요한 연구 과제라고 생각한다.

다음은 풍수술서나 풍수 설화에 나타난 풍수 환경 사상을 내가 지금까지 발표한 논문에서 이미 논의된 것을 중심으로 중요하다고 생각되는 것들을 종합한 것이다.

1. 풍수 지리설의 환경 순환 이론

풍수 지리설은 지표에 가까운 땅속에 생기가 흐르고 있음을 전제한다. 이 생기는 항상 어딘가에서 어딘가로 흘러가고 있는 유동적인 것인데, 풍수 지리설에서는 이것이 모든 생명을 낳게 하고 유지하게 하는 힘의 원천이라고 믿어 왔다. 곽박의 『장경』에 의하면 생기의 원천은 음양의 기인데, 이 기운이 트림처럼 뿜어져 나오면 바람이 되고, 바람이 올라가면 구름이 되고, 구름이 싸우면 천둥이 되고, 구름(천둥)이 내려오면 비가 되며, 비가 땅속으로 젖어 들어가면 생기가 된다고 했다. 이 구절에 나타나는 환경 인자의 연관 관계와 변화에 관한 관찰은 현대 환경론의 '물의 순환 이론(hydrological cycle)'에 비견될 만큼 상당히 체계적이다. 내가 1985년 해외 학술지에 발표한 소논문에서 논한 바와 같이, 『장경』에 나타난 이 환경 순환 이론적인 기술은 중국에서 가장 오래된 기록일 수 있고 바로 풍수술에서 나왔다고 볼 수 있다.[2] 『장경』에 나타난 환경 순환 이론을 도표로 나타내면 다음과 같다. (그림 9-1 참조)

현대 '물의 순환 이론'은 물의 성분이 대기와 땅(표면과 속)을 돌아가며 기체(수증기)에서 액체(물)로 액체에서 다시 바로 기체로 또는 고체(얼음)로 변했다가 다시 기체로 순환된다는 것을 설명한다. 예를 들면, 지면이나 해수면에서 증발한 물은 수증기 상태로 변해 대기에 포함되며, 이 수증기는 또 구름으로 변하고, 비가 되어 땅에 내려온다. 그것이 곧바로 대기 속으로 증발하기도 하지만, 그 일부는 개천으로 흘러들기도 한다. 이 개천 물이 모여 강물이 되고 강물은 다시 바다로 흘러들며, 바닷물은 다시 증발해 대기 속 수증기로 변한다. 이 끊임없는 순환을 과학 용어를 써서 설명한 것이다.[3] 이러한 서양 사상, 물의 순환 이론을 그림으로 설명한 것이 그

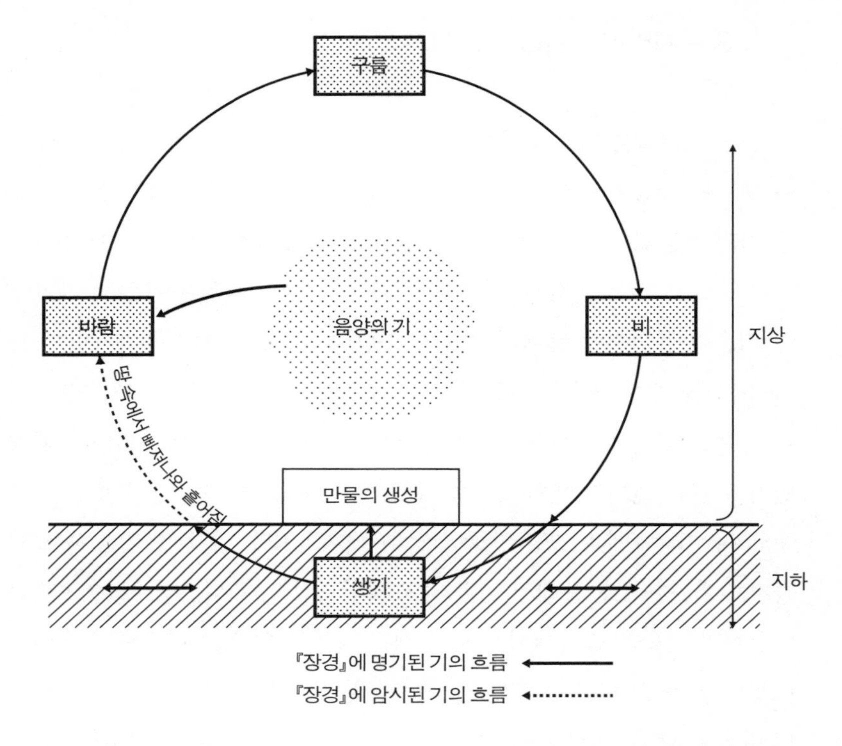

그림 9-1. 도표로 해석한 『장경』의 환경 순환 이론. Hong-key, Yoon, 1985, 211~212쪽에서 인용.

림 9-2이다. 두 그림을 비교해 보면 알 수 있겠지만 『장경』의 환경 순환 이론은 현대적 물의 순환 이론에 못지 않게 상당히 치밀한 바가 있다.

그러나 곽박이 음양의 기가 변하는 상태를 설명한 것을 보면 그 목적은 어디까지나 음양의 기가 어떤 과정을 통해 생기로 변하는가 보여 주는 데에 있지 환경(자연 현상)의 순환 이론을 설명하는 데 있는 것이 아님이 확실해 보인다. 그것은 곽박이 음양의 기가 뿜어져 나왔을 때 바람이 되고 그것이 올라가면 구름이 되고 구름이 내려오면 비가 되고 비가 땅속으로 스

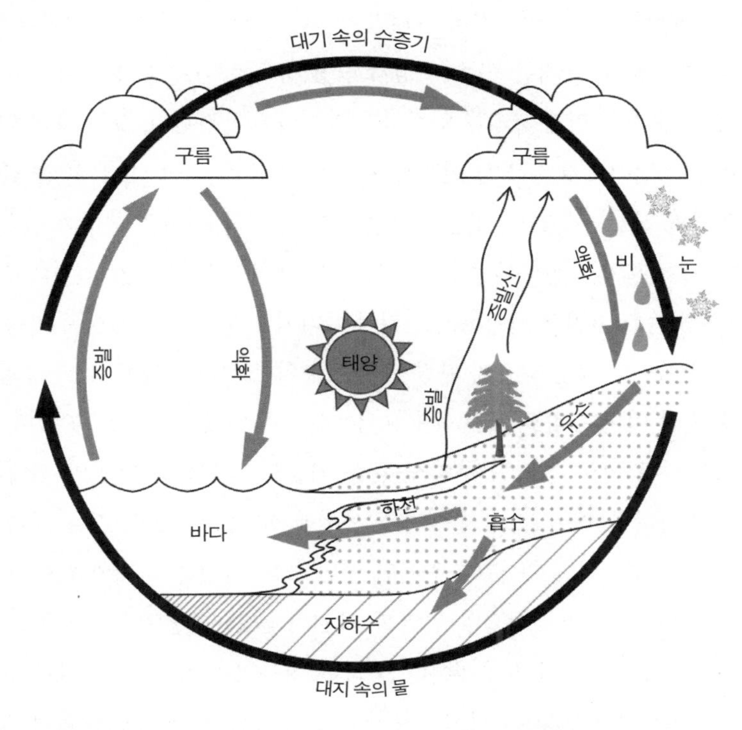

그림 9-2. 물의 순환 이론. Strahler and Strahler, 361~387쪽을 참조해서 새로 그린 것.

며들면 생기가 되어 만물이 나고 자란다는 것까지만 설명한 것을 보면 알 수 있다. 곽박의 설명에는 기의 환경 순환 이론을 완성시켜 줄, 생기가 땅 위로 빠져나오면 바람이 된다는 구절이 아쉽게도 없다. 그러나 그는 음양의 기에서 만들어진 환경 인자가 계속 순환하고 있음을 알고 있었으리라 짐작된다. 그 근거는 『장경』에서 곽박이 쓰기를 "경(經)에 말하기를 기가 바람을 타면 흩어지고 물을 만나면 (흘러가지 못하고) 정지한다."라고 했다. 바람을 타면 기가 흩어진다는 것은 땅속에 흘러 다니는 기가 땅 위로 빠져 나와 바람처럼 흩어지는 것을 가리킨 것이라고 해석할 수 있는 것이다.

이렇게 볼 때 곽박은 땅속의 생기가 땅 밖으로 나오면 다시 바람이 되는 환경 순환의 연결 고리를 인식하고 있었다고 생각된다. 그는 다른 연결 고리는 직접적으로 분명히 설명하고 한 연결 고리(생기에서 바람으로)는 불분명하지만 간접적으로 시사한 것처럼 보인다. 그의 목적은 어디까지나 음양의 기가 생기로 변환하는 과정을 설명해 생기의 본질을 밝히는 데에 있지, 환경 순환 고리를 설명하려는 것이 아니기 때문이다. 그래서 우리는 이 곽박의 서술을 동양 최초의 환경 순환 이론의 효시라고 볼 수 있고 동양의 환경 순환 이론은 바로 고전 풍수술서에서 비롯되었다고 말할 수 있다.

그러나 곽박이 환경 인자의 순환을 처음으로 깨닫고 자신의 책에 쓴 것인지 아니면, 이미 그 당시 식자들 사이에 잘 알려져 있던 것을 그가 기록한 것인지는 알 수가 없다. 하지만 옛날 중국 사람들이 해와 달을 포함한 천체의 운동이나 계절의 변화를 자연의 순환 현상으로 이해하고 있었다는 것은 잘 알려진 사실이다. 중국 과학사의 대가 조지프 니덤(Joseph Needham)은 이미 2000년 이전에 중국인들은 사람 몸의 피가 순환하고 있음을 알고 있었으며 중국이 고대 문명 중에서 순환 이론에 가장 밝은 곳이었을 것이라고 했다.[4] 앞으로 중국의 은나라나 주나라 때에 사용했던 갑골문이나 고대 문헌의 해독이 진전되면 중국의 환경 순환 이론에 대해서 더 자세하게 알게 될 것이다.

2. 개발 성장의 한계성

경제 개발과 환경(자원) 문제를 둘러싸고 인간과 환경 사이에 어떠한 관계가 바람직한가에 관해서는, 우리가 잘 알다시피 현대 세계에는, 서양에서 이룩한 것이지만, 두 가지 견해가 대치하고 있다. 그 하나는 코르누코피아 학파(cornucopians)라고 할 수 있는 사람들의 주장으로서 환경 문제나 자원의 제약(고갈) 문제는 끝없는 기술 개발로 계속 유지할 수 있으니 인구 통제 같은 것은 필요 없다는 주장이다. 이들은 대체로 경제학자나 공학도이며 이들을 반대하는 사람들은 이들을 "비현실적으로 산업 기술을 맹신하는 낙관론자(unrealistic technological optimists)"라고 비판한다.[5]

다른 하나는 코르누코피아 학파에 대립되는 견해로서 개발 성장의 한계성을 주장하는 견해이다. 이들은 주어진 자연 환경(자원)을 이용해 그것을 미래에도 지속 가능하도록 관리하며 개발하는 데에는 한계가 있다고 본다. 이들은 대체로 어떤 자원은 다른 자원으로 대체하기 힘들고, 또 그러한 자원을 대체하는 기술을 개발하는 데에도 지나치게 오래 걸려서 결국 자원이 고갈되면 심한 경제적 궁핍 현상이 초래된다고 보고, 환경 문제와 자원 부족 문제를 해결하기 위해서는 인구 통제가 필요하다고 보며 성장과 풍요로움에는 한계가 있다고 여긴다. 이들은 신맬서스주의자들(Neo-Malthusians)이라고도 불리는데, 이들의 견해를 반대하는 사람들은 이들을 "침울한 종말론적인 비관론자들(gloom-and-doom pessimists)"이라고 비판한다.[6]

이 둘 중 풍수 지리설은 확실히 두 번째 견해의 입장에 서 있다. 예를 들면 풍수 설화에는 일정한 지형(분지) 내에는 일정한 규모, 일정한 수의 집밖에는 짓지 못한다는 이야기가 있다. 일정 수 이상의 집이 들어서면 재앙이 닥쳐서 더 이상의 집을 못 짓도록 한다는, 앞에서 인용한 전라북도 장수군 정면의 선창리 연선 부락 전설이 바로 그것이다. 이 전설은 주어진 자연 환경 내에서 적합한 취락 규모 이상은 그 지역 환경이 감당하지 못한다는 풍수적 진단을 표현하고 있다. 이렇게 풍수 형국의 형태 또는 크기에 따라 그 지역의 개발 한계가 설정된다는 것은 한국 전통의 개발 성장의 한계성 사상을 내포하고 있고 한국형 환경 관리의 일면을 보여 주고 있다.[7] 이 사상은 앞에서 검토한 '지역 환경을 의인화·의물화된 시스템으로 보는 것'과 '자연은 쉽게 부서질 수 있다.'고 보는 풍수 사상에 직결된다.

풍수 지리설의 개발 제한 사상은 지세와 방향을 봐서 결정하는 명당 형국에서도 분명하다. 명당 형국의 형태와 크기는 바로 어떤 식의 개발을 얼마나 크게 할 수 있는가를 의미한다. 예를 들면 명당의 종류에 따라 그 곳이 도성도 될 수 있고 작은 읍이나 마을도 될 수 있는 것이다. 이상적으로는 어떤 길지든 간에 명당 주위 분지만이 개발이 가능하며 뒤로 주산, 동으로 청룡, 서쪽으로 백호 앞으로 안산 등은 개발 저지 지구로 설정되었고, 그래서 도시나 취락의 주위는 녹지대로 보호되었다. 녹지가 없는 데에서는 오히려 녹지를 조성했다. 이와 같이 풍수에서는 어떤 곳이든 간에 그 지역 환경 개발에는 한계가 있다는 것이 기본 사상이다.

3. '가이아' 가설과 풍수 형국

여기서는 앞서 한 '자연은 의인화·의물화된 시스템'이라는 논의의 연장으로 이러한 풍수의 자연관이 현대 서양에서 나온 '가이아(Gaia)' 가설과 어떻게 비교될 수 있는지 살펴보는 것이다. 1975년에 제임스 러브록(James Lovelock)과 그의 동료들은 현대 서양의 과학적인 사고 방식에서는 받아들이기 힘들다고 볼 수 있는 지구 환경에 대한 가설을 내놓았다. 대기를 포함한 지구 환경 전체와 그 안에 살아 있는 모든 것들이 하나의 살아 있는 거대한 생명체를 형성하고 있다는 것이다. 러브록은 이 가설적인 생명체를 그리스 신화에 나오는 땅의 여신의 이름을 따서 '가이아'라고 이름 지었다. 이 가설에 의하면 사람을 포함한 지구에 사는 모든 생명체와 환경 인자 들은 이 초대형 생명체를 형성하고 있는 부분인데, 이는 마치 신체 각 부위의 세포들이 모여서 한 사람을 형성하고 있는 것과 같다는 것이다.[8]

가이아 가설은 생명체는 그것이 살아남기에 필요한 조건들을 스스로 정의하고 그러한 조건이 계속 유지되도록 행동한다는 견해에 근거한 이론이다.[9] 러브록은 지구 전체의 생명계가 스스로 살기에 적당하도록 지상의 온도와 대기의 구성 요소를 조절하고 있는 것 같다는 점에 착안해 대기(atmosphere)란 생명계(living system)가 어떤 조절 기능을 시행하기 위한 계획의 산물인 것 같다고 여겼다. 그래서 러브록은 지구상의 모든 생명체들과, 공기와 바다와 육지 등은 지상의 온도와 공기나 바다의 구성 성분이나 토양의 산성도 등을 생명체가 살아남기에 알맞도록 조절하는 거대한 체계의 부분을 형성하고 있다는 가설을 제안하게 된다.[10] 그 후 대기를 포함한 이 거대한 지구 시스템은 하나의 살아 있는 생명체 같은 행태를 보인다는 견해를 굳히게 되었다. 그리고 이 지구 생명체를 소설가 윌리엄 골딩(William Golding)의 제안대로 '가이아'라고 명명하게 되었다.[11]

풍수에서는 지구 전체를 하나의 거대한 체계(시스템)나 생명체로 보는 것 같지는 않다. 한 풍수서는 "곤륜산이 세계의 척추인데 거기서부터 세상이 네 방향으로 가지가 뻗어 나갔다. 그런데 오직 남쪽 가지가 중국으로 뻗어 나갔고 동쪽 가지는 한국으로 들어왔다."라고 했다. 하지만 이것만 가지고 풍수 사상이 지구를 하나의 생명체로 봤다고 해석하기는 곤란하다.[12] 풍수 지리설에서는 곤륜산을 세상의 모든 산의 조종으로 받아들이는 것은 사실이다. 이는 마치 백두산을 한반도에 있는 모든 산의 조종으로 삼는 것과 마찬가지이다.

그렇지만 풍수에서는 지역 전체의 경관 또는 그 일부를 일종의 시스템으로 본다. 어떤 경우에는 살아 있는 생명체로도 보고, 어떤 경우에는 사람이 만든 물건으로도 본다. 바로 자연 환경을 의인화 또는 의물화해 인식하기 때문이다. 풍수에서는 혈(명당)의 주위 환경을 풍수 형국으로 파악하는데 사람이나 동식물이나 인간이 만든 물건 형상 등에 견주어 자연을 이해하고 자연 자체를 그러한 물체인 양 취급하곤 했다. 다시 말해 풍수는 지역 경관을 이루고 있는 경관 요소를 혈을 중심으로, 한 혈을 형성하기 위한 형국, 즉 경관 시스템의 일부로 파악한다. 형국은 인간의 형상으로 여자(옥녀)가 머리를 풀고 있는 형, 장군이 맞서 앉아 있는 형 등이 있고, 동물 또는 식물의 형상으로 닭(금계)이 알을 품고 있는 형, 매화가 땅에 떨어져 있는 형 등이 있으며, 인간이 만든 물건의 형상으로 배가 떠가는 형 등 수없이 많다. 이런 면에서 풍수에서는 한 지역의 경관을 하나의 작은 '가이아'라고 본다고 말할 수 있다. 가이아 가설과 풍수 형국은 생각하는 방식이 유사한 부분이 있어서 땅의 본질과 기능을 파악하는 면에서 다음과 같이 비교될 수 있다.[13]

① 가이아 가설은 지구를 하나의 거대한 시스템으로 본다. 그러나 풍수는 혈을 중심으로 한 지역 경관을 하나의 시스템으로 본다.

② 가이아 가설은 지구를 하나의 생명체로 보나 풍수는 지구를 하나의 생명체로 보지 않는다. 그러나 지역 풍수 형국을 하나의 생명체(사람이나 동물이나 식물)나 사람이 만든 물건으로 파악한다. 각 지역의 풍수 형국을 하나의 작은 독립된 가이아로 본다고 할 수 있다.

③ 가이아 가설과 풍수는 모두 모든 형태의 환경 인자들을 가이아나 형국을 구성하고 있는 종속 체계(sub-system)나 그 일부로 파악한다. 예를 들면 공기

나 짐승이나 바다는 가이아를 형성하는 부분들이며 주산이나 청룡, 백호 등은 어떤 풍수 형국을 이루고 있는 일부분인 것이다.

④ 가이아 가설은 지구 환경계가 하나의 살아 있는 생명체를 형성하고 있기 때문에 살아 있는 유기물같이 기능한다고 본다. 풍수도 풍수 형국이 그 명명된 생명체나 실제 물건처럼 기능한다고 보고 그렇게 취급한다. 예를 들어 행주형 형국의 땅은 사람들이 그곳 경관을 실제로 둥둥 떠가는 배처럼 취급하고 거기에 순응해 살아간다는 것이다.

⑤ 가이아 가설은 지구가 실제로 스스로 살아남기에 필요한 조건들이 무엇인지 정의하고 자신이 살아남도록 능동적인 조치를 취한다는 것이다. 예를 들면 암모니아를 많이 배출시켜 생명이 살기에 적당한 토양의 산성도(pH8)를 유지한다는 것이다.[14] 그러나 풍수에서는 풍수 형국이 형국 자체를 방어하기 위해 살아 있는 생명체로서 능동적으로 행동한다고 믿지는 않는다.

풍수에서 지역 풍수 형국을 하나의 의인화 또는 의물화된 시스템으로 파악하는 태도는 한국인의 전통 환경 관리 사상과 문화 생태학적인 측면에서 큰 영향을 미쳤다. 앞에서 인용한 장군대좌형에 위치한 우암 송시열의 묘 앞에 청천 장터를 옮겨 명당의 결점을 보완해 발복하게 한 전설처럼[15] 옛이야기에서 한 지역을 의인화된 시스템으로 파악하고 사람들 스스로가 자연 환경의 일부로 기능하며 자연의 조화를 보완하려고 노력한 일면을 볼 수 있다. 그리고 이 전설에서 앞에서 논의한 바와 같이 자연과 인간의 경계가 풍수에서는 분명치 않음을 확인할 수 있다. 인간이 자연의 결점(풍수 형국의 결점)을 보완하기 위해 자연의 일부로 행동하는 것으로 미루어 볼 때 풍수에서는 인간을 자연의 일부로 인식하는 것이다. 그리고 인간에 의해 보완된 자연(풍수 형국)은 다시 인간(송씨 자손과 마을)을 번창하도록 한다는 풍수 사상을 확인할 수 있다.

또 다른 예로 한 고장의 주위 환경을 행주형, 즉 둥둥 떠가는 배 모양으로 인식(평양의 예)해, 우물을 파는 것이 배 바닥에 구멍을 뚫는 것과 같다고 생각해 금하고 강물을 식수로 사용했다는 것을 들 수 있다. 한 고장의 풍수 형국이 행주형일 경우 그 지역에서 우물을 파는 것을 금하는 것을 전국 각지에서 자주 찾아볼 수 있다. 전라북도 무주군 무풍리는 그 한 예로서 『한국민속종합조사보고서(전라북도편)』은 다음과 같은 한 시골 노인의 견해를 생생하게 전한다.

> 무풍은 지형 형국이 행주형이라 캅니다. 그리서 이 골서는 샘을 몬파게 하지요. 배에 구멍이 나면 씨겠능기요…….[16]

이러한 금기 때문에 우물 대신 강물을 길어다 식수로 사용한 행주형 형국 마을 주민들은 아마도 공중 보건상의 문제를 겪었을 것이다. 또 어떤 마을에서는 풍수 지형 조건상 일정 수 이상의 가옥을 짓지 못했다. 이처럼 풍수적 자연 해석에 따라 자연 환경을 변화시키거나 유지시키기 위해 인간의 행위를 적극적 또는 소극적으로 규제하는 풍수의 문화 생태는 가이아 가설에 근거해 환경 개발 행위를 성찰하고 규제하려는 현대적 환경 사상에 일정한 시사점을 던져 줄 수 있을 것이다.

4. 풍수의 환경 친화적인 환경 관리 방법

현대 환경 관리 이론에서 '환경 친화적'이란 말은 이미 유행어가 된 지오래다. 자연뿐 아니라 인간 사회 자체의 존립을 위해서도 하나밖에 없는 지구, 파괴되기 쉬운 자연 환경(생태계)을 착취의 대상으로만 생각하고 마구 다뤄서는 안 된다는 생각이다. 그래서 인간과 자연의 관계는 자연이 파괴되지 않고 건강이 유지되도록 친화적이어야 한다는 것이다. 인간이 자연의 건강을 해치지 않도록, 자연 환경의 입장에서 보려는 태도가 환경 친화적이라면, 전통 풍수적인 환경 관리 방법에서 우리는 이와 비슷한 태도를 상당히 찾아볼 수 있다. 풍수 형국을 형성하는 자연 환경이 제구실을 하도록 산에 나무를 심는다든지, 산을 해치지 않기 위해 금산(禁山) 조치를 취한다든지, 하천의 수로를 청소하고 준설해 낸다든지 하는 것 등을 들 수 있다.

풍수에서 나무를 심고 물길을 돌려 풍수 형국의 상태를 보호하거나 향상시키려는 행동은 바로 자연이 인간에 의해 쉽게 다칠 수 있고 또한 자연의 약점이나 상처가 인간에 의해 치료될 수 있다는 자연관의 일면을 보여 준다. 그래서 풍수에서는 자연의 약점을 인간의 힘으로 보완해 주는 풍수 비보술이 유행했다. 마을이나 도시 주위에 형성되어 있는 인공 숲은 풍수적 자연관의 연장이다. 풍수적 조건을 유지하기 위한 도시나 마을 주변 산야의 산림 보호나 하천 관리 등은 눈여겨 공부해야 할 한국의 전통적 환경 관리 기법이라 하겠다.

그 동기는 비록 미신적이라 할 수 있지만 그 결과는 난개발을 막고 도시 주변 녹지를 보호하며 수질 오염을 방지하는 긍정적인 결과를 낳았다. 예를 들어, 세종 26년 1444년 11월에 집현전의 이선로는 『동림조담(洞林照膽)』이라는 풍수술서에서 명당수에서 악취가 나면 후손에게 나쁘다는 말을 인용해 서울 시내 하천에 쓰레기 버리는 것을 금지하도록 상소했다. 이 건의가 받아들여져 왕은 한성부낭청(漢城府郞廳)과 수성금화도감(修城禁火都監)

에 명령해 하천을 청소하고, 시민들이 하천에 쓰레기를 버리지 못하게 순찰하도록 한 기록이 『조선왕조실록』에 실려 있다.

『고려사』와 『조선왕조실록』에 의하면 풍수적으로 중요한 도성 주위 산에서 나무를 베는 것을 금하고 그 산에 인접해 집을 짓지 못하게 하며 필요에 따라서는 나무를 심기도 한 예가 여러 번 보인다.[17] 이러한 사실로 볼 때 그 의도가 어떻든 간에 우리 선조들은, 오늘날의 용어를 빌리자면, 환경 친화적인 개발을 해 온 것으로 보인다. 이처럼의 풍수 사상의 영향 속에서 자연과 인간의 조화와 개발의 제한을 추구하는 환경 관리 기법이 어떻게 존재했고, 변화해 왔는지 조사하고 정리하는 일은 참으로 흥미롭고도 중요한 연구 과제라고 생각한다.

최근 발표된 최원석의 풍수 비보에 관한 논문에 의하면 영남의 풍수 비보 종류로는 사탑, 조산, 숲, 수구(水口), 상징 조형물, 지명 및 놀이 비보 등을 들고 있다.[18] 그는 자신의 학위 논문을 발전시켜 『한국의 풍수와 비보: 영남 지방 비보 경관의 양상과 특성』이라는 책을 출판했다. 이러한 영남 지역의 비보 형태는 전국적인 현상을 반영하는 것이라고 추측된다. 전국에 산재해 있는 비보 유적을 조사·기록하고, 그 유형을 체계적으로 정리·분류하며 설명하는 것은 중요한 과제라고 생각한다. 또한 한국에서 쓰인 풍수 비보의 원리들을 중국의 그것들과 비교·대조해 체계적으로 정리·설명해 내는 것은 대대로 이어 온 한국의 문화 경관뿐 아니라 자연에 대한 한국인의 태도를 이해하는 데에도 참 중요하다고 생각한다. 시골의 경우 마을 앞에 숲을 조성해 동수, 읍수 등으로 풍수 비보를 해 온 것은 지리학자인 김덕현 및 최원석에 의해 상당한 연구의 진척이 있었다(「참고 문헌」 참조). 앞으로 이 분야에서 많은 연구가 기대된다. 한반도 전체의 풍수 비보 조사·연구는 우리 조상들의 환경 사상과 환경 관리 지혜를 가늠할 수 있고 세계 학계에 공헌할 수 있는 중요한 연구 주제라고 생각한다.

앞에서 살펴본 바와 같이 우리 선조들이 풍수의 조건을 만족시키기 위해 개발을 제한한 면이나, 나무를 심고 숲을 보호·유지해 온 면이나, 조그마한 동산이나 돌무덤까지 만들어 가며 환경을 보강하려고 한 노력은 한국 전통의 풍수적 환경 관리 이론의 일부를 이루고 있다. 우리 선조들의 이러한 노력은 조사·연구하고 음미할 필요가 많다고 생각한다.

한국에서 신봉되어 온 전통 풍수 신앙을 이해하지 않고서 한국의 전통 생태학을 제대로 이해한다는 것은 거의 불가능하다고 생각한다. 풍수에 나타난 자연 환경에 관한 인간의 태도 또는 환경 사상은 대체로 환경 친화적이고 환경에 순응하는 식이다. 자연을 정복한다든지 자연을 통째로 개조한다든지 하는 생각은 찾아볼 수 없다.

풍수 지리설에 있어서 환경 사상의 핵심을 이루고 있다고 볼 수 있는 풍수의 환경 순환 이론, 개발 성장의 한계성, 자연 환경을 시스템으로 파악하는 사고 체계, 자연을 다치기 쉬운 존재로 인식하는 것, 환경 친화적인 사고 방식과 풍수 사상이 한국인이 전통적으로 가지고 있는 자연을 파악하는 마음 틀(지오멘털리티)의 기본을 이루고 있다는 면은 좀 더 깊이 고려해 볼 만한 중요한 연구 주제라고 생각한다.

제10장 서양의 환경 결정론과 동양의 풍수 사상 비교

서양에서 중요한 환경 사상을 들라면, 글래켄이 그의 저서 『로디안 해변의 궤적을 찾아서』에서 말한 대로, "지구 환경은 신에 의해 계획된 창조물이라는 사상(Idea of Designed Earth)", "인간의 삶과 문화는 환경에 의해 좌우된다는 사상(Idea of Environmental Influences)" 그리고 "인간이 지리적인 환경 형성 및 개조에 영향력을 행사하는 인자라는 사상(Idea of Man as a Geographic Agent)"들일 것이다. 글래켄은 위의 세 가지가 서양 환경 사상사에서 고대부터 근대까지 지속되는 중요한 사상이라고 말했다.

동아시아 문화권에 있어서 이 세 가지 서양 사상과 견줄 수 있는 세 가지 환경 사상을 꼽아 보라면 풍수 사상, 도교의 환경 사상, 불교의 환경 사상을 들 수 있다. 앞에서 풍수의 자연관을 다음과 같은 네 가지 측면에서 이미 논의했다.

① 자연은 신비롭고 주술적인 힘을 가졌다.

② 자연은 의물화 · 의인화된 시스템이다.

③ 자연은 다치기 쉬운 존재이다.

④ 풍수에서는 인간과 자연의 경계가 모호하다.

한국에서는 도교가 성하지 않았지만 중국에서는 민중 종교로 발달해 민중 사이에서 깊이 그리고 널리 받아들여졌다. 이러한 도교 신앙의 전통적 자연관의 특징은 서양의 사학자 아서 라이트(Arthur Wright)가 다음과 같이 잘 꼬집어 말했다.[1]

① 자연과 인간이 하나 되기를 추구하는 것. 다시 말해 바느질 자국도 없이 두 헝겊 조각이 꿰매져서 하나가 된 것같이 인간과 자연이 서로 하나가 되어 교호 작용을 하는 관계로 보는 유기적인 견해.

② 개인이나 사회 전체가 원시 상태의 단순함으로 돌아가는 것이 더 행복하다는 자연주의적인 태도.

③ 도교 신앙을 깊이 닦은 사람들은 불로장생 하는 신선이 될 수도 있다는 사상.

환경에 대한 불교의 사상은 연기설, 불살생 등 환경 친화적인 사고가 중요했다. 그 유명한 원시 불교의 연기설을 설명하는, "이것이 있으면 저것이 있고, 이것이 일어나면 저것이 일어나고, 이것이 없으면 저것이 없고, 이것이 없어지면 저것이 없어진다."라는 구절은 인간과 환경을 포함한 모든 사물의 서로 연관된 존재를 설명하고 있다.[2] 이 원시 불교의 연기설은 모든 사물의 존재는 서로 의지하고 다른 것(환경)에 의해 규정되는 조건부 존재이며, 독립된 현상이 아니라고 설명한다. 이러한 불교의 현상학적인 존재론은 환경 사상에서 주목할 만하다. 그러나 이 세 가지 동양의 환경 사상 중에서 옛날부터 문화 경관 생성 과정과 환경 관리에 직접적으로 큰 영향을 미친 것은 풍수 사상이다. 신라 말 이후 고도로 번성해 온 풍수는 가히 한국의 환경 이용사에서 가장 중요한 사상이라고 볼 수 있다.

이상 세 가지의 동양 사상 중 특히 풍수와 불교 이론은 이 책의 다른 장에서 좀 더 깊이 있게 논의되었기에 여기서는 더 부연하지 않겠다. 대신 중요한 서양 환경 사상을 나의 스승인 글래켄 교수의 연구에 따라 내가 알고 있는 대로 소개하고[3] 그중 여러 면에서 두 문명의 환경 사상 중에서 대표성이 있는 서양의 환경 결정론과 동양의 풍수 사상의 서로 다른 면과 비슷한 면을 살펴보고자 한다. 왜냐하면 사람이 사는 데에는 자연 환경의 힘이 인간의 운명을 좌우하는 데 있어 가장 중요하다고 생각하는 면이나, 그 사상이 각기 문화권에서 '인간과 자연 관계 사상'에 끼친 위력을 볼 때 서양의 환경 결정론과 동양의 풍수 사상은 서로 유사점이 상당히 뚜렷하기 때문이다. 역사적으로 볼 때 동양과 서양의 환경 사상은 질적으로 다르지만 이 두 사상은 서로 비교될 만큼 비슷한 면이 있는 것도 흥미롭다. 이러한 비교·대조 연구는 동서양 환경 사상의 특징을 밝히는 데 도움이 될 수 있고, 새로운 환경 사상의 창출에도 도움을 줄 것이다. 우선 서양에서 중요한 환경 사상을 먼저 훑어보기로 하자.

1. 서양의 환경 사상

서양 사상에서 자연과 문화의 관계, 또는 인간과 환경의 관계를 다루는 사상은 수없이 많다. 어떤 사상은 한때 아주 번창하고 위력이 셌으나 쉬이 없어진 것도 있고, 또 어떤 것은 면면히 명맥을 유지해 왔으나 어느 한때도 위세를 떨치지 못한 것도 있다. 예를 들면, 원자론 같은 사상은 고대에는 상당한 위력을 떨쳤으나 후세에까지 중요시되지 않았으며, 점성술 같은 것은 계속되어 왔지만 어느 한때도 서양 지성인들의 마음을 사로잡을 만큼 중요치는 않았다. 이 많은 서양 사상 중에서 글래켄 교수는 일생의 노력을 들인 연구를 통해 다음 세 가지의 사상이 고대로부터 근대에 이르기까지 줄곧 서양 지성인들의 마음에서 중요한 위치를 점해 왔다고 주장했다.[4]

① 창조주의 계획론적인 사고 방식으로, 세상 만물은 창조주인 신에 의해서 설계되었고 만들어졌으며 운영된다는 생각이다.
② 환경 결정론적인 사고 방식으로, 환경이 문화의 형성이나 개인의 운명에 결정적인 영향을 미친다는 생각이다.
③ 인간이 환경을 개조하는 인자라는 사고 방식으로, 인간의 힘이 환경을 개조하고 풍화 작용이나 물의 흐름같이 우리가 지금 보고 있는 지리적인 환경을 만들어 가는 데 중요한 인자라는 생각이다.

이 세 가지 환경 사상은 서양의 문화와 자연 관계 사상사에서 주류를 이루고 있다. 이제 이 세 가지 서양 환경 사상을 좀 더 자세히 살펴보겠다.

창조주에 의해 계획 · 설계된 지구 환경

먼저 세상이 창조주에 의해 창조되고 운영된다는 사고 방식은 아주 포괄적인 서양 사상으로서 고대 문명이 발달했던 서아시아에서 유래된 것인데, 서양의 신학과 철학에서 발전되었다. 인간과 환경은 모두 창조주에 의

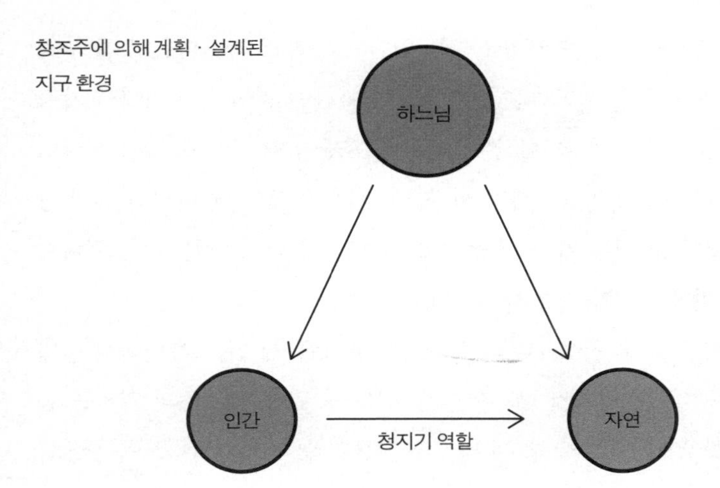

자연 환경의 개조자로서의 인간

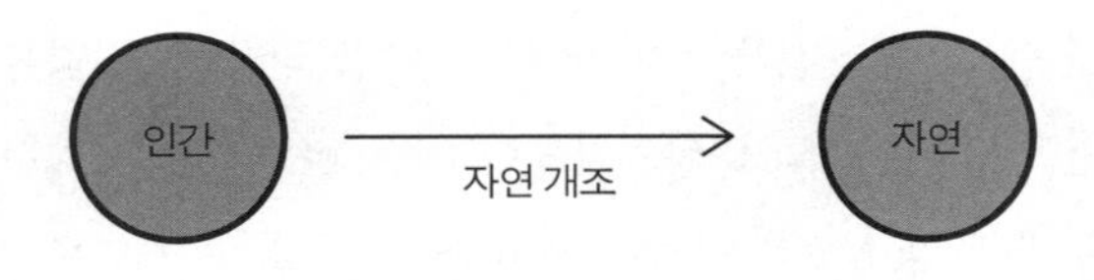

환경 결정론

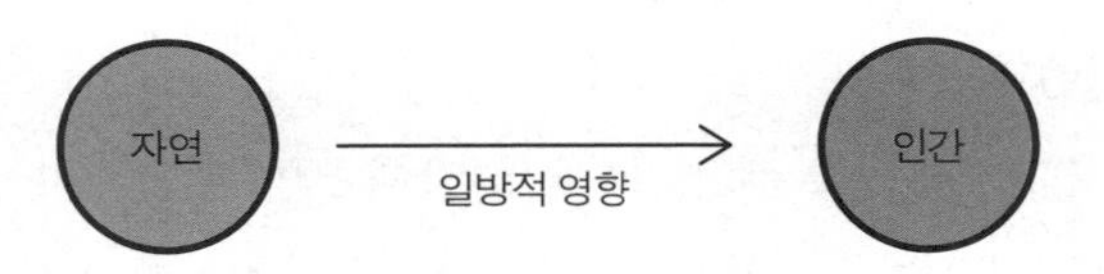

그림 10-1. 글래켄 교수가 정리한 서양 환경 사상의 세 가지 흐름. Yoon, 2003을 수정 · 보완한 것이다.

해 계획되고 만들어졌는데, 창조주는 인간의 행복과 자연의 조화를 위해서 모든 풍요로움을 제공하는 환경을 조성했다는 것이다. 여기에서 가장 중요한 사상적 근거는 크세노폰이 제시한 조물주의 계획에 의해 세상이 창조되었다는 세 가지 증명과 성서, 특히 구약「창세기」에 나타난 신의 창조설과 그리스도 이후 가장 큰 정신적인 혁명아였다고 말할 수 있는 아시스의 성 프란체스코의 환경 사상이다.

먼저 크세노폰은 창조주로서 하느님의 존재를 세 가지 측면에서 증명하려고 했는데, 첫 번째가 생리학적인 증명, 두 번째는 우주의 질서를 통해서 본 하느님 존재의 증명, 세 번째는 인간이 살기에 적합하도록 풍요롭게 만들어졌다는 점 등이다. 첫 번째 증명에서 가장 많이 보기로 든 것이 손이나 눈, 입 등이다. 인간의 눈에는 눈꺼풀이 있는데 하느님이 인간의 안위를 배려해 만들었다는 것이다. 눈꺼풀이 없다면 눈을 감을 수가 없고 항상 눈을 뜬 상태여야 하기 때문에 잠을 잘 수가 없다는 것이다. 또한 손을 예로 들면, 손이 없이는 일을 할 수도 없고 밥을 먹을 수도 없을 텐데 손이 몸의 일부분이기 때문에 인간은 필요한 일을 잘해 낼 수 있다는 것이다. 그래서 손은 바로 창조주가 인간이 필요한 일을 할 수 있도록 고려해 신체의 각 부분을 만들었다는 증거라는 것이다. 이렇게 사람 몸의 각 부분은 신비스러울 만치 조직적으로 만들어져 있고 제각기 알맞은 기능을 하게끔 만들어졌다는 것이고 이는 곧 하느님이 인간을 미리 계획해 창조한 증거라고 해석했던 것이다.

두 번째 증명으로는 우주의 질서를 생각해 볼 때 창조주가 인간과 자연을 만든 것이 틀림없다는 것이다. 밤과 낮이 있고, 사계절이 있으며 낮에는 보이지 않던 별이 왜 밤에는 많이 보이는지 등의 우주 질서는 조물주가 인간과 자연을 만들었다는 증거라는 것이다. 왜냐하면 낮에는 별이 없어도 보이므로 항해를 할 수 있지만, 밤에는 별이 없다면 항해를 할 수 없기 때문에 밤에는 별을 기준으로 항해를 할 수 있도록 배려했다는 것이다. 밤이 없이 낮만 계속된다면 인간이 어떻게 잠을 자고 쉴 수 있겠는가? 그런데 밤과 낮이 이렇게 바뀌도록 되어 있다는 것은 조물주가 인간이 낮에는 일하고 밤에는 쉬도록 배려해 계획한 것이라고 해석했다. 이러한 우주적 질서는 바로 하느님이 세상을 만들고 주관하는 증거라고 해석된다.

세 번째 증명으로는 모든 자연 환경은 조물주가 인간과 다른 생물 들의 복지를 위해 만들었다는 것이다. 왜 소와 양과 풀이 존재하는가 하면, 양과 소의 먹이로 풀이 존재하고, 양에게서 털을 얻고 소에게서 젖을 짜서 인간 생활이 풍요롭도록 하기 위해서인데 하느님이 미리 계획해 만들어 놓았다는 것이다. 이렇게 환경을 볼 때에도 조물주인 하느님이 존재한다는 것이 크세노폰의 논리적 사고였고, 설명이었다. 이러한 크세노폰 식의 해석은 그 후에도 서양 사람들의 마음을 오래도록 사로잡았고 인간과 환경의 관계를 해석하는 데 중요한 설명 방식으로 사용되어 왔다.

그다음으로 중요한 신의 계획된 환경 창조론은 성경에서도 특히 「창세기」에 잘 나타나 있다. 「창세기」 1장 22절에서 27절까지에서, 하느님은 인간을 자신의 이미지에 따라 만들고, 다른 모든 만물을 만들어 땅에 기는 것이나 공중에 나는 것이나 물에 헤엄치는 모든 것들을 이용할 수 있는 권리를 인간에게 주었다는 것이다. 이 말은 자연에서의 인간의 위치를 밝히는 중요한 대목으로 인간이 만물을 지배하고 자연에 대해서 하느님을 대행해 청지기 노릇을 한다는 사상이 잘 나타나 있다. 이러한 「창세기」 제1장의 사상은 노아의 홍수와 그 후 하느님과의 약속 및 노아의 자녀들이 번성하도록 축복한 「창세기」의 구절에서도 확인된다. 이러한 「창세기」의 창조 신화에서 우리는 서양 환경 사상에서 가장 영향력이 컸다고 볼 수 있는 인간의 자연 지배 사상의 근거를 찾을 수 있다.

그다음 사도 바울이 쓴 「로마서」 1장 20절에는 하느님이 만든 이 세상 만물에는 창조주의 뜻이 반영되어 있기 때문에 세상 만물은 하느님의 계시라는 증거물이라는 것이다. 그렇기 때문에 세상 만물을 보고서도 하느님의 존재를 모른다는 핑계는 있을 수 없다는 논리이다. 또한 신학자들이 자연 환경을 공부하는 중요한 자연 신학적 근거를 제공했고 학자들이 자연 환경을 공부하는 이유는 바로 하느님의 섭리를 배우기 위해서라는 것이다. 그래서 중세에서 근대에 이르기까지 일부 신학자들은 자연을 공부함으로써 자연 안에서 하느님의 뜻을 읽고 조물주이신 하느님의 존재를 증명하려고 했던 것이다. 근래의 환경 사상과 다윈의 진화론도 이러한 중세의 전통에서 발단되어 발전해 온 것이라고 한다. 창조주가 천지를 창조하고 운영한다는, 성서에 근거를 둔 이러한 사고 방식에서 다음 세 가지 사상이 특이할 만하다.

① 자연 환경 전체를 또 다른 하나의 성서로 본다는 생각.

② 지구 환경을 하나의 학교로 본다는 생각.

③ 인간이 하느님의 대리인으로 청지기 노릇을 한다는 생각.

이를 부연 설명하면 다음과 같다.

자연 환경을 제2의 성서로 보는 생각은, 물론 텍스트의 집합체인 성서가 하느님의 말씀으로 가장 중요하지만 자연 환경을 그 성서를 보조하는 다른 성서로 여기는 것이다. 성서로서의 자연 환경은 글로 씌어진 성서보다는 못하지만 하느님의 뜻을 읽고 아는 데에는 아주 중요하다고 여겨져 많은 학자들이 심혈을 기울여 공부했다. 여기에서 성 아우구스티누스가

했다고 전해지는 다음과 같은 말은 중요한 의미를 갖는다.[5]

> 어떤 사람들은 하느님을 찾기 위해 책을 읽습니다. 그러나 (정말) 위대한 책은 하느님에 의해 창조된 것들 그 자체의 모습입니다. 하늘을 보십시오. 땅을 보십시오. 자세히 보십시오. 그리고 읽어 보십시오. 당신이 찾고자 하는 하느님은 그 책을 잉크로 쓰지 않았습니다. 그 대신에 하느님은 자기가 만드신 것들을 당신 눈앞에 펼쳐 놓았습니다. 이보다 더 위대한 표현(증거)을 요구할 수 있습니까? 왜 하늘과 땅은 당신에게 외칩니까? "하느님이 나를 창조하셨다."라고.

하느님의 계시는 바로 하늘과 땅에 널리 펼쳐져 있는 자신의 피조물을 통해서 그 뜻이 잘 표현되어 있다는 것이다. 그래서 이 세상의 온갖 경관을 책을 읽듯이 읽어야 한다는 것이다. 만약에 하느님이 글로만 계시를 하고 그 뜻이 글자로 씌어진 성서에만 있다면 하느님은 불공평한 분이라고 옛 신학자는 말했다. 글을 읽을 수 없는 문맹자나 성서를 살 수 없는 가난한 사람을 차별하기 때문이다. 그러나 하느님은 공평하셔서 만물을 통해 자신의 뜻을 나타낸다. 6일간의 천지창조를 해설하는 많은 신학 서적들은 하느님의 뜻이 나타나 있는 자연 경관은 글은 아니지만 성서에서처럼 자연 그 자체로서 하느님의 존재와 그의 섭리를 읽을 수 있다고 했다.

지구 환경을 학교로 보는 견해는, 원죄를 받고 태어난 인간이 천국에 갈 수 있도록 몸과 마음을 갈고 닦는 교육을 받기 위한 학교로 하느님이 지구를 창조했다고 보는 것이다. 인간은 자연 환경을 공부할 때에 이 세상(지구)에서 우리는 어떤 교육을 받아야 하는가, 어떤 훈련을 받아야 하는가, 조물주는 우리에게 어떤 교육을 하기 위해 이러한 자연 환경을 만들었는가를 해석해야 한다는 것이다. 예를 들면 높은 산을 통해 인내를 키우고 평야에서 나는 곡식을 보고 하느님의 은혜에 감사하는 마음을 배우는 식으로 지구 전체를 학교로 보는 사상이다.

인간이 하느님을 대신하는 청지기라는 생각은 앞에서 말했듯이 하느님이 인간에게 만물을 이용하고 지배하라고 명한 「창세기」 1장에 기초를 두고 있다. 여러 학자들이 누누이 이야기했듯이 이러한 「창세기」에 나타난 사고 방식은 서구 문명의 자연 개발 및 자연 정복 정책의 밑바탕에 깔려 있는 것이 사실인 것 같다. 서구의 기하학적으로 설계된 궁전 정원이나 중세 수도사들이 저습지나 황무지나 숲을 개간해 농토로 만들 때 자신들이 하느님의 참된 청지기 노릇을 다한다는 자부심이 있었다. 좋은 청지기, 즉 관리자는 주어진 사물을 더 향상시키는 것이기 때문이었다.

세 번째로 중요한 서양의 '신에 의해 계획 설계된 지구 환경' 사상에서 중요한 자리를 차지하는 것은 성 프란체스코의 환경 사상이라고 생각한다. 성 프란체스코의 사고 방식은 성서(「창세기」)에 나타난 전통 기독교 환경 사상, 즉 인간이 청지기로서 자연을 지배한다는 사상을 재해석해 상당히 다른 차원까지 끌어올렸다. 그는 자연 위에 군림해 자연을 지배한다는 오만한 인간상을 정면으로 부정하고, 자연 환경을 하느님이 인간과 함께 창조한 인간의 형제자매 같은 존재로 보는 겸손한 인간상을 제시했다. 린 화이트(Lynn White)의 말을 빌리면, 성 프란체스코는 자연을 지배하는 군주적인 위치에서 인간을 폐위시켰고, 자연은 인간을 위해 만들어진 것이 아님을 자각해야 한다고 했다. 그래서 성 프란체스코는 인간과 자연은 신이 부여한 각각 다른 재능을 발휘해, 하느님의 뜻에 맞추어 살아간다는 면에서 동등하다는, 인간과 자연의 민주적인 관계를 주장했다.[6] 이러한 획기적이고도 진보적인 성 프란체스코의 사상을 일컬어 어떤 사람들은 예수 이후 가장 큰 사상적 변혁의 시도라고 한다. 인간의 겸허함, 인간이 자연보다 우월한 것이 아니라 그저 조물주가 인간과 자연을 각각 다른 목적으로 만들었을 뿐, 방법은 다르지만 하느님을 찬양하기 위해서 존재한다는 의미에서는 평등하다는 것이다. 그리스도는 인류애를 강조했지만 성 프란체스코는 한 발 더 나아가 사람들 사이의 사랑뿐 아니라 인간과 자연의 사랑과 평등을 부르짖었다는 것이다. 이는 서양 사상에 상당히 신선한 충격을 주었으며, 그 후 서양 사상의 중요한 일부로 자리 잡았다.

환경 결정론

환경 결정론적인 사고 방식은 고대 그리스 문화 또는 그 이전까지 거슬러 올라가는 것으로 옛날 사람들의 의학과 여행기와 종교적인 신앙에서 비롯되었다. 예를 들어 옛날 서양 사람들의 생각에 늪 주위에 사는 사람들은 학질에 자주 걸렸는데, 늪이라는 환경 때문이라고 믿는 것이다. 그들은 늪에 사는 모기라는 매개체를 통해 질병이 전염된다는 사실은 몰랐지만, 특수한 지역 환경이 그 지역 주민들의 건강 상태에 영향을 준다는 것을 감지했던 것이다. 그래서 어떤 환경은 건강에 좋지만, 어떤 환경은 건강에 나쁘다는 식으로 환경이 인간에게 미치는 영향을 일반화시킨 면에서 환경론이 발전된 바가 있었다. 여행기에서는 예를 들어 이집트 남부 지역으로 여행을 가 보니 날씨도 덥고 햇빛이 쨍쨍한데 피부색이 검은 사람들이 살았고, 소아시아 지방으로 갔을 때는 자신들이 살던 지역과는 다른 식물이 있고 사람들의 습성도 다름을 보게 되었는데, 이를 설명하는데 있어서 얼마나 강한 햇빛에 많이 노출되었는지 등 환경의 차이를 들었던 것이다. 종교적인 면에서는 옛날 서양 사람들도 우리와 비슷하게 자연 환경에서 하느님의 존재를 찾으려고 했고 어떤 자연 환경이 하느님의 화신인지 찾으려고 했다. 백두산에는 하느님이 계실까, 아니면 백두산 자체가 하느님의 화신일까 하는 식의 사고 방식에서 환경론이 싹튼 면이 있다.

이러한 사상들은 그리스 사람인 히포크라테스(Hippocrates)에 의해서 집성되었고 그의 책(*Airs, Waters and Places*)에 체계적으로 토론되어 있었는데, 히포크라테스의 환경론은 두 가지 종류로 나타나 있다. 생리학에 근거를 둔 환경론과 지리적 위치에 근거를 둔 환경론으로 나뉜다.

먼저 생리학에 근거를 둔 환경론이란 자연 환경이 인간의 생리 현상에 어떤 영향을 미치는지 따지는 미시적인 시각으로, 고대 서양 사람들이 주로 쓴 사고 방식은 사체액설(HUMORS)에 그 바탕을 두고 있다. 네 가지 체액은 황담즙(黃膽汁, yellow bile), 흑담즙(黑膽汁, black bile), 점액(粘液, phlegm), 그리고 피(Blood)로 인간의 몸을 구성하고 있는 요소로, 이 네 가지 요소의 구성과 성질이 환경의 영향을 받는다고 생각했다. 이것들이 조화를 이루면 건강을 유지하고 조화가 깨지면 건강을 잃는다고 생각했는데, 그 조화와 균형이 기후를 포함한 주위 환경의 영향을 받는다고 생각했다. 그래서 환경이 인간의 건강과 성격 형성 및 행태에 중요한 영향을 미친다고 믿었다.

둘째 지리적 위치에 근거를 둔 환경 이론은 개인의 건강과는 별로 상관이 없는 것으로서, 사회 집단이나 국가의 운명, 즉 번영과 쇠퇴는 그것이 어떤 지리적 위치(환경)에 있는가에 따라 결정된다는 것이다. 옛날 로마가 왜 번창했는지 설명할 때에 그 지리적 위치가 로마를 위대한 도시로 만들었다는 식의 설명은 그 대표적인 예이다. 다시 말해 지리적 위치에 근거를 둔 환경론은 인간과 자연 환경의 관계를 거시적 안목으로 보는 것이고 주위의 자연 환경이 어떻게 사회 집단에 영향을 주는가에 초점을 맞추었다. 이에 반해 생리학에 근거를 둔 환경론은 미시적인 입장에서 자연 환경이 어떻게 개인의 건강과 행태에 영향을 주느냐에 초점을 맞추었다.

이러한 두 종류의 환경 사상은 기원전 4세기부터 줄곧 서양 환경론의 주종을 이루어 왔고 계속 입에 오르내렸다. 주된 인물들로는 고대의 포스토니우스나 르네상스 시대의 보드인 등 기라성 같은 이름을 들 수 있지만, 프랑서의 철학자이자 정치 사상가인 몽테스키외(Charles-Louise de Secondat, baron de La Brède et de Montesquieu)는 18세기 당시 서구에서 자신의 지성적인 위치 때문에 환경 결정론적인 사고 방식을 극단적인 수준까지 밀어 올렸다고 할 수 있다. 그는 『법의 정신(*De l'Esprit des Lois*)』에서 사람들의 성격과 행태는 기후 조건의 영향에 따라 형성되는데 이를테면 아주 더운 지방 사람들은 열정적이고 급한 반면 추운 지방 사람들은 냉정하고 엄숙하다는 식이다. 권력의 삼권분립을 주장한 그는 입법가들이 그 지역의 기후 특성을 알고 그것이 민중에 미치는 영향을 알아야만 그들이 저지르기 쉬운 나쁜 행태에 대비해 법을 제정할 수 있다는 것이다. 이에 반해 같은 18세기 계몽주의 사상가 볼테르(Voltaire)는 환경이 인간 행태에 상당한 영향을 주는 것은 사실이지만, 종교나 정부가 민중에게 미치는 영향은 환경보다 더 크며, 종교와 정부의 영향을 합치면 더더욱 환경의 영향보다 크다고 하며 몽테스키외의 환경 결정론을 비판했다. 근래 독일의 프리드리히 라첼(Friedrich Ratzel, 1844~1904년)은 진화론적인 생물학의 영향을 받아 더 과학적으로 보이는 환경 결정론을 주창해 한 민족의 발전은 대체로 그들이 살아온 환경의 산물이며, 환경에 성공적으로 적응한 민족이 다른 민족보다 앞서 간다(보다 더 발전한다.)고 주창했다. 그 뒤 이러한 환경 결정론적인 면은 미국의 엘스워스 헌팅턴(Ellsworth Huntington)이나 엘런 셈플(Ellen Semple) 및 그리피스 테일러(Griffith Taylor) 등에 의해 20세기 전반까지 논의되었으나 현재는 생태학적인 사고로 탈바꿈했다고 볼 수 있다.

생태학적인 사고 방식과 전통 환경론의 사고 방식의 근본적인 차이는, 전통 환경론은 환경과 문화, 즉 자연과 인간을 양분해 이원론적이며 환경이 인간에게 일방적으로 영향을 준다고 본다. 생태학적인 사고 방식에서는 환경이 인간에 중대한 영향을 주는 것은 인정하지만 이원론적인 사고를 지양하고 일원론적인 사고 방식으로 하나의 생태계 안에서 여러 환경 인자들과 인간이 생태계의 일원으로 서로 교호 작용을 한다고 본다. 그래서 생태학적인 사고 방식에서 환경이 인간에게 일방적인 영향을 미친다는 사고 방식은 지양되었다.

자연 환경의 개조자로서의 인간

세 번째 사고 방식은 자연 환경을 개조하고 환경을 형성해 나가는 하나의 인자로 인간을 보는 사고 방식이다. 이는 인간이 자연을 개조할 수 있고, 또 개조해 온 힘이 있다는 면에 초점을 맞춘 것이다. 인간의 힘은 자연 환경을 바꾸어 가는 강물의 힘이나 화산 활동을 통한 조산 운동같이 자연 환경을 형성해 가는 데 막강한 영향력을 행사할 수 있다는 것이다. 이러한 사고 방식은 고대인들이 자연을 이용하는 일상생활을 관찰하는 데에서 비롯된 것으로 도시 건설을 통해서, 관개 수로 공사를 통해서, 또는 일반 농업 활동을 통해서 인간이 자연을 상당히 바꾸어 놓았음을 감지하고, 자연 환경을 개조·수정하는 인자로서의 인간이라는 사상이 발전되어 왔다. 고대 그리스의 플라톤도 한 섬이 옛날에는 수풀이 우거져 살쪘으나 염소 사육을 오랫동안 한 뒤에는 살이 다 빠지고 뼈대만 남았다고 한 기록을 남겼다. 그 이야기는 지나친 염소 사육이 모든 식생을 황폐화시키고 결국 토양 유실을 초래해 기반암이 표출될 정도로 황폐해졌다는 것을 말하는 것으로 인간이 자연에 얼마나 부정적 영향을 끼치는가 개탄한 것이다. 이렇게 인간이 자연을 개조하는 것에 착안한 사상이 발견되기는 하나 양과 질에 있어서 고대에서 중세에 이르기까지는 인간이 자연을 수정한다는 사상은 자연이 인간의 운명을 좌우한다는 생각에 비해 턱없이 약했다. 이러한 생각은 그래도 면면히 내려왔고 시간이 지남에 따라, 특히 최근에는 양과 질에 있어서 폭발적으로 발전했다. 지금은 오히려 자연 환경이 인간에 영향을 준다는 생각보다도 더 중요하게 다루어져 논의되는 질과 양이나 출판 빈도에 있어서도 훨씬 더 우세하다.

자연 환경의 개조자로서의 인간이라는 사상도 그리스도 사상이 지배하던 서양 세계의 하느님에 의해 계획된 세상 창조론과 대치되지 않았고 오히려 그 영향 아래 있었다. 왜냐하면 인간이 자연을 개조한다는 것도 따지고 보면 결국 하느님이 인간을 통해서 자연을 개조하는 일종의 재창조로 볼 수 있기 때문이다. 신은 인간을 창조해 청지기로 임명했기에 인간이 자연에 대해 하는 일은 하느님을 대신하는 것으로 또는 하느님이 하시는 일의 연장으로 볼 수 있기 때문이다.

자연 환경의 개조 인자로서의 인간의 첫 번째 중요한 사상은 인간이 자연은 유용하기 때문에 이용한다는 입장(utilitarianism)에서 본 측면과 인간이 창조주이신 하느님의 반려자, 동조자로 보는 면이다. 이러한 사고 방식은 자연 환경이 인간에게 유용한 자원이기 때문에 인간은 이를 이용하며 그 결과로 자연에 영향을 미치고 자연을 개조하는 데 일조한다는 것이다. 두 번째 사상은 인간은 하느님의 반려자로서 창조주의 창조와 관리를 돕는 동료로서 하느님이 만든 자연의 부족한 면을 개선해 완성시키는 것을 의무라고 생각했다는 것이다. 다시 말해 하느님이 만든 것을 잘 간수하고, 개선하는 것이 인간이 창조주로부터 부여받은 청지기의 직무라고 보는 것이다. 중세 베네딕트회의 수도원처럼 그들이 늪지를 농경지로 개간하거나 숲을 자르고 농지를 개간할 때에 쓸모없는 땅을 쓸모 있게 만드는 것은 바로 세상 창조에 도우미로 동참해 하느님의 뜻을 완성하는 데 도움이 되고 그 은혜에 보답하기 위한 것이다. 그래서 이러한 사상들은 인간에 의한 자연 환경의 변화를 상당히 촉진했다. 대체로 인간에 의한 자연 개조를 긍정적으로 평가했다.

그러나 인간의 자연 이용을 통한 자연 개조를 종합적이면서도 체계적으로 평가하고 그러한 개조에 부정적인 평가를 하고 경종을 울린 사람은 조지 마시(George P. Marsh)였다. 이러한 사고 방식은 생태주의자 또는 생태계 보호론자 들에 위해 극단적 정치 행동까지 수반하는 사고 방식으로 발전되었다. 그는 환경 운동의 시조로 꼽힐 만하다. 이러한 서양 사상 중 가장 큰 바탕은 창조주가 자연을 만들고 운영한다는 사상이고, 얼핏 대치되는 듯한 환경 결정론이나 지리 환경적인 인자로서의 인간을 다 포함하고 있는 듯하다. 왜냐하면 환경론도 결국 조물주에 의해 계획된 세상 창조라는 사상에서 용납이 되는 것은 자연 환경도 결국 하느님이 만든 것이기에 환경의 영향이란 곧 하느님의 영향이 환경을 통하여 인간에게 전달되는 것이라고 해석할 수 있었다. 지리적 인자도 마찬가지로 인간은 하느님의 도우미로서 하느님의 창조에 동참해 자연을 개선한다고 볼 수 있었기 때문이다. 이제 동서양 사상 중 환경이 인간의 운명을 좌우한다는 두 가지 사상을 비교·대조해 보기로 한다.

2. 서양의 환경 결정론과 동양의 풍수 사상 비교[7]

동서양을 막론하고, 자연 환경이 인간의 생활과 문화에 결정적인 영향을 끼친다고 보는 사상으로는 서양의 환경 결정론과 동양의 풍수 사상이 대표적인 예이며, 그 근본 사유가 서로 닮은 점이 많아 비교할 만하다. 이

두 사상 모두 자연이 인간에 미치는 지대한 영향을 강조하지만 그 기원, 각기 속한 사회에서의 역할, 인간과 자연의 관계를 보는 관점에 있어 크게 다르다. 이 두 사상을 비교·대조하는 것은 동서양 환경 사상의 유사점과 차이점을 설명할 수 있는 기회가 될 수 있고 나아가 바람직한 현대 환경 사상의 정립에 도움을 줄 수도 있다. 이 글에서는 동서양의 두 대표적 환경 사상인 풍수와 환경 결정론의 특징 중 서로 대표되는 점을 몇 가지 따져 보기로 한다.

서양의 환경 결정론에서는 인간의 자유 의지가 강조되지 않고, 대체로 인간의 운명은 자연 환경의 영향에 의존한다고 본다. 환경 결정론은 인간의 행태나 문화가 기후, 지형 또는 지리적인 위치 등 자연 환경에 의해 결정된다고 보기 때문이다. 이러한 환경 결정론의 정의는 수정·약화된 환경 결정론인 환경 확률론(probablism)이나 환경 가능론(possibilism)을 포함하지 않으나, '정지 및 진행 결정론(Stop-and-Go Determinism)'을 포함한다. 테일러의 '정지 및 진행 결정론'은 사실 전통적인 환경론보다 훨씬 세련된 사고방식이다. 그에 따르면 인간은 대체로 자연이 정한 범위에서 자연이 제시하는 방향을 좇아 살아야 하기 때문에 자기 마음대로 할 수 있는 힘이 거의 없다. 인간은 교통을 통제하는 경찰과 같아서 자연이 인간에게 제시한 경제 발전 방향을 거슬러 갈 수는 없다. 다만 자연 환경이 제시한 방향으로 진행 속도를 빨리 하거나, 느리게 하거나, 한동안 정지시킬 수 있을 뿐이라는 것이다. 이러한 환경 결정론은 앞서 말한 바와 같이 고대 서양에서 여행가들이 관찰한 각 지역에 따라 다른 사람과 환경에 대한 설명, 자연과 환경이 질병에 미치는 영향을 주장한 학문, 또는 자연 숭배에 초점을 맞춘 종교 사상에서 유래되었다.

중국에서 기원한 풍수 사상도 자연 환경이 인간 생활에 미치는 영향을

환경 결정론

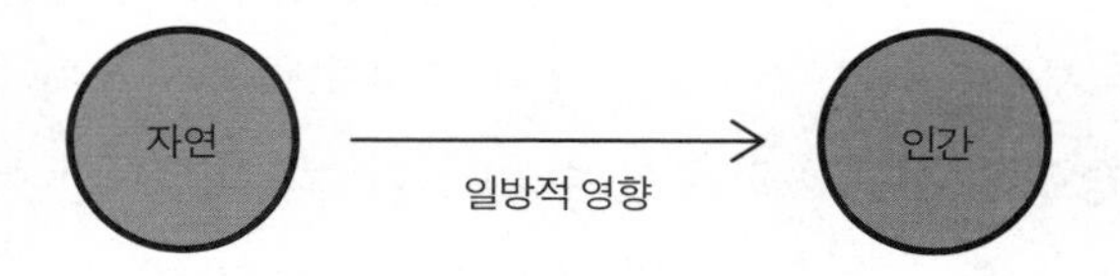

정지 및 진행 결정론

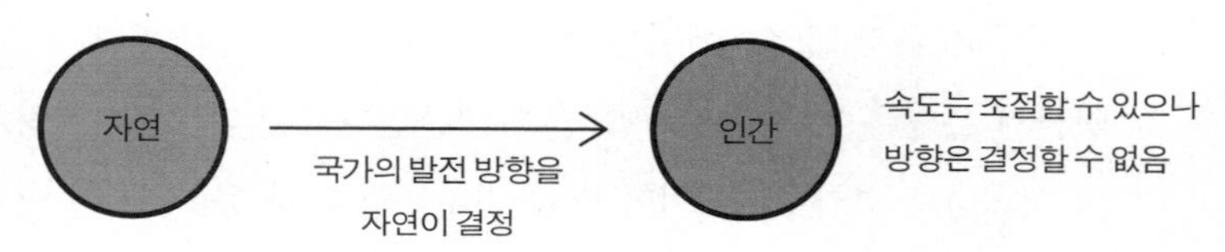

환경 확률론

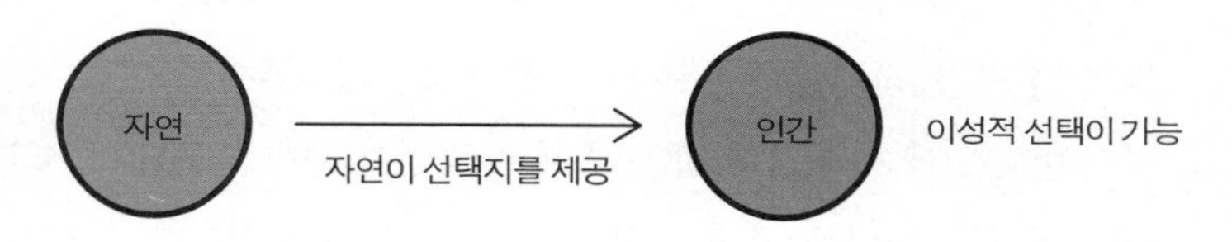

환경 가능론

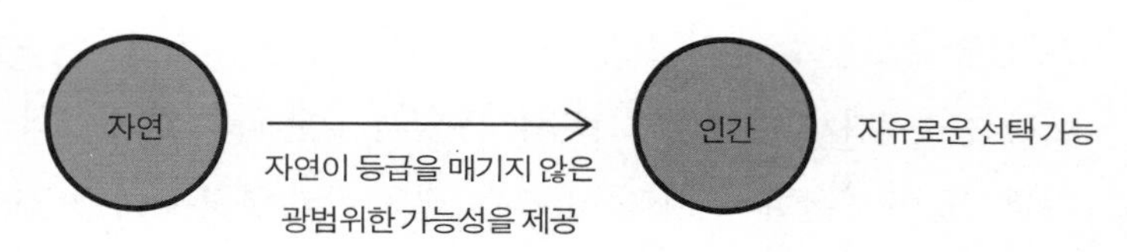

그림 10-2. 서양 환경 결정론의 여러 종류. Yoon, 2003을 수정 · 보완한 것이다.

평가하는 면에서는 서양의 환경 결정론과 같다. 그러나 풍수는 서양 환경 결정론보다는 훨씬 더 여러 가지 요소가 복합된 입지론이자 환경 계획론이다. 사실 동양 풍수론에 아주 딱 들어맞는 서양 개념은 없는 것 같다. 풍수는 서양의 미신, 점복술, 종교나 과학 그 어느 하나에도 딱 떨어지게 분류할 수 없다. 풍수술은 미신, 점복술, 종교와 과학의 일면을 모두 포함하고 있다. 풍수 지리설에서는 어떤 지역 환경이 다른 곳보다 더 좋아서 그 길지에 집이나 무덤을 만들어 이용하면 그 땅이 발복을 한다는 것이다.

풍수와 환경 결정론을 비교할 때, 먼저 짚고 넘어가야 할 것은 이 두 사상이 전혀 다른 두 문화 속에서 형성되었고, 두 문화의 특성이 반영된 산물이라는 것이다.

두 사상이 모두 인간의 특성보다는 자연 환경에 초점을 맞추고 자연 환경이 적어도 인간 생활의 어떤 면에 큰 영향력을 행사한다는 점을 강조하는 것에는 일치한다. 예를 들면, 환경 결정론과 풍수는 모두 어떤 장소는 인간의 건강과 번영에 이로우나 다른 어떤 장소는 해롭다는 것이다. 그러나 서양의 환경 결정론에서 자연 환경은 인간과 근본적으로 다른 개체로 인식되는 이원론에 기초하고 있다. 그래서 자연 환경은 인간의 염원에 상관없이 자연을 어떻게 대하든, 원칙적으로 인간이 순응해야만 하는 독자적인 것으로 본다. 왜냐하면 자연이 제시한 인간의 가야 할 길은 거역할 수도 없고 수정할 수도 없는 힘이라고 믿기 때문이다.

이러한 서양 환경 결정론에 비해 동양의 풍수론은 상당히 다른 견해를 보여 준다. 풍수론에서 자연 환경이란 인간에게서 완전히 분리된 독립적인 것으로 인식되지 않는다. 왜냐하면 인간과 자연은 생기가 오직 다른 모양으로 표현된 것으로 보기 때문이다. 인간이 자연을 어떻게 이용하느냐에 따라 자연이 인간에 미치는 영향은 좋게도 또는 나쁘게도 변화될 수 있다. 풍수설에 따르면 자연 환경은 발복을 할 수 있는 주술적인 힘이 있으나 인간이 어떻게 이용하고 개조하느냐에 따라 항상 다치고 상하기 쉬운 존재이다. 왜냐하면 생기는 풍수적인 조건이 구비된 장소에만 모이기 마련인데 이러한 조건이 사람이나 자연적인 요건에 의해 변하면 생기는 그곳에서 없어져 버리기 때문이다. 이 생기는 만물을 생성시키고 생물을 부양하는 신비로운 힘이라고 보아 왔는데 곽박의 『장경』에 의하면 모든 생명체는 이 생기가 응집된 것이다. 인간을 포함한 동식물의 생명체로 생기가 나타나는 것은, 음양의 기의 일면에 불과하다. 음양의 기는 변하는 것으로서 불면 바람이 되고, 올라가면 구름이 되고, 내려오면 비가 되고, 땅에 스며들면 생기가 된다고 했다. 이 생기를 받아 동식물이 자란다는 논리다. 이런 설명은 동양의 전통적인 물의 순환 논리로 볼 수 있다.

이렇게 자연 환경 현상을 유동적인 것으로 봤기 때문에 인간이 자연을 잘못 건드리면 조화가 깨지고, 생기는 다른 것으로 변하든지 다른 곳으로 흘러가 발복할 수가 없다고 한다. 예를 들어 소가 누워 있는 형국인 와우형의 길지에서 소의 머리와 몸통에 해당하는 부분에 철로를 부설했다면 그 소는 죽어 버리는 셈이므로 풍수의 조화는 깨지고 마는 결과가 된다. 또한 풍수 비보를 통해 인간이 자연 환경을 약간 변경시켜 개선할 수 있다고 믿었다. 그래서 비보 사찰, 탑, 조산, 풍수 등이 설치되곤 했었다. 하지만 풍수에서는 완전히 인공적인 길지의 창출을 믿지 않았고 자연적으로 생긴 길지를 약간 수정하는 정도만 허용되었으며 기본적인 자연 환경의 생김새를 그대로 받아들여야 한다고 보았다.

두 번째 차이점은 풍수는 인간과 자연을 전혀 다른 개체로 보는 이원론이 아닌 반면 서양 환경 결정론은 확고한 이원론에 기초를 두고 전혀 다른 개체인 자연이 인간에게 외길 통행 식의 영향을 행사한다고 보았다. 근대 서양의 환경 결정론자였던 엘런 셈플(Ellen C. Semple)은 인간은 땅(지표)의 산물이라고까지 시적인 표현을 한 바 있다.[8] 그러나 풍수는 아주 다르다. 인간과 자연의 경계가 분명치 않다. 인간과 자연은 모두 같은 음양의 기에서 나온 생기가 응집된 것이며 인간이 자연 환경의 일부로 작용해 자연 환경의 약점을 보완할 수도 있고, 자연에서 생기를 받을 수도 있는 것이다. 다시 말하자면 풍수에서 인간과 자연은 동일한 생기가 오직 다르게 표현된 것으로서 서로 호환성이 있다고 보았다. 그 한 예를 들면, 장군대좌형에 무덤을 쓴 우암 송시열의 묘소 앞에 군졸 역할을 할 수 있는 지형이 없자 몇 십 리 떨어진 시장을 그곳으로 옮겼다. 그러자 5일마다 장이 서게 되었고, 장군형의 산에 자리 잡은 이 무덤은 5일마다 많은 군졸을 거느릴 수 있게 되어 그 산소는 발복할 수 있었다는 것이다. 군졸 역을 하는 지형 지물이 없을 경우 인간 스스로가 지형 지물 역할을 해 풍수 형국의 조화를 완성시켜 발복을 하게 한다는 이야기는 인간과 자연 사이의 경계가 분명하지 않다는 것을 잘 보여 준다. 서양의 관점에서는 상상하기 어렵게도, 인간과 자연의 구분이 분명하게 그어져 있지 않다는 것을 잘 말해 준다.

또한 풍수에서는 인걸지령(人傑地靈)이라 하여 뛰어난 인간은 뛰어난 산천의 정기를 받아 태어난다고 한다. 이 말은 자연의 정기가 그대로 인간으로 태어난다는 뜻으로 이 또한 자연과 인간의 경계가 분명치 않은 풍수 사상의 일면을 보여 준다. 서로 분리된 두 개체처럼 표현된 인간과 자연은 결국 그 본질은 동일하고 서로를 보완하고 교호 작용을 한다고 보았다. 그래서 풍수에서는 인간이 자연에 대치되는 존재가 아니라, 자연에 결속된 존재로 인정한다.

그래서 서양 환경 결정론은 논의의 여지가 없는 확고한 이원론에 기초하고 있다. 동양의 풍수는 인간과 자연이 본질은 하나이되 별개의 현상으로 나타난다는 일원론이다. 좀 더 자세히 말해 동일한 물체가 여러 가지 형태로 나타난다[一本質 多現狀]는 것이다. 인간과 자연의 관계에 있어 풍수에서는 자연이 본래 일차적인 결정권을 가진 것으로 인정하지만, 인간은 단순히 수동적이거나 자연 환경과 대립하고, 자연의 조종을 받는 대상으로만 인식하지는 않는다. 인간이 자진해서 길지(좋은 자연 경관)를 찾으러 다니고, 집이나 무덤을 만듦으로써 비로소 인간과 자연의 관계가 시작된다. 그리고 인간은 근본적으로 자연이 만들어 준 자연 환경의 형태를 그대로 받아들여야 하지만 자연 환경의 약간 모자라는 점은 능동적으로 보충할 수 있다. 여러 산천 비보 사업이 이러한 풍수 사상을 잘 뒷받침하고 있다. 그리고 더 중요한 점은 풍수에서 길지의 힘은 자연 환경이 가진 것이지만, 발복 그 자체는 인간이 길지를 찾아 그 터에 알맞은 집을 짓거나 무덤을 만들어 관계를 이뤄야만 비로소 자연이 발복할 수 있다는 것이다. 이러한 면을 고려해 볼 때, 풍수에서는 인간과 자연의 관계가 서양의 환경 결정론처럼 단순히 일방통행적이지 않고 인간도 자연 환경에 비해 미약하고 이차적이기는 하지만 자연을 다소 수정해 영향을 줄 수 있다고 본다.

환경 결정론과 풍수 사상 모두 인간과 환경의 관계에 관한 것이지만 상당히 다른 문화의 입장에서 보았다. 아무리 수정되고 약화된 환경 결정론이라 할지라도, 서양 사상의 인간과 자연의 관계는 본질적으로 다른 개체 사이의 영향이며, 한 시스템 내의 내부적인 영향이 아니고 두 시스템 사이의 외부적 영향으로 보았다. 그리고 환경 결정론에서는 그 관계가 본질적으로 일방적이어서 자연이 환경에 영향을 미치는 것만 논하는 일방통행의 관계이다. 그러나 풍수는 두 개의 개체로 표현되어 있으나 인간과 자연은 본질적으로 같은 생기로 생성되어 육성이라 하나로 통합된 것이라 봤다. 그래서 환경이 인간에게 영향을 주는 것을 생기가 전달되고, 보존되

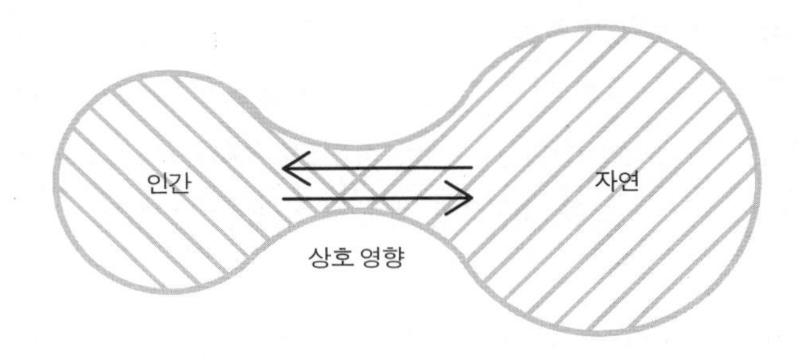

그림 10-3. 풍수 사상에서 발견할 수 있는 자연과 인간의 양방 통행 관계. Yoon, 2003을 수정 · 보완한 것이다.

고, 운용되는 일련의 시스템을 통해 행해진다고 보았고 인간과 자연은 '음양의 기' 시스템의 일부로 보았다. 그래서 풍수적 영향은 자연에서 인간으로 가는 것이 보다 더 강하지만, 인간에서 자연으로 가는 영향도 무시할 수 없는 양방 통행 관계로 보았다.

자연 환경을 이해하고 분석하는 데에 풍수설이 사용하는 잣대는 환경 결정론의 잣대와 상당히 다르다. 왜냐하면 환경 결정론은 풍수설과 달리 사람들의 문화 차이와 체질 특성을 설명하려고 하는 것과 인간과 자연의 관계 자료들을 환경 결정론의 입장에서 설명하는 원칙을 제시하는 것이 주된 목적이기 때문이다. 그러나 환경 결정론은 풍수설과 달리 제도화되지 않았고 환경 계획의 길잡이로 쓰이지 않았으며 이러한 면에서 볼 때 환경 결정론은 풍수와 같이 무엇을 어떻게 한다는 지침이기보다는 어떤 것이 왜 그렇고 그런지를 설명하는 이론이다.

이러한 환경 결정론에 대조해서, 중국과 한국의 풍수는 환경 계획론으로 제도화되어, 궁중에 풍수를 다루는 부서가 있었고 그곳에서 일하는 풍수 전문 관리는 국가 시험을 통해 선발했다. 일반인도 지관의 힘을 빌려서 각종의 환경 계획, 특히 좋은 터 잡기에 풍수술을 이용했다. 이러한 풍수설은 동아시아의 문화 경관, 특히 취락과 무덤 등에 생생히 반영되어 있다. 이런 면에서 볼 때 풍수설은 서양 환경 결정론에 대조되며, 동아시아 환경 관리의 지침이 되었으며 환경 계획을 조절하는 막강한 힘으로 존재해 왔다.

풍수설과 환경 결정론은 둘 다 인간과 자연의 관계, 특히 인간이 어떻게 바람직한 환경에 잘 적응해 사느냐를 다루기 때문에 자연히 지리학과 밀접한 관계가 있다. 여러 시기와 장소에 따라 환경 결정론은 서양 문화에서 지리학적 연구의 방향과 패턴을 주도했었고, 어떤 때는 지리학 연구의 목적이 환경 결정 인자를 규명하는 것으로 보았다. 더 나아가 20세기 초에는 지리학 자체가 환경 결정론 입장에서 정의되기도 했다. 서양의 환경 결정론같이 중국의 풍수도 지리와 밀접한 관계를 가져 왔고 지리라는 이름은 풍수를 의미하기도 하고 지리지, 즉 지지(地誌)를 의미하기도 했다. 중국이나 한국에서는 지리학과 풍수술이 같은 의미로 쓰이곤 했고 비슷한 학문으로 여겨졌다. 한국의 경우 지리 선생이란 말은 지리학(지지 또는 계통 지리)을 가르치는 사람으로 굳어 있지만 중국에서 지리 선생이라면 전문 지관이나 지리학을 가르치는 사람 모두를 의미할 수 있으며, 학교에서 지리학을 가르치는 사람과 전문 풍수술사의 호칭을 구별하지 않을 정도로 풍수와 지리를 상호 밀접한 학문으로 보았다.

서유럽 중심의 환경 결정론과 중국 중심의 풍수 사상은 동서양 문화의 유사점과 차이점을 잘 반영하고 있다. 두 사상은 모두 자연 환경이 인간의 생활을 좌우할 만큼 결정적인 요소라고 보는 점에서 같지만, 여러 면에서 다른 점이 있다. 두 사상은 인간의 본질과 자연의 본질 그리고 그들의 관계에 있어 서로 다른 관점에 뿌리박고 있다. 환경 결정론은 질적으로 별개인 자연 환경이 인간에게 영향을 끼치는 양상을 분석하려 하고, 풍수는 비록 표면적으로는 다르지만 질적으로는 동일한 인간과 자연 사이에 생기(또는 영향)가 어떻게 전달되는가, 특히 자연에서 인간에 전달되는 영향을 이해하려고 하는 사상이다.

제3부

풍수와 한국인의 지오멘털리티

'지오멘털리티(geomentality)'란 말은 내가 1983년부터 사용한 용어이다. 그해 여름 유럽 여행 중에 프랑스 파리 1대학에서 필리프 핀셔멜(Philippe Pinchemel) 교수가 소장으로 있던 지리 역사 연구소에서 동양과 서양의 지형 인식 방법을 비교하기 위한 세미나에 초청받았다. 그때 나는 서양에서는 땅 모양(지형)을 분류할 때 지형을 합리적(과학적·상식적) 기준에 따라 분류하고 해안 단구, 하안 단구, 선상지 등의 지형학 용어로 표현하지만, 동양에서는 풍수 사상에 기초를 두고 오행의 속성을 고려해 산의 모양을 금산, 목산, 수산, 화산, 토산 등으로 나눈다고 했다. 그리고 이 두 가지 전혀 다른 지형 분류 방법은 서로 다른 지오멘털리티, 즉 '땅을 보는 마음 틀'을 반영하는 것이라고 주장했다. 그 후 나는 이 개념을 발전시키려 노력했고, 느리지만 약간의 진전도 있었다. 풍수 사상은 한국인의 지오멘털리티를 구성하는 중요한 요소라고 생각한다.

제3부에서는 한국인의 지오멘털리티와 풍수 사상이 어떻게 결합되어 있는지를 구체적으로 살펴본다. 우선 명당을 둘러싼 법적 분쟁인 산송(山訟) 등에서 표출된 풍수 사상의 영향을 통해 한국인의 지오멘털리티에 풍수 사상이 어떤 식으로 녹아 있는지 살펴보고, 불교와 풍수 사상의 결합 방식을 체계적으로 분석해 본다. 그리고 옛 조선 총독부 건물의 철거를 두고 표출된 풍수 담론에 대해 살핀다.

불교와 풍수는 민간 신앙 차원에서 서로 결합해 스님들 중에는 풍수에 깊이 관여한 분들이 나타났고, 많은 경우 불교 사원 경관에서 풍수의 영향을 쉽게 찾아볼 수 있게 되었다. 불교와 풍수가 서로 녹아든 민간 신앙은 한국인의 전통적 지오멘털리티의 중요한 일면을 차지하게 되어, 풍수 설화와 택지 이론에도 자비로운 사람에게 명당이 주어진다는 풍수 택지 윤리가 등장할 정도이다.

한국인들은 일제가 경복궁 전반부를 헐어 내고 조선 총독부 건물을 지은 것은 경복궁의 풍수적 기를 끊기 위해서라고 믿고 있다. 일본인들이 경복궁에 총독부 건물을 지은 것이나 한국 정부가 1995년도에 그것을 철거한 것을 일컬어 한일 간의 '풍수 전쟁'이라고 하기도 한다. 그러나 이 사건들을 풍수적으로 해석하는 것은 이 역사적 사실의 핵심을 꿰뚫어 본 견해라고 생각하기 힘들다. 우선 일본인들이 정말 풍수를 잘 알고 경복궁의 기를 끊을 목적이었다면, 총독부 건물을 근정전 앞에 세울 것이 아니라 경복궁의 주산인 북악산과 근정전 사이, 즉 근정전 뒤편에 세웠어야 했을 것이다. 일본인들의 주된 목적은 자기들의 목적이 잘 표현되어 있는 웅장한 상징물을 조선의 정궁(正宮)의 정전(正殿)인 근정전 앞에 세워 조선의 상징물인 정전을 왜소하게 보이게 만드는 데 있었다고 해석된다. 일본 총독부는 한국인들에게 "일본의 힘은 총독부 건물같이 대단해서 감히 도전할 수 없다, 일본의 통치는 항구적이다, 또는 조선 왕조와 일본 식민 정부를 비교하면 조선 왕조는 볼품없이 낙후했다." 등의 메시지를 경관을 통해 선전하려고 한 듯하다. 따라서 풍수는 이 경관과 관련된 '전쟁'에서 핵심적인 역할이 아니라 무대를 제공하는 정도의 부수적인 역할밖에 하지 못했다고 본다. 조선 총독부 건물을 짓고 다시 철거한 사건의 핵심은 풍수 전쟁이 아니라 일본 식민주의와 한국 민족주의의 '상징물 전쟁'이었다.

제11장 한국적 지오멘털리티와 풍수

앞에서 프랑스의 정원사 앙드레 르 노트르가 만든, 베르사유 궁전의 기하학적으로 도형화된 정원을 거론한 바 있다. 이러한 인공미가 드러나 보이는 서양 정원에 비해 일본 불교 사찰의 정원은 반대로 아름다운 자연의 경치를 모방해 자연미를 살려 만든 것이다. 이 두 종류의 정원 뒤에는 서로 다른 지오멘털리티, 즉 '땅을 보는 마음 틀'이 있다.[1] 서양식 정원 뒤에는 문화적(인공적)인 것이 자연적인 것보다 아름답고 인간의 자연 지배는 당연하다는 서양 사상이 있고, 일본 정원에는 서양적인 사고와 대조되는 자연적인 것이 문화적인 것보다 더 아름답다는 동양 사상이 뒷받침하고 있다. 이러한 동양적 사고의 바탕에는 풍수 사상이 깔려 있다.

그러나 일본 정원도 자연주의를 표하며 자연을 모방한 정원이되 모든 것을 인공적으로 조성했다는 면에서는 서양과 같다. 한국 전통 문화에서는 인공적으로 자연을 모방해 정원을 조성하기보다 아름다운 자연을 찾아 담을 두르고 적당한 곳에 작은 정자를 짓고 개천에 다리를 놓고 작은 연못을 파기도 하지만 정원의 구도는 자연 그 자체를 그대로 쓴다고 한다.[2] 이는 창덕궁의 후원인 비원이나 담양의 소쇄원에서 잘 알 수 있다. 이러한 한국인의 '땅을 보는 마음 틀'과 땅을 이용하는 방법에는 불교와 유교적 사고가 중요한 역할을 했을 수 있지만, 그것보다 풍수 사상이 더 중요한 역할을 했던 것 같다. 이 글에서는 풍수 사상이 지오멘털리티, 즉 땅을 보는 마음 틀에 어떤 영향을 주었는지 고찰해 보기로 한다.

1. 지오멘털리티, 즉 땅을 보는 마음 틀

지오멘털리티란 개념은 단적으로 말해 '땅을 보는 마음 틀', '지리적 인식 행태', '지리 심성(地理心性)' 또는 '지리적 정신 구조'라고 잠정적으로 옮길 수 있을 것 같다. 그러나 이러한 우리말 표현들이 지오멘털리티란 영어 단어에 딱 들어맞는 말인지 아직 확신이 가지 않는다. 그래서 이 글에서는 그냥 '지오멘털리티' 또는 '땅을 보는 마음 틀'이라고 하겠다.[3]

지오멘털리티는 한 개인이나 집단이 땅을 보고 파악하는 마음 틀로서 사람들의 마음속에 지속성을 가지고 자리 잡은 것이다. 이러한 마음 틀은 시대와 장소가 바뀜에 따라 변할 수 있지만 쉽게 변하지 않는다. 환경과 관련된 사람들의 행태와 문화 경관 유형에는 지오멘털리티가 항상 반영되어 있다. 지오멘털리티라는 개념은 다음 세 가지를 전제로 할 때 가능하다.

① 인간에게는 '멘털리티(mentality)'라고 부를 수 있는 심성 또는 마음의 틀이 있다.

② 그 마음 틀은 어떠한 사물에 관한 마음 틀이냐에 따라 세분할 수 있다. 예를 들어 사람들의 정치적 성향은 '정치적 멘털리티'라고 할 수 있고, 경제 활동에 관한 것은 '경제적 멘털리티', 그리고 지리적 환경을 다루는 멘털리티는 '지오멘털리티'라고 세분할 수 있다.

③ 사람들의 행태(행동 유형)는 대체로 그들의 마음 틀, 즉 멘털리티를 반영한다.

이 세 가지 전제에 따르면 일본식 정원은 일본인들의 지오멘털리티를 반영하고, 프랑스 식 정원은 프랑스 사람들의 땅을 보는 마음 틀을 반영하고 있다고 볼 수 있다. 일본식 정원을 보면 그러한 정원을 좋아하고 만드는 일본인의 지오멘털리티를 짐작할 수 있다. 그래서 한 개인이나 그룹의 행태를 보고 그 개인이나 사회의 멘털리티를 짐작할 수 있는 것이다. 그러나 마음 틀, 즉 멘털리티는 개인이나 그룹의 일반적 행동 유형을 벗어난 예외적인 행동을 설명하는 데에는 도움이 되지 않는다. 예를 들어 한 채식주의자가 식당에서 음식을 잘못 분별해 고기를 먹는 것을 보았다고 하자. 이 행동은 그의 정상적인 행동 유형(behavioural pattern)에서 벗어난다. 그의 예외적인 행동을 설명하는 데 그의 '채식주의 멘털리티'는 도움이 되지 않는다. 하지만 그를 여러 날 관찰한 결과 채식만 하는 것이 그의 일반적인 형태라는 것을 알게 되었을 때, 우리는 그가 채식주의 멘털리티를 가지고 있다는 것을 알게 된다. 그래서 그의 정상적인 행태는 채식이고 '고기를 조금 먹은 사고'는 예외였음을 알 수 있다.

어떤 민족이나 문화가 갖는 지오멘털리티의 중요한 형성 요인은 여러 가지가 있겠으나 많은 경우 종교적인 신념들, 그 지역의 자연 환경, 단편적으로 산재하는 환경 사상 및 생활 방식 등을 들 수 있다. 예를 들어 서양 사람들의 지오멘털리티 형성에서는 전통적으로 성경에 나타나 있는 환경 사상이 중요하게 작용한다. 「창세기」에 의하면, 하느님은 자기 모습대로 인간을 만들고 인간에게 세상 만물을 지배하도록 축복했다. 인간에게 자연 지배 및 자연 개조에 관한 권한이 있다는 서양인의 멘털리티를 이해하려면 「창세기」 1장 27절과 「시편」 5장 5~8절을 참조해야 한다. 또 다른 예로는 뒤에서 따로 살펴볼 폴리네시아 인의 일족인 뉴질랜드 마오리 족의 지오멘털리티 형성에서 하늘을 아버지로 땅을 어머니로 나무를 맏아들로 여기는 등의 자연 가족적 마오리 족 창조 신화가 결정적으로 중요한 몫을 했다는 것이다.

2. 한국적 지오멘털리티와 풍수

이제 한국적 지오멘털리티의 정체는 무엇이고, 전통적 지오멘털리티 형성에는 어떠한 요소들이 중요한 작용을 해 왔는가 생각해 보자. 한민족의 대표적인 신화 중 하나인 단군 신화가 한국인의 지오멘털리티에 미친 영향은 거의 중요치 않은 것 같다. 대신 외국에서 들어와 내재화된 불교, 유교, 그리고 풍수 사상이 중요한 역할을 한 것으로 보인다. 그중에서도 풍수 지리설이 우리 민족의 전통적 지오멘털리티 형성에 큰 역할을 한 것 같다. 그래서 여기에서는 한국 민족의 전통적인 지오멘털리티를 형성하는 데 기여한 여러 요소들 중에서 풍수 사상이 한국인의 땅을 보는 마음 틀에 미친 영향을 고찰해 보기로 한다.

풍수 지리설이란 인간이 길지를 찾아내서 그곳에 알맞은 구조물을 설치하기 위해서 땅(경관)을 평가하는 동양 재래의 술수로서 근대화 전 한국 전통 문화에서 기본적인 지오멘털리티를 형성하는 데 지대한 영향을 끼쳤다는 증거를 쉽게 찾아볼 수 있다. 무덤 터를 둘러싼 격렬한 법적·사적 분쟁이나 산이나 강에 대한 풍수적 표현 등을 기록한 수많은 문헌들이 좋은 예일 것이다. 지금 우리가 공기의 존재를 의심하지 않듯이 우리 조상들은 산을 보고 그 형태를 분류할 때 그 모양에 따라 화산, 수산, 목산, 금산, 토산으로 나누는 것을 지극히 당연하게 생각했다. 이것은 소박하지만 풍수 사상에 근거한 일종의 민속 지형학(folk geomorphology)이라 할 수 있고, 지형의 형태(산 모양)를 '풍수적으로 땅을 파악하는 마음 틀'이라고 할 수 있다. 한국인의 지오멘털리티 저변에 풍수 지리설이 있다는 사실은 재래 마을의 위치, 전통 가옥의 배치와 대문의 좌향을 봐도 분명하며 전통적 도시의 위치 및 도시 계획, 능묘의 위치 및 형태에도 잘 나타나 있다.

풍수의 기본 원리는 아주 간단하다. 길지는 3면이 산으로 둘러싸여 바람이 자고 앞은 열려 있으며 물이 전면에 있으나 그 지점 자체는 마른 곳으로 양지바른(햇볕이 잘 드는) 곳이다. 길지라고 할 만한 곳에는 거의 틀림없이 우리 조상의 얼이 담긴 문화 경관이 들어차 있다. 이와 같은 풍수설의 원리와 한국 문화 경관에 관한 것은 이미 앞에서 이야기했으니 재론하지 않겠다. 다만 우리 조상의 지오멘털리티가 풍수 지리설의 영향을 얼마나 많이 받았는가 설명하기 위해 산송을 잠시 생각해 보겠다.

한국인들은 전통적으로 땅에는 길지와 흉지가 있다고 믿어서 명당을 찾는 데 많은 노력을 기울였다. 집터나 묏자리로 쓸 명당을 차지하기 위해 온갖 수단을 가리지 않기 일쑤였다. 명당에 대한 집착은 종종 법적·사적 분쟁으로까지 번지곤 했다. 명당을 지키거나 차지하려는 데에서 빚어진 갈등은 현존하는 조선 시대의 고문서에도 잘 나타나 있다. 서울대학교 규장각에 보존되어 있는 고문서의 10퍼센트(4,700건)가 소지류(所志類)로 분류되는 소장(訴狀, 진정서 또는 소송 제기 문서)인데, 이 소장들의 태반이 산송 문서

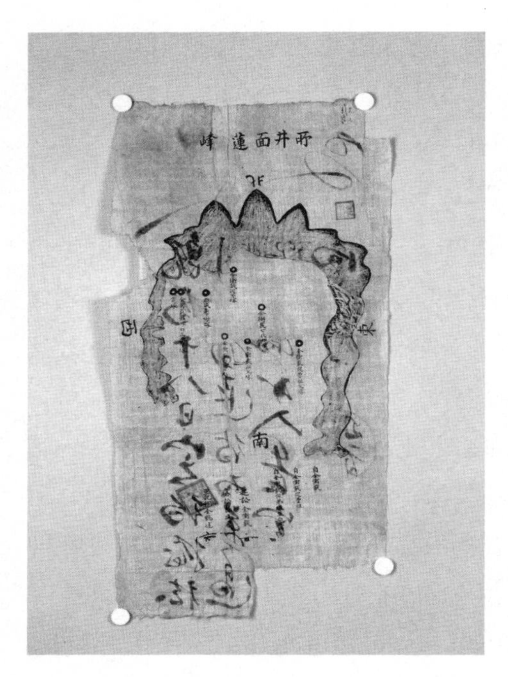

그림 11-1. 대한제국 시대에 만들어진 산송 문서. 전북대학교 소장 자료.

(山訟文書)라고 한다.[4] "싸우고 구타하는 살상 사건의 반이 묘지 풍수로 인한 분쟁 때문"이라는 정약용의 개탄은 현존하는 고문서로도 충분히 증명되는 셈이다.[5] 정약용은 또 정관(鄭琯)의 말을 인용해 풍수에서 비롯된 사람들의 행태를 개탄하길 "또 묏자리를 다투느라 송사를 벌여 어버이 시신이 땅에 들어가기도 전에 집안이 이미 쑥대밭이 되는 일이 있고, 형제간에 각기 화복(禍福)이 다르다는 풍수의 말에 빠져 심지어는 골육(骨肉)이 서로 원수가 되는 일이 있다."고 했다.[6]

19세기의 프랑스 선교사 달레(Dallet) 신부는 당시 한국인들이 명당을 차지하기 위해 피비린내 나는 싸움도 마다하지 않았다고 기록했으며, 한 평민이 결사적으로 명당을 지키고자 한 이야기를 다음과 같이 남겼다.[7]

> 평민들은 자기들의 묘를 보호하기에 온갖 힘을 다한다. 한때 어느 고을 아전들이 가난한 평민이 가지고 있는 터에 강제로 한 아전의 묘를 쓰고자 했다. 그 평민은 자기의 저항이 소용없다는 것을 알고 조용히 아전들이 매장하는 것을 구

경했다. 매장식이 끝난 뒤 매장꾼들에게 술을 한 잔씩 권하니 이들은 받아 마셨다. 그다음에는 아주 침착하게 자기 넓적다리의 살을 베어 피가 뚝뚝 떨어지는 살점을 술안주하라고 그들에게 줬다. 고을 원님은 이 사실을 알게 되고 백성들이 그 아전들을 몹시 저주하는 소리를 듣자 그들을 엄벌에 처하고, 묻은 시체를 파내어 그 무덤 터를 원래 주인에게 돌려주게 했다.

또 달레는 신분이 가장 낮은 층에 속했던 쇠백정이 양반에게 조상의 묏자리를 침해당했을 때 행한 해학적인 저항을 다음과 같이 전하고 있다.

아주 권력 있는 양반이 자기 어머니의 무덤을 백정의 아버지 무덤과 아주 가까운 곳에 장사지내기로 했다. 백정은 저항은 고사하고, 양반의 어머니 장사지내는 것을 잘 도와주었고, 그래서 그는 새 무덤의 묘지기가 되었다. 백정은 며칠 뒤 두 무덤 사이에 울타리를 세웠다. 양반이 자기 어머니 무덤에 성묘하러 와 어찌된 일이냐고 물었더니, 그는 그렇게 울타리를 칠 수밖에 없었다고 했다. 양반이 그 이유를 다그쳐 물어도 백정은 죽어도 그 이유를 알려 줄 수 없다고 했다. 양반이 달래며 벌을 주지 않겠다고 하자, 그는 며칠 전 밤에 자기 아버지 시체가 일어나서 양반 어머니 산소로 걸어가는 것을 보았는데 그 이상은 감히 말씀드릴 수 없을 만큼 망측한 것이었다고 했다. 그래서 이러한 망측한 짓을 막기 위해 울타리를 만들었다고 했다. 이야기를 듣고 양반은 창피해 한 마디 대답도 못하고, 그날 저녁으로 자기 어머니의 시체를 다른 곳으로 옮겼다고 한다.

이렇게 달레는 힘없는 하층민들의 소극적인 저항뿐 아니라 무덤을 둘러싼 좀 더 적극적인 충돌도 다음과 같이 소개하고 있다.

몇 해 전 선교사가 살고 있던 곳의 뒷산에서 부친상을 당한 돈 많은 상인이 좋은 산소 자리를 발견했다. 그곳 근처에는 양반의 무덤 몇 기가 있었으나 법적으로는 충분히 떨어져 있는 거리여서 그 상인이 산소를 쓸 권리가 있었다. 그러나 조선에서는 더 힘센 자의 의견이 가장 옳은 것이므로, 양반이 그것을 반대했다. 장사꾼은 끝끝내 버티고 어떠한 저항도 막기 위해 장정 백 명쯤을 사서 규정에 따라 매장을 하고 물러갔다. 때는 저녁 6시경이었다. 그 땅(무덤)의 소유자인 양반들은 거기서 약 30리 떨어진 곳에 살고 있었는데, 아침 일찍 기별을 받았으나 두세 명의 사람과 반 시간 늦게야 그 매장지에 도착했다. 그들은 이미 산을 뺏긴 것이다. 갓 묻은 시체에는 감히 손을 댈 수 없으므로 그들은 일당을 데리고 장사꾼을 뒤쫓아 가서 그의 심복들을 때리고 상인도 잡아서 손발을 묶어 무서운 소리들을 지르는 가운데, 그의 아버지의 무덤까지 떠메 갔다. 이 가엾은 상인은 공포와 피로로 초주검이 되어 삽질을 했다. 그러자 다른 사람들도 시체를 파낼 수가 있었으므로 그것은 몇 분밖에 걸리지 않았고, 장사꾼은 다른 데 가서 산소 자리를 찾아야만 했다.

이와 같이 명당을 이미 차지하고 있는 이는 타인의 침범을 필사적으로 방어하려고 하고 명당을 갖지 못한 이는 기회만 있으면 명당을 차지하려고 한다. 사실 명당에 자리한 묘에는 수많은 암장(暗葬)과 투장(偸葬), 즉 암매장의 뒷이야기가 얽혀 있다. 이는 모두 명당을 차지해서 발복을 받겠다는 한국인의 전통적 지오멘털리티의 표현이다.

이러한 풍수 지리설에 바탕을 둔 한국인의 전통적 지오멘털리티는 근래에 와서 현대적인 것으로 대체되어 가고 있다고 생각한다. 이것은 최근(특히 1960대 초반 이후) 급격히 변화하고 있는 한국의 문화 경관에 잘 나타나 있다. 도시 경관이 구미 선진국의 현대적 경관처럼 변해 감에 따라 전통적인 한옥과 골목길의 경관이 사라져 가고, 양옥, 마천루 그리고 넓고 곧은 길이 그 자리에 들어서고 있다. 서울 어디를 가나 편리성, 경제성 위주의 건물이 세워지고 시가지가 조성되면서 각 지역의 고유한 특성이 소멸되고 획일화되고 있다. 시골 경관에서도 초가지붕은 사라지고 어색하지만 경제적이고 편리한 시멘트 기와나 양철 지붕으로 바뀌었으며 논두렁이 꼬불꼬불 이어져 있던 크고 작은 논밭들은 일정 면적의 바둑판식 농경지로 바뀌었다.

가장 보수적인 무덤(분묘) 경관에서도, 단독 묘지는 공동 묘지나 좀 더 서구적인 공원 묘지로 변하고, 이제는 화장이 보편화되어 납골당이 보급되고 있는 추세이다. 이제 전통적 음택 풍수는 새로운 장례 문화에 적응해 가고 있다. 이러한 사례들을 살펴볼 때 풍수의 영향을 지대하게 받은 한국인의 전통적 지오멘털리티는 현대 문화에 맞게 변모되고, 현대 한국인의 서구 지향적이고 이윤 추구적인 기능주의 지오멘털리티로 대체되어 감을 알 수 있다. 이러한 현상은 한국의 문화 경관, 특히 아파트 주거 단지를 위시한 도시 확장이나 전국을 꿰뚫는 도로망이나 도처에 생기고 있는 공단이나 골프장 등에 잘 나타나 있다. 이러한 변화는 우리나라 지오멘털리티가 음양·오행의 조화를 추구하는 풍수 지리설에서 이윤을 추구하는 자본주의, 기능주의, 구미 지향주의에 바탕을 둔 것으로 바뀌고 있음을 말해 준다.

제12장 한국의 풍수와 불교

1. 들머리

불교 교리와 풍수의 기본 원리 체계는 아무 연관 없이 따로 발전해 온 것으로 보인다.[1] 불교는 인도에서 생성되어 중국에 전래된 종교로서 원래 교리나 경전이 중국 풍수의 영향을 받은 것으로는 보이지 않고, 반대로 중국 풍수의 기본 원리나 풍수 술서의 고전인 『청오경』과 『금낭경』이라고도 알려진 『장경』에는 불교 사상의 영향이 보이지 않는다.

그러나 불교와 풍수는 중국과 한국에서 토착화되면서 서로 상부상조하는 관계로 발전되었다. 다시 말하자면 고대의 불교나 풍수 지리설의 이론 생산자들은 서로 연관이 없었으나 두 이론 체계를 소비(사용)하는 민중사회에서는 풍수와 불교가 서로 어울려서 쓰인 것이다. 이러한 불교와 풍수의 관계는 후대에 나온 풍수 술서에도 반영되어 있다. 불교가 중국에서 성행한 이후에 씌어진 중국 풍수 술서의 시작 부분이나 마무리 부분에는 명당을 찾으려면 "적선지덕(積善之德)"이 중요하다는 구절이 보인다. 이러한 구절은 불교의 영향을 받은 것으로 볼 수 있고, 당시 불교 신앙과 풍수 지리설의 접합 양상을 암시해 준다고 하겠다. 예를 들면 당나라 때 씌어진 『설심부(雪心賦)』나 한국인에게 가장 널리 알려진 명나라의 『인자수지』 등의 문헌에서 그러한 표현을 찾아볼 수 있다.

그러나 이러한 풍수서에서도 풍수 이론을 설명하는 본론 부분, 다시 말해서 산세나 물의 조건이나 좌향의 이론을 논하는 부분에는 적선의 중요성이 거론되지 않는다. 서론이나 결론 부분에만, 명당을 찾기 위해서는 자비로운 행동을 해야 한다는 의견이 피력되어 있는 것이다. 이것은 불교의 영향을 받은 민중의 풍수 신앙이 점진적으로 지식인 등 엘리트 계층이 생산한 풍수서에 포함되어 갔음을 보여 준다. 불교 사상이나 윤리는 풍수 지리설의 택지 이론 자체에는 별 영향을 미치지 못했지만, 명당을 찾는 데에는 적선지덕이 필요하다는 식으로 마음가짐과 도덕적인 준비를 강조함으로써 민간 풍수 신앙에는 상당한 영향을 미친 것으로 보인다. 불교의 자비 사상은 결과적으로 풍수 이론의 객관성을 다소 악화시켰다. 예를 들어 명당의 발복 예언이 맞아 들어가지 않았을 경우에는 핑계거리를 제공하기도 했다.

한국 전통 사회에서는 불교뿐 아니라 유교를 위시해 무속 신앙까지도 풍수에 큰 영향을 미쳤고, 풍수 지리설 또한 이들 종교에 많은 영향을 주었다. 한국의 풍수 신앙이 한국의 전통 종교와 서로 영향을 주고받으며 접합한 점은, 사찰이나 향교 등을 포함한 종교 건축물을 지을 때 터 잡기부터 공사 과정에 이르기까지 풍수가 실제로 상당한 범위 안에서 사용된 사실과, 이 종교 시설들이나 설화 등을 풍수 비보의 수단으로 사용한 사실,

그리고 풍수 설화에 나타난 윤리 사상으로도 알 수 있다.

한국의 무속 신앙과 풍수 지리설의 관계는 한국 무가(巫歌)에 명당과 길지를 언급하는 대목이 있고, 무당이 지세(地勢)를 제압하기 위해 굿을 해야 한다고 권한다든지, 액운을 면하려면 집을 옮기거나 묘를 이장하라고 권유하는 이야기들 속에서 풍수와 무속의 접합을 쉽게 찾아볼 수 있다.

풍수 설화에는 유교의 영향도 잘 반영되어 있다. 학자들 사이에서 일반적으로 받아들여지고 있는 유교의 가부장적이고 부계 혈통적이고 시가 중심적인(patriarchal, patrilineal and patrilocal relationships) 사회 인륜 관계 특징들이 풍수 설화에 잘 나타나 있는 것이다. 가족이 가장의 지시를 따르고 아버지로부터 아들로 이어지는 혈통이 주축이 되고, 사는 곳도 남편 쪽을 따르는 것이 유교 사회에서는 당연했다. 딸은 시집가면 남편의 집으로 옮겨 시집에서 살며(친정에 가서 사는 것을 수치로 여기고), 시집의 가족에 편입되어 시집을 위해 살다가 생을 마쳐 소위 시집 귀신이 되는 것이 정상이었다. 시집온 며느리는 시집의 식구로서 시집의 명예와 번영을 위해 일할 의무와 권리가 있었다.

이러한 유교적 윤리관이 풍수 설화에는 잘 표현되어 있다. 예를 들면 안동 유씨 묘지나 송씨 발복의 명당 같은 이야기를 보면 시집간 딸이 자기 친정을 속이고 돌아가신 친정아버지를 위해 파 놓은 명당(묏자리)을 빼앗아 시아버지 묘를 쓰는 이야기가 나온다. 이것은 바로 시집간 딸이 친정과는 남이 되고, 시집의 번영을 위해 친정의 권익을 희생시킬 정도로 온전히 시집 식구가 되는 측면을 잘 보여 준다.[2] 이런 설화가 전국적으로 널리 퍼져 있다는 사실은 이러한 유교적 가치관이 전국적으로 일반화되어 있었고 민간의 풍수 신앙 속에도 깊이 뿌리 내렸음을 잘 보여 준다.

한국의 전통적 신앙 중에서 주종을 이루는 불교와 유교가 토착화된 풍수 지리설에 미친 영향은 지대하다. 그러나 불교가 유교보다 풍수와 더 밀착되어 있는 것 같다. 한국 불교 교리와 풍수 원리는 서로 연관된 것이 아니지만, 전통적으로 한국 불교의 승려들 중에는 풍수에 익숙한 풍수 승이 많고, 절을 지을 터를 잡는 데 풍수적 관점에서 결정하는 경향이 역력하기 때문이다. 실제로 지세를 누른다든가 보충하기 위한 풍수 비보의 수단으로 절을 짓는다든지 하는 이야기나, 자비를 베풀어야 명당을 차지한다는 식의 이야기가 한국 풍수 설화에서는 많이 발견된다. 따라서 불교와 풍수 신앙이 어떠한 연관 관계를 가지고 있는지 체계적·종합적으로 조감해 보는 것이 필요하다. 그러나 아직까지 한국의 민간 신앙으로서의 풍수와 불교의 전반적인 관계를 체계적으로 파악해 보려 한 연구는 없는 것 같다. 이는 한국 학자들이 민간 신앙으로서의 풍수와 불교의 관계가 밀접하다는 것을 당연하게 여겨 온 결과가 아닌가 한다.

학자들은 불교와 풍수의 관계의 일면인 풍수 승, 풍수 비보를 위한 사탑, 명당에 위치한 사찰 등의 연구를 각각의 연구 주제로만 규명하려고 했고 민간 신앙으로서의 풍수와 불교의 관계 전반을 정리해 설명하지 않았다.[3] 예를 들어 풍수 비보 사탑 연구는 사탑이 풍수 비보의 목적으로 건립된 사실을 조사·설명하는 것이 목적이지 풍수 비보 사탑이 불교와 풍수의 관계 전반을 규명하는 데 어떠한 의미가 있는지는 고려하지 않은 듯하다. 나는 풍수와 불교의 전반적인 관계에 대한 연구가 정립된 후에야 비로소 풍수 비보 사탑의 연구가 더 의미 있게 해석될 수 있다고 생각한다. 따라서 이 글에서는 한국의 불교와 풍수가 어떠한 연관 관계를 맺고 있는가를 민간 신앙 차원에서 종합적·체계적으로 알아보려고 한다.

나는 1976년 영문으로 출판된 나의 박사 학위 논문에서 불교와 풍수와의 관계를 짧게 논의한 바 있다. 이 글은 이 논문을 기초로 해 민간 신앙

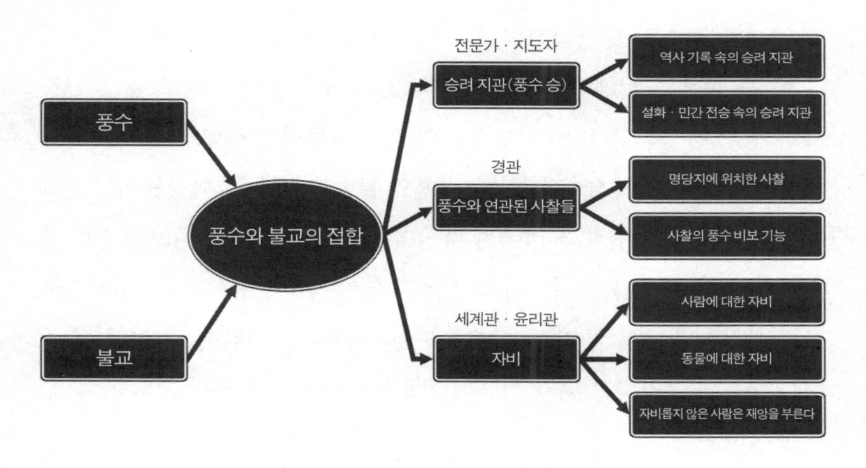

그림 12-1. 풍수와 불교의 접합 관계를 나타낸 개념도.

으로서의 풍수 지리설이 불교 신앙과 어떠한 관계가 있는지 전반적으로 살펴 본 것으로《역사민속학회지》에 2001년에 발표한 논문을 수정한 것이다.[4]

불교와 풍수의 관계 전반을 체계적으로 검토하기 위해 그림 12-1과 같이 도표로 표현될 수 있는 연구 개념 체계(conceptual framework)를 설정하고 풍수와 불교가 접합되어 나타난 세 가지 중요한 측면, 즉 전문가·지도자 측면에서 풍수 승, 경관 측면에서는 풍수 사찰과 사탑, 그리고 세계관·윤리관 측면에서는 여러 가지가 있지만 풍수 설화에서 가장 두드러지게 나타나는 자비 사상을 차례로 알아보고자 한다. 불교와 풍수의 접합 현상은 이 세 가지 측면에 국한하지 않을 것이다. 그러나 이러한 세 가지 측면이 두 신앙 체계의 접합 현상의 핵심이라고 생각되고 이들 세 가지 측면을 분석·검토함으로써 풍수와 불교의 접합 관계 전반을 더 체계적으로 종합해 알아볼 수 있다고 생각한다.

이 글을 쓰기 위해서 문헌 및 야외 조사 외에 한국의 전통 풍수 설화, 특히 풍수 전설을 많이 이용하려고 했다. 왜냐하면 설화란 본질적으로 그 저자가 알려져 있지 않은 것이 상례이고 설화의 저자는 자신들이 표현하는 의견에 책임질 필요가 없어서 자신의 감정이나 생각을 거리낌 없이 표현하기 쉽기 때문이다. 저자라는 꼬리표가 붙어 다니는 학자들의 저술에서는 이러한 자유를 누리기 힘들다. 전설과 신화 및 민담이 포함되는 설화에는 민중의 생각과 행태가 적나라하게 표현되어 있곤 하다는 것은 잘 알려진 사실이다.

신화를 종교에 비한다면, 전설은 역사에 비할 수 있고, 민담은 소설에 비할 수 있다고 한다. 전설의 특징은 사람들이 그 이야기가 실제 있었던 이야기, 즉 역사적인 사실이라고 믿는 경향이 있다는 것이다. 때로는 상당히 정확하게 구전된 실제 사실(史實)인 경우가 허다하다. 그래서 전설의 내용을 민간 신앙 차원에서의 불교와 풍수의 관계를 알아보는 데 중요한 도구로 쓸 수 있는 것이다 .

2. 풍수와 불교

풍수와 불교가 서로 주고받은 영향은 다음 세 가지 측면으로 크게 나누어 생각해 볼 수 있다. 승려와 지관이라는 전문가·지도자에 미친 영향, 한국 경관에 미친 영향 및 한국인의 의식 구조에 미친 영향이다.

전문가·지도자 측면: 승려 지관(풍수 승)

한국사에서 승려로서 풍수에 뛰어난 사람을 꼽으라면 아마도 한국 산천 비보술의 조종으로 불리는 도선과, 이성계와 깊은 인연을 가지고 야사에서 서울 천도에 큰 공헌을 한 것으로 알려진 무학을 들 수 있다. 도선은 민간 신앙으로서의 불교와 풍수를 연결시킨 이들 중 가장 오래된 사람이자 가장 중요한 사람일 것이다. 그래서 도선의 풍수 승으로서의 생애와 의의를 살펴본 후 전설에 나타난 풍수 승을 알아보겠다.

① **한국 최초의 풍수 승 도선:** 도선에 대한 정확한 전기는 남아 있지 않고 그에 관한 자료가 선각 국사 비명, 『도선 실록』 및 많은 설화 등에 상당히 전해지나 대체로 후대에 윤색되었거나 가작으로서 사료적인 가치는 낮고 신비적이고 풍수적인 면이 강조되어 있다. 그중에서 사료적 가치가 비교적 높고 상세한 것으로 백계산 옥룡사(玉龍寺) 비명을 학계에서는 으뜸으로 꼽는다.[5]

옥룡사 비명에 의하면 도선은 827년 통일신라 말인 흥덕왕 2년에 오늘날의 전라남도 영암에서 태어났고 898년 효공왕 2년에 입적한 것으로 추측된다. 도선의 출생에 대한 전설은 여럿 있는데 이는 두 종류로 나누어 볼 수 있다. 그 하나는 옥룡사 비명에 나와 있는 것이다. 도선의 어머니 강씨가 꿈에 누군가에게 받은 구슬 한 개를 삼킨 후 태기가 있었고 얼마 후 도선을 낳았다. 그리고 그는 어렸을 때부터 비범해 불법을 공경하는 것 같아 보였고, 부모는 그가 훌륭한 스님이 될 줄 알고 그러도록 허락했다.[6] 다른 하나는 앞의 것보다 널리 퍼져 있는 이야기로, 이상하게도 한 처녀가 큰 오이를 먹고 아이를 낳았는데 그 아이가 도선이 되었다고 한다. 이러한 종류의 설화는 줄거리가 같고 내용이 비슷한데 도선의 고향으로 일컬어지는 영암의 구림 마을에서 채록된 전설과 화순에서 채록된 것 등이 있다.

영암 구림 마을에서 채록된 전설은 이렇게 시작된다.

> 옛날 최씨라는 사람이 꽤 큰 밭을 가지고 있었다. 이 밭에는 길이가 한 자나 넘는 오이가 있어 집안사람들은 이것을 이상히 생각하고 있었다. 어느날 최씨의 딸이 몰래 오이를 먹어 버렸다(일설에는 최씨 딸이 냇가에서 빨래를 하던 중 오이가 떠 내려와서 먹었다고도 한다.). 그 뒤 점점 배가 불러 열 달 만에 사내아이를 낳으니 부모가 소문날 것을 꺼려 숲 속에 갖다 버렸다. 이레 되는 날 궁금해서 최씨 딸이가 보니 비둘기 두 마리가 날개로 아기를 덮고 있는 것이 아닌가. 부모에게 고하니 또한 이상히 여겨 아기를 데려다 기르게 되었다. 점점 자라 출가하니 이 아이가 바로 뒤에 도선 국사가 되었다.[7]

이 전설은 나라의 시조나 역사상의 뛰어난 영웅의 탄생 신화에서나 볼 수 있는 신비적이고 신성한 방법으로 도선이 출생했다고 표현하고 있다. 도선을 역사상의 영웅으로 취급하고 있다고 볼 수 있다.

도선의 출생에 대해 이러한 전설이 있다는 사실 자체가 그가 얼마나 민중에게 추앙받는 사람이었던가 말해 준다. 아주 중요한 인물(영웅들)이 아니고서는 평범한 개인에게는 신비로운 탄생 전설(신화)이 없는 것이 상례이다. 그런데 도선에게 심지어 두 유형의, 여러 편의 설화가 있다는 것은 민중 신앙에 있어서 그가 중요한 인물임을 말해 준다. 그의 출생뿐 아니라 그의 생애 전체가 베일에 싸인 전설의 소재였으며 한국의 수많은 사찰이 도선 국사와 관련이 있다고 전해지고 있다. 그 한 예로 전라남도에 있는 사찰의 절반 이상은 도선 국사가 창건했다고 전해지고 있다고 한다.[8] 실제로 도선이 창건한 절은 이보다 훨씬 적을 것으로 보인다. 그러나 이러한 이야기에서 확인할 수 있는 중요한 사실은 도선이 전라남도 지방의 민중 신앙에서 아주 중요한 사람이었다는 것이다. 그는 전라남도 지방에 세워진 불교 사찰의 경관에 큰 영향을 미친 인물로 오랫동안 추앙받은 것이다.

옥룡사 비명에 의하면 도선은 열다섯에 월유산 화엄사로 출가해 스물셋의 나이에 혜철 선사로부터 계를 받고 선승이 되었다고 한다.[9] 비명은 또 전하기를 그가 스물아홉 이전에 지리산에서 이인(異人)을 만나고 남해 물가에서 그로부터 산천순역(山川順逆)의 형세에 대해 배웠다고 하는데, 최창조는 이를 자생 풍수 습득의 기회로 본다.[10] 그러나 한국에서 사용해 온 풍수의 원리들과 풍수 술서는 모두 중국에서 온 것으로 보인다.

도선은 당대 유명한 선승이었지만 풍수술에도 조예가 깊은 스님으로 꼽히게 된 것으로 보인다. 고려 태조의 「훈요십조」를 보면 수없이 많은 사찰 건립지를 도선이 점지했다고 전해지며, 후세에 나온 여러 풍수 비기 및 예언서와 도참서에 자주 거론되기도 했다. 도선은 한국 불교 신앙과 풍수 신앙을 연결하는 핵심 고리인 것이다. 도선 이후 승려가 풍수에 능한 것은 자연스러운 일이 되었다. 그러나 도선보다 한국 불교와 풍수 지리를 연결하는 데 중요한 몫을 한 사람은 없는 것으로 보인다.

② **풍수 설화에 자주 나오는 풍수 승들:** 풍수 설화에는 풍수술에 밝은 승려들이 종종 등장해 사람들에게 명당을 잡아 준다. 전설에 나오는 풍수 승은 대체로 두 가지 유형을 보인다. 첫째, 풍수 승의 지세에 대한 풍수적 언급을 엿듣고 명당 잡는 유형의 이야기가 있고, 둘째, 풍수 승이 은혜의 보답으로 명당을 점지해 주는 유형의 이야기가 있다. 첫째 유형은 많은 경우 풍수에 조예가 깊은 승려들이 어딘가를 지나다가 명당을 보고 혼잣말로 또는 자기들끼리 어디가 명당이라고 하는 말을 엿들은 그 지역 사람이 승려들에게 명당을 알려 달라고 졸라서 획득한다는 식인데, 함경남도 함흥에 있는 정화릉(定和陵) 전설에 나오는 풍수 승이 그 한 예이다.

태조의 아버지 환조가 돌아가시었으므로 묏자리 선정에 고심을 하고 있을 즈음에 어느날의 일, 늙고 젊은 두 중이 환조의 매장지로 정해져 있는 산을 보고 지나가다가 늙은 중이 젊은 중을 보고 하는 말이, 아랫자리는 장상(將相)이 날 터이지만, 윗자리는 왕후(王侯)가 날 터이다 하며 이야기하고 있었다.

이 이야기를 곁에서 듣고 있던 초동이 뛰어가서 이성계에게 그 이야기를 고했더니, 그는 빨리 그 중을 쫓아서 붙잡고 간절히 좋은 터를 가르쳐 달라고 간청했다. 그래서 두 중은 이성계와 같이 다시 그 산으로 가서 그에게, 윗자리는 왕후의 터고, 아랫자리는 장상의 터다 하고 말했다. 그는 이 중의 말을 듣고 위에 있는 터를 취했는데, 그 무덤이 곧 함흥 정화릉으로 뒷날 그는 과연 이씨 조선의 나라를 세웠다.[11]

지관은 명당을 찾기 위해 여행한다. 조선 시대 승려는 주로 산 속 절에 살았고 시주를 받으러 동네에 내려오거나, 한 절에서 다른 절로 옮길 때 오래 걸어야 했다. 유랑하는 승려는 조선 시대 시골 사람들에게 익숙한 이미지였다. 풍수에 조예가 있던 승려들은 여행을 하면서 자연히 주위 산천의 풍수에 대해 평을 하고 명당의 유무를 이야기했을 것이다. 이것을 들은 사람들이 승려들에게 묏자리를 잡아 달라고 부탁하곤 했을 것이다. 정화릉에 얽힌 전설은 당시의 사회 환경을 잘 반영하고 있는 것으로 보인다.

둘째 유형의 이야기는 곤경에 처한 승려가 착한 이로부터 도움을 받거나 대접을 잘 받고 그 대가로 명당을 점지해 주는 것이다. 그 한 예를 전라북도 익산군 금마면에 있는 괘등이란 곳에 대한 전설에서 찾아볼 수 있다.

미럭산 사자암으 서편에 장군봉이란 봉이 있고 이 봉으 남쪽 바로 밑에 괘등이라는 툭 나온 날등이 있다. 이 괘등이 대단히 좋은 명당 자리라고 헌다. 사자암에는 민일이라는 지리에 밝은 주지가 있었는듸 이 주지가 동네에 네레갔다가 어떤 가난헌 사람으 집이서 후대를 받었다. 이 주지는 이 집 사람으 고마운 마음씨에 보답허고 싶어서 괘등이란 듸가 명당 자리니 것다 뫼를 씨라고 험서 얕이 씨고 분봉허라고 했다. 이 말을 엿들은 어떤 부자가 그 명당 자리를 지가 씨것다고 얼른 가서 암도 모르게 뫼를 썻다. 그런듸 이 부자는 분봉허라는 말은 들었지만 얕이 씨라는 말을 못 들어서 짚이 파고 뫼를 썼다. 그런듸 부자는 명당 바람이 나지 않고 되려 망하고 말었다. 가난헌 사람은 얕이 파고 뫼를 써서 부재가 됬다.[12]

이 유형의 풍수 설화는 전국에 매우 널리 퍼져 있는데 불교의 중심 윤리인 자비, 즉 착한 마음을 가진 이가 보상을 받는다는 윤리관이 풍수 지리 신앙에 결합되어 있음을 볼 수 있다. 이 자비로운 행동에 대한 보상이 풍수 승이 길지를 점지해 주는 것을 통해 실현된다는 것 또한 불교와 풍수가 민간 신앙 차원에서 결합되어 있음을 보여 준다. 이는 불교가 한국에 토착화되는 과정에서 풍수의 영향을 깊이 받고 동시에 풍수를 포용한 결과로 보인다.

불교의 승려로서 풍수술의 전문 지식을 가지고 명당을 잡기도 한 승려를 풍수 승이라고 할 수 있는데, 옛이야기에 풍수 승이 명당을 잡는 것이 자주 보이는 면이나, 한국의 많은 사찰이 명당에 입지하고 있는 면이나, 또는 실제로 아직도 승려로서 풍수에 깊은 지식을 갖고 있는 스님이 드물지 않다는 세간의 이야기들은 풍수와 불교가 접합된 상황을 잘 설명한다. 풍수 승은 지사와 승려의 두 전문직을 함께 수행하는, 말하자면 한 사람이 두 가지 전문직을 겸하고 있는 경우라고 볼 수 있다.

경관적 측면: 사찰 위치와 자연 환경

풍수와 불교의 관계는 불교 사탑이 건립된 위치를 통해서도 분명히 드러난다. 조선 시대나 그 이전에 지은 절로서 지금 현존하고 있는 불교 사찰은 거의 모두가 ① 풍수적으로 명당이거나, ② 풍수 비보적인 면에서 중요한 곳에 위치하고 있다. 한국의 절을 풍수적 명당에 지었다는 기록 중 가장 오래된 것은 최치원이 쓴 숭복사 비문이다. 이 비문에는 중국 풍수의 조종으로 알려진 청오자의 이름이 나오는가 하면 풍수 전문 용어가 나오고, 798년에 원성왕이 죽은 뒤 의견 대립이 있었음에도 불구하고 곡사라는 절을 헐고 그곳을 왕릉으로 했다는 기록이 나온다.[13] 이렇게 풍수적 명당 터를 두고 불교 사찰과 왕릉이 서로 경합을 벌였고 결국 절을 헐고 왕릉이 그 터를 차지하게 되었다는 기록을 보면 아무리 늦어도 신라 시대 8세기 말에는 이미 상당수의 절들이 풍수술을 이용해 길지에 절터를 잡았던 것으로 보인다. 그러나 풍수 비보를 위해 불교와 풍수가 서로 협조하고 산천의 지세를 보완하기 위해 사찰을 건립했다는 기록은 고려 태조의 「훈요십조」가 처음이 아닌가 한다.

① **고려 태조의 풍수 신앙과 사찰 건립:** 한국 전통 사찰의 터가 풍수 지리설과 밀접한 관계가 있음을 보여 주는 문헌적 근거는 고려 태조 왕건의 「훈요십조」 제2조에 있는 기록이다. 이 기록을 보면 당시 수많은 사찰들이 풍수 지리를 고려해 지은 것임을 알 수 있다. 943년 4월에 태조가 내전에 나가 앉아 친히 자신의 후손들에게 내린 「훈요십조」 중 제2조의 내용은 다음과 같다.

둘째로, 모든 사원들은 모두 도선의 의견에 의해 국내 산천의 좋고 나쁜 것을 가려서 창건한 것이다. 도선의 말에 의하면 자기가 선정한 이외에 함부로 사원을 짓는다면 지덕을 훼손시켜 국운이 길지 못할 것이라고 했다. 내가 생각하건 대 후세의 국왕, 공후, 왕비, 대관 들이 각기 원당(願堂)이라는 명칭으로 더 많은 사원들을 증축할 것이니 이것이 크게 근심되는 바이다. 신라 말기에 사원들을 야단스럽게 세워서 지덕을 훼손시켰고 결국은 나라가 멸망했으니 어찌 경계할 일이 아니겠는가?[14]

이렇게 자손들에게 사찰들은 이미 모두 풍수적으로 적당한 지점에 지어져 있으니, 더 이상 사찰을 함부로 짓지 말라고 한 태조 자신은 재위 동안 많은 사찰을 지었다. 『고려사』에 의하면 936년(태조 19년) 12월에는 광흥사, 현성사, 미륵사, 사천왕사 등을 창건하고 또 연산(連山)에 개태사(開泰寺)를 세웠다.[15] 또 940년(태조 23년) 가을에 왕사 충담을 위해 원주 영봉산 흥법사에 탑을 세웠고, 그해 12월에는 개태사가 완성되어 화엄 법회를 열고 왕이 친히 소문(疏文)을 지었으며, 그해에 또 신흥사(新興寺)를 중수하고 공신탑을 세웠다는 기록이 있다.[16]

이러한 고려 태조의 사탑 건축은 도선의 의견을 따라 주로 산천의 지덕을 고려해 풍수적으로 중요한 지점에 지은 것이 틀림없다고 볼 수 있다. 이러한 태조의 행위를 가지고 그가 전적으로 풍수적 도참설에 빠져 있었기 때문이라고 해석할 수는 없다. 풍수를 상당히 신봉하고 있었던 점은 부인할 수 없지만, 그가 불교와 풍수 지리에 지나치게 심취해 있었던 것처럼 보인 것은 그가 그 당시 민중들 사이에 널리 퍼져 있던 풍수와 불교를 정치적으로 이용해 민심을 사로잡기 위한 수단이었을 수도 있다. 실제로 이를 암시하는 기록이 보인다. 고려 태조가 당시 후삼국을 통일하기 위해 안간힘을 쓰던 시기에, 민심은 어지러웠고 여러 가지 유언과 예언과 도참이 성행했으며 토착화된 풍수와 불교 신앙이 민중 속에서 크게 일고 있었다. 태조는 이러한 민중의 깊은 풍수 신앙을 고려해 전국 산천의 중요한 요소에 사탑을 건립해 민심을 얻으려고 했던 듯하다. 이는 최자의 『보한집』 상권에 수록된 다음과 같은 기록을 통해 추리해 볼 수 있다.

> 태조는 전쟁을 하고 나라를 세우려던 시기에 음양설과 불교에 대해 관심을 가지고 있었다. 참모 최응이 태조에게 간해 아뢰었다. 전해 오는 말에 혼란할 때에는 문치(文治)에 힘써서 민심을 얻는다고 했으니, 군왕의 지위에 있는 사람은 비록 전쟁을 할 때라도 반드시 문덕(文德)을 닦아야 합니다. 불교(와) 음양설에나 의지해 천하를 얻은 사람이 있다는 것을 들어 본 일이 없습니다.
>
> 태조는 최응의 말에 이렇게 대답했다. 그 말을 내가 어찌 모르겠는가? 그러나 우리나라 산수의 영험하고 기이함이 황폐하고 편벽된 곳에도 개입되어 있고, 토속적인 성질의 풍속이 불신(佛神)을 좋아하며 그로 인해 복리를 취하고자 하오. 지금은 전쟁이 끝나지도 않았고 앞날에 대한 예측조차도 할 수 없는 실정이라, 아침저녁으로 다가오는 두려움과 당혹을 어떻게 처리해야 할지를 모르고 있소. 그래서 불신의 음조(陰助)와 산수의 영험스러운 기운이 혹시 일시적인 효과라도 있을까 하는 것을 생각했을 뿐이오. 어찌 음양설이나 불신으로서 나라를 다스리며 민심을 얻는 대도(大道)로 삼으리오? 난이 평정되고 백성들이 평안을 찾게 되면 바로 풍속을 고쳐서 아름답게 교화해야 할 것이오.[17]

이 기록을 좀 더 음미해 보면, 태조는 당시 그 혼란한 시기에 민중의 깊은 불교와 풍수 신앙을 통해 민심을 고려로 기울게 하는 데, 다시 말하자면 정치적으로 이용하는 데 목적이 있고, 자신은 그저 불교와 풍수의 효력이 일시적이나마 있을까 하고 기대하는 정도이지, 결코 그 술수에 빠져 있는 사람이 아니니 걱정 말라는 것이다.[18] 그러나 그가 많은 절을 풍수 지관의 자문을 받아 풍수적으로 중요한 장소에 지은 것이나 그의 「훈요십조」에서 풍수 지리설을 강조하며 후손에게 부탁했다는 점으로 볼 때 그가 풍수를 상당히 신봉하고 있었다는 점은 의심할 여지가 없다고 보인다.

『고려사』에 나와 있는 풍수와 관계되는 태조의 여러 행태를 고려해 볼 때, 앞의 기록에 나타난 "어찌 음양설이나 불신으로서 나라를 다스리며 민심을 얻는 대도(大道)로 삼으리오?"라는 말은 태조 자신의 진심을 내보이는 것이라기보다는, 유학자인 최응의 논리적인 비판을 피하기 위한 변명의 성격이 더 강해 보인다. 말은 이렇게 무마하듯 했으나, 태조 자신은 풍수에 푹 빠져 풍수를 맹신하고 있었을 수도 있다. 어떻든 간에 고려 태조는 불교와 풍수를 결합해 신봉한 이들 중에 가장 잘 알려진 사람이라고 할 수 있으며 기록에 남은 최초의 군왕일 것이다. 이 사실과 그가 이처럼 풍수를 정치적으로 이용해 민심을 다스리려고 했다는 사실은 당시 풍수가 얼마나 민간에서 성행하고 있었고 불교와 풍수가 얼마나 잘 결합되어 있었는가를 시사한다.

② **풍수 비보를 위한 사찰**: 한국 사찰 중 다수의 창건 전설에는 풍수적인 요소가 다분하고, 실제 절터를 답사해 보면 풍수적으로 명당지나 풍수 비보로 중요한 곳에 위치하고 있는 것을 확인할 수 있다. 고려 태조의 「훈요십조」에서 볼 수 있는 것처럼 한국 도처에 있는 많은 사찰들이 도선과 연관되어 있다는 전설이나 기록이 있고, 이 절들은 대체로 풍수 비보의 목적으로 건립된 것으로 보인다. 풍수 비보를 목적으로 건립된 사찰과 사탑 중 도선의 이름이 연관되지 않은 것도 많은데, 그중 하나가 『신증동국여지승람』에도 기록되어 있는 호갑사(虎岬寺) 건립에 대한 이야기다. 호암산 호갑사의 건립에 대한 전설은 『신증동국여지승람』 경기도 금천현 산천조에 다음과 같이 기록되어 있다.

호암산(虎岩山): 현 동쪽 5리 지점에 있다. 범 모양과 같은 바위가 있으므로, 이름이 되었다. 윤자의 말에, 금천 동쪽에 있는 산의 우뚝한 형세가 범이 가는 것 같고, 또 험하고 위태한 바위가 있는데, 호암(虎岩)이라 부른다. 술사가 보고 바위 북쪽 모퉁이에다가 절을 세워서 호갑(虎岬)이라 했다. 거기에서 북쪽으로 7리 지점에 있는 다리를 궁교(弓橋) 라 하고, 또 북쪽 10리 지점에 사자암이 있다. 모두 범이 가는 듯한 산세를 누르려는 것이었다. 내가 경오년 봄에 어사를 그만두고 이 고을에 원으로 왔다. 고을 민속이 본래 어리석고, 나도 또한 어리석었다. 사람들은 모두 바위 때문에 그렇다는 것이고, 전부터 그것을 진압하려 한 것도 어리석지 않기 위한 까닭이라 한다.[19]

이 기록에서 저자 노사신은 풍수 비보를 믿지 않고 고을 사람들의 풍수 비보 행위를 어리석음의 소치로 보았다. 그러나 그는 고을 사람들이 고장의 산 모양과 바위 모양이 무서운 호랑이가 가는(공격하는 나쁜) 형세라고 판단해서 그러한 풍수 형세를 제압하기 위해 호랑이 절과 사자 절을 짓고 화살 다리라 해 뛰쳐나가는 호랑이 형상의 지세를 견제하려고 했던 사실을 생생하게 전해 주고 있다. 이와 같이 주민들은 풍수적으로 봐서 지나친(나쁜) 지세를 제압하기 위한 수단으로 절을 지었다는 것은 풍수와 불교가 한데 어울려 교호 작용하고 있었음을 생생하게 보여 준다.

풍수적 경관의 미비점이나 지나친 점을 인위적으로 충당하고 고치기 위해 신라에서 고려를 거쳐 조선 시대에 이르기까지, 어느 곳에서는 현대에 이르기까지, 우리 조상들은 인조 산 만들기, 인조 숲 만들기, 사탑 짓기, 장승과 같은 상징 조형물 세우기 또는 비보 목적의 땅 이름 붙이기 등 다양한 풍수 비보의 방법을 써 왔다. 이들 중 가장 널리, 그리고 노력과 돈이 상당히 들지만 중요하게 쓰인 방법이 바로 불교 사찰이나 탑을 건립하는 것이다. 다시 말해 불교의 힘을 이용해 풍수의 결함을 비보하는 것이다.

최원석의 영남 지방의 비보에 관한 박사 학위 논문에 의하면, 영남에서는 지나친 지세를 제압하기 위해, 약한 지세를 보강하기 위해, 물줄기를 바꿔 주기 위해, 약점이 있는 방향을 보완하기 위해 또는 풍수 형국을 보완하기 위해 절이나 탑을 세웠다.[20] 16~17세기 경상북도 안동 지방의 행정 조직에서 문화, 풍속까지 망라한 『영가지(永嘉誌)』에 의하면 적어도 한때 4개의 풍수 비보를 위한 탑이 세워졌고, 9개의 비보 사찰이 안동에 있었다고 한다.[21] 우리 조상들은 자기 고장의 풍수적인 약점을 보완하는 작업을 중요하게 생각하고 수행한 것으로 보인다.

비보 사찰을 통한 풍수와 불교의 접합 관계는 불교가 풍수 지리설에 영향을 준 결과로 해석된다. 왜냐하면 풍수 지리 신앙이 목적을 달성하기 위해, 다시 말하자면 명당 길지의 약점을 보완하거나 그곳의 지나치게 강한 점을 제압하기 위해 불교의 사찰을 수용했기 때문이다.

③ 명당지에 건립된 불교 사찰: 이처럼 풍수설의 입장에서 비보를 위해 불교 사탑을 이용한 것 외에, 불교에서 절을 세울 때 적극적으로 전국 산천의 명당 자리를 찾은 것은 아주 잘 알려진 사실이다. 전국의 유명 사찰들이 대체로 우리 재래 농촌에서 쓰던 삼태기 모양의 지형에 위치해 뒤쪽이 산이고 앞이 터져 있으며 개천 가까이 있는 것을 볼 때 쉽게 짐작할 수 있다. 해인사, 통도사, 송광사, 월정사 그리고 칠보사 등은 그러한 풍수적 길지에 위치해 있다.

성동환은 1999년 박사 학위 논문으로 신라 말에서 고려 초에 이르는 선종 계열 사찰의 입지를 연구했는데 구산선문의 절터 중 현재 북한의 황해도 해주에 위치한 광조사(光照寺) 터를 빼고 나머지 8개의 절터를 풍수적으로 해석했다. 그 여덟 군데의 절터는 봉림산문(鳳林山門)의 봉림사(鳳林

寺), 희양산문(曦陽山門) 봉엄사(鳳巖寺), 가지산문(迦智山門)의 보림사(寶林寺), 실상산문(實相山門)의 실상사(實相寺), 동리산문(桐裏山門)의 태안사(泰安寺), 자굴산문(자堀山門)의 굴산사지(堀山寺址), 사자산문(獅子山門)의 흥녕사지(興寧寺址), 성주산문(聖住山門)의 성주사(聖住寺) 등이다. 그의 야외 조사와 문헌 조사를 통한 연구 결론은 구산선문의 각 사찰은 계곡 물이 모여 완만히 감싸는 곳, 물을 얻기 용이하면서도 산이 사방을 둘러싼 아늑한 곳, 즉 풍수적으로 좋은 곳에 입지하고 있다는 것이다.[22]

구한말 이전에 세워진 한국의 전통 사찰이 풍수적으로 중요한 명당을 차지하고 있다는 것은 많은 사찰 설립과 관련된 전설을 훑어봐도 분명해진다. 예를 들어 경상북도 칠곡군의 송림사 터가 명당이라는 것과 이 절터를 놓고 승려와 양반이 서로 각축전을 벌인 후 결국 아슬아슬하게 불교 측이 이겨서 절을 짓게 되었다는 것이 전설로 전해지고 있다.

이조 때 풍수를 잘 보는 한 도승이 지금의 경상북도 칠곡군 송림사 터 앞을 지나가다가 그 터를 보니 참으로 좋은 터였으므로 그는 그 곳에다 절을 세우려고 했다. 그 당시 또한 유명한 풍수장이가 있어, 이 터를 보니, 참으로 좋은 터였다. 그래서 그는 어느 양반의 집에 가서 그곳이 좋은 터라는 것을 말하고 그곳에다 이장을 하기만 하면 댁에는 십 대가 연이어 정승이 나올 것이니 꼭 그곳에다 이장을 하라고 권했다. 이 말을 들은 양반은 매우 좋아하며 사람들을 시켜 그곳에다 이장을 하려고 하자, 웬 늙은 중이 그곳에다 절을 짓고자 터를 닦고 있었다.

일이 이렇게 되자 그 양반은 그 풍수장이에게 의논하니, 풍수장이는 힘센 장정들을 시켜서 그중을 땅에 엎어놓고 세 번 울 때까지 때리고 그곳에다 묘를 쓰면 악귀는 그 터에서 딴 데로 물러갈 터이니 염려 없다고 했다. 그리하여 그 양반은 풍수장이의 말대로 하고자 장정을 몇 사람 데리고 그곳으로 가 보니 그 늙은 중은 어느새 그 터에다 절을 세우고 수십 명의 중이 와서 염불을 하고 있었으므로 그 양반은 어떻게 할 수가 없어, 그 터에 묘 쓰는 것을 단념하고 말았다고 하는데, 송림사의 터는 풍수상으로는 참 좋은 터라고 한다.[23]

이 전설은 당시 불교와 유교가 서로 민간 신앙으로서 경쟁 관계였음을 보여 준다. 당시 조선 사회의 국가 기본 지도 이념이자 사회 윤리의 기본이었던 유교에게 불교가 탄압을 받고 밀리던 상황에서 불교 승려가 유교의 사대부를 따돌리고 명당을 차지하는 데 성공하는 모습을 보여 주고 있다. 이 이야기는 은근히 불교 승려의 지혜를 찬양하고 절이 명당에 들어서는 것을 지지하고 양반의 우둔함을 비웃고 있다. 당시 탄압을 받던 불교(신도)나, 양반의 억압과 수탈에 시달리던 일반 백성들의 양반을 향한 반항과 냉소의 감정이 표현되어 있다고 볼 수 있다.

한편 중요한 길지에 신비스러운 방법으로 절을 지었다는 남원사 터에 대한 전설이 있다.

용화산으 동쪽에 남원사라는 쬐그만헌 절이 있다. 이 절에는 또 허무러진 쬐그만헌 삼층탑도 있다. 이 절이 생긴 데는 이런 전설이 있다.

옛날에 어떤 사람이 남원 부사가 되어서 남원으로 내려가다가 이 절이 있던 자리서 자게 됐다. 자다가 꿈에 한 노인이 나타나서 그대가 남원에 가서 정사를 잘허고 앞날에 영광있게 허기 위해서 한가지 말을 헐티니 잘듣고 그대로 실행허라. 이 자리는 대단히 좋은 자리니 절을 세워야 하겄다. 그러니 꼭 좀 절을 지어 줘야헌다 허고는 사라졌다.

부사는 이런 꿈을 꾸고 아침에 이러나 봉께 전에 없던 탑이 하나 솟아 있었다. 부사는 꿈에 노인이 헌말이 허사가 아닌 줄 알고, 남원에 도임한 후 그 곳의 재목과 인부를 동원히서 여그다 절을 세우고 남원사라고 힛다.[24]

이 두 전설은 수많은 한국 사찰 건립에 관한 전설의 극히 일부이다. 어느 지관이 말하기를 한국의 명당은 대부분 절이 차지하고 있다고 했는데 그 말에 일리가 있다. 사실 대부분 전통 불교 사찰들은 풍수적으로 명당에 있거나, 지세를 제압하기 위한 풍수 비보 급소에 위치하고 있다. 이와 같이 한국 불교는 절터를 잡는 데 있어 풍수 지리설을 수용했고 한국 풍수는 지세를 누르거나 보강하기 위해 불교 사원이나 탑을 풍수적으로 중요한 곳에 세워 이용했다.

명당 사찰을 통한 불교와 풍수와의 접합 관계는 비보 사찰과는 반대로 풍수 지리설이 불교에 영향을 준 결과로 해석된다. 불교 측(스님)이 풍수술을 받아들여 사찰의 터를 풍수적으로 명당 길지에 잡았기 때문이다.

세계관 · 윤리관적 측면: 풍수 설화 속의 불교

한국의 민간 풍수 신앙의 특징 중 하나는 명당은 착한 사람에게 주어진다는 것이다. 내가 만난 한 지관은 여러 대에 걸쳐 적선해야 명당을 차지할 수 있다고도 했으며, 또 어떤 이는 악한 사람은 비록 자신이 명당에 있어도 명당으로 보이지 않아 차지할 수 없다고 말할 정도이다. 이렇게 윤리적인 면과 풍수를 연결시키는 양상은 풍수 이론을 기술한 고전 술서(엘리트 전통)에는 보이지 않고 민간의 풍수 신앙(민간 전승)을 잘 반영하는 풍수 설화에 적나라하게 나타나 있다. 풍수 설화에는 여러 가지 윤리관이 보이는데 가장 중요한 것들이 불교적인 것과 유교적인 것이고 명당 획득을 위해서는 주로 불교의 자비 사상이 강조되고 있다. 착하다고 할 때의 윤리 기준은 불쌍한 사람이나 동물에게 연민의 정을 가지고 도움을 주고 사랑을 베푸는 것이다.

① **사람에 대한 자비:** 불교에서는 고통을 받는 모든 인간들에 대한 자비로운 행동이 중요하다. 그리고 자비로운 자, 즉 착한 사람은 인과응보의 원칙에 의해 복을 받는다는 불교 윤리관이 풍수 설화에는 잘 나타나 있다. 그 한 예로 '활인적덕지지(活人積德之地)'라는 전설을 들 수 있다.

옛날에 어떤 여자가 산서 나물을 뜯고 있스랑깨 중이 둘이 지나감서 상자가 시님 저자리가 썩 됐십니다 했십니다. 이 말을 듣고 시님은 야아 벌로 그런 소리허넌 법이 아니다 캄서 꾸지젔십니다. 그래도 상좌는 저자리가 정싱 판서가 날 자린듸 그 자리가 그 자리가 그렇게 안되는 자럽니까? 허고 또 물었십니다. 응 벌로 그런 소리허는 법이 아니래도. 여자는 이런 말을 듣고 얼른 중으 앞질을 가로 막고서서…… 꼭 좀 가르쳐주시요 허고 한발 닦어섰십니다. 그렁깨 중도 헐수없어 저그 저 자리가 정승판서가 날 자리지만 활인적덕을 한 사람이 써야 명당이 되지 그러지 않은 사람이 써면 삼족이 멸망할 자리요. 그러니 그 자리는 벌로 써서는 안되는 자리요 했십니다.

여자는 이 말을 듣고 활인적덕이란 어떤 것입니까? 이런 것도 활인적덕이 될 수 있십니까? 하면서 이야기 하나 꺼냈십니다. 어떤 부인이 집안이 골란헌듸다가 상부(喪夫)까지 해서 헐 수 없이 유리걸식을 험서 다니는듸, 뱃속에 든 애기를 낳게 됐십니다. 그 여자으 사정이 너무 딱허고 불쌍해서 자기 집이로 데리고 와서 몸을 풀게 했십니다. 그러고 잘 구완허고 그 아가 세살 먹드락 잘 멕여 준 사람이 있는듸 그런 사람이 그 자리다가 메를 써면 됩니까 허고 물었십니다. 중은 그 말을 듣고 그런 사람이면 것다 메를 써도 좋다고 험서 여자가 몸을 풀 때 지그 집이로 데리고 가서 뭄을 풀게 헌 것은 활인이고 삼년간이나 모자를 보호해 주고 멕에 준 것은 적덕이니 이런 사람은 활인적덕한 사람이요. 그런 사람은 그 자리에 메를 씰 수 있소 했십니다.

여자는 중으 말을 듣고 사실인직 내가 그런 일을 헌 사람입니다고 말했십니다. 중은 그러냐 허고 당신 같은 분은 그 자리다 메를 써도 좋다 험서 산도화(山圖畵)를 처주고 각중에 온데 간데 없이 없어지고 말었십니다. ……

이렇게해서 활인적덕헌 자리다가 메를 썼더니 그 후손은 정싱 편서가 많이 났다고 헙니다.

그런듸 명당이라는 것은 먼저 명당을 구허는 것보다는 먼저 내 할일 좋은 일을 해 두어야 명당이 생긴다는 훈시으 이얘기 같십니다.[25]

이 이야기는 앞에서 인용한 정화릉에 대한 전설과 같이 여행 중인 두 스님이 명당을 찾아 필요한 사람에게 주는 이야기이다. 그러나 이야기는 정화릉에 대한 이야기와는 달리 '자비로운 사람에게만 명당이 발복한다.'는 메시지를 전달하고 있다. 우리는 이 이야기에서 불교의 자비 사상이 풍수 신앙에 얼마나 크게 영향을 주고 있는가 볼 수 있다. 불쌍한 사람에게 보통 사람으로서는 상상하기조차 힘들 정도로 지극한 자비를 베풀어서 뛰어난 불덕을 쌓은 사람이라야만 명당이 제대로 발복하지 그렇지 않은 사람이 그 명당을 차지하면 큰 재앙을 받는다는 것이다. 풍수 고전 술서에 의하면 명당은 어느 누가 차지하든 명당으로서 기능을 발하지 착한 사람이어야만 제대로 발복한다는 이론은 없다. 특히 악한 사람이 명당을 차지했을 때 큰 재앙을 받는 것은 고전 풍수서에는 나오지 않는다. 그러나 앞의 전설을 통해서 본 한국의 민간 풍수 신앙에서는 명당을 차지할 사람의 자비로운 덕행의 정도에 따라 명당의 질(발복의 형태)이 달라질 수 있음을 보여 준다. 풍수 고전 술서의 기본 이론이 수정되어 불교적인 자비 사상과 타협된 형태로 민간에게 소화되고 있는 것을 확인할 수 있다. 하벽수 씨의 이야기 마지막 부분에 나오는 "먼저 명당을 구허는 것보다는 먼저 내 할일 좋은 일을 해 두어야 명당이 생긴다는 훈시으 이얘기 같십니다."라는 말에도 뚜렷하게 나타나 있다.

이 전설 외에도 한국에는 수많은 풍수 전설이 착하고 자비를 베푸는 사람은 명당 길지를 구해 복을 받게 된다는 교훈을 담고 있다. 한 예를 더 든다면, 해평 윤씨 조상 묘에 관한 전설이다. 그 이야기의 줄거리는 다음과 같다.

> 윤응열은 어려서 집안이 매우 가난했는데, 그 어머니는 동네에서 착하고 마음씨 좋은 분으로 이름이 나 있었다. 하루는 구걸하는 스님을 자기 집에서 잘 대접했다. 그 스님은 고마움에 대한 보답으로 명당을 하나 잡아 주었는데 그곳이 어떤 부잣집 땅에 있었다. 그래서 윤씨 집안은 조상의 묘를 그곳에 비밀리에 쓰고(암장하고) 봉분을 하지 않았다. 그 후 발복해 집안이 크게 번창했다.[26]

풍수 설화에는 이 전설에서와 같이 자비로운 사람에게는 어떤 신비적인 경로를 통해서라도 명당이 주어진다는 요지의 이야기가 많고 이러한 이야기는 전국적으로 널리 퍼져 있다. 풍수 설화에 등장하는 유랑하는 풍수 승과 활인적덕하는 자비를 불쌍한 사람에게 베풀어야 명당 길지를 차지 할 수 있다는 사상은 불교와 풍수의 밀접한 관계를 잘 말해 주고 있다.

② 동물에 대한 자비: 중국 설화에는 동물 이야기가 흔하지 않다. 그러나 우리 전설에는 동물 소재의 전설이 비교적 풍부하며 이러한 면이 풍수 설화에도 반영되어 있다. 특히 불교는 미천한 동물을 포함해 모든 생명체를 존중하고, 자비를 베푸는 것이 기본 윤리관이다. 풍수 설화에는 이러한 윤

리관이 잘 녹아들어 있어서, 사람들이 명당을 찾아 얻는 중요한 방법으로 제시되고 있다. 풍수 전설에는 어떤 동물에게 자비를 베풀었는데 그 동물이 명당을 찾아 주었다는 것이 자주 나타나는데, 그 한 예로 함경북도의 유씨 묘지에 관한 이야기가 있다.

> 옛날, 함경북도 어느 고을에 유 씨라고 하는 힘 센 사람이 있었다. 하루는 산길을 걷고 있노라니까 길가에 한 마리의 늙은 호랑이가 업더져서 머리를 수그리고 앓고 있는 것을 보고서는 가까이 가 보았더니, 입 안에 무엇인지 끼어 있는 것이 있기에 가만히 그 호랑이의 동정을 살피니, 그것을 좀 빼내어 달라는 모양이었다. 그리하여 그는 가만 가만히 그 호랑이 곁으로 가서 한 손으로는 목덜미를 꽉 잡고 한 손으로 그것을 입 안에서 빼내어 주자, 이 호랑이는 괴로움에서 벗어나 고맙다는 듯이 몇 번이나 머리를 땅에 대고는 기쁜 듯이 산속으로 달아나 버렸다. 그런데 그 빼낸 것은 한 개의 비녀인 것으로 보아 이 호랑이가 전에 어떤 여자를 잡아먹고 이 비녀가 목구멍에 걸린 것이라고 생각했다.
>
> 그 뒤 그는 병으로 이 세상을 떠나자, 장사 지내는 날에 한 마리의 호랑이가 어디인지 나타나서, 그 영구를 잡아끌면서 무덤 터를 가리켜 주므로 그 가리킨 곳에 묻었더니, 그 후 유씨 집안에서는 [수]차 입신해 정승의 직에까지 오르고, 구대(九代)를 내려오면서 높은 벼슬을 했다고 한다.[27]

이 이야기에는 인간과 맹수의 친근감과 인간과 동물이 서로 통할 수 있음을 암시하고 있다. 인간은 사람을 해친(잡아먹은) 호랑이를 너그럽게 용서하고 치료해 준다. 이 설화에서 인간은 동물(자연 환경)을 사람과 같이 대우하고, 동물 또한 사람처럼 고마움에 보답할 수 있는 능력을 가진 존재로 인정하고 있다. 동물(호랑이)이 신통력을 가져서 은인의 장사 지내는 날을 알고 나타나 귀한 명당을 찾아 주는 것으로 묘사되고 있다. 이러한 설화에는 인간과 자연의 차별이 극소화되어 있고 인간 세계와 자연 세계의 경계가 희미하게 지워져 있으며 인간과 동물이 같은 차원에서 한데 어우러져 있음을 볼 수 있다. 이 설화에 나타나는 자연과 인간의 관계는 인간이 먼저 자비로운 행동을 했을 때 동물이 명당을 찾아 보답하는 식이다.

③ 자비롭지 않은 사람은 재앙을 부른다: 많은 풍수 설화에서는 동물이건 사람이건 간에 자비를 베푼 사람은 어떤 식으로든 복(명당)을 받곤 한다는 것이다. 같은 맥락에서 악한 사람 즉 자비롭지 못한 사람은 명당을 못 찾거나 설사 명당을 찾아 가지게 되더라도 일이 꼬여 명당을 훼손하게 되어 발복은커녕 재앙을 맞는 것을 볼 수 있다. 이는 불교의 인과응보 사상을 통해 착한 이는 복을 받고 악한 이는 벌을 받는다는 것을 강조해 사람들은 못되게 굴지 말고 자비로워야 한다는 교훈을 준다. 그 한 예가 시주를 청하는 중을 때리고 재앙을 맞은 덫고개 전설이다.

> 풍수설에 의하면 이 고개는 쥐의 형상인데 어떤 이가 이 고개에 묘를 썼다. 이 고개를 지나다가 묘를 본 어떤 중이 묘를 쓴 집에 가서 시주를 청하니 "네가 무얼 안다고 그러느냐?" 하면서 중을 몹시 때리며 학대했다. 중이 두들겨 맞고는 저를 두들겨 주되 묘의 방향을 왼쪽으로 돌리고 "고개를 낮추면 이 집 자손만대에 영화가 있으리다" 하고 가 버렸다. 이를 들은 주인은 중을 두들겨는 주었으나 욕심에 영화를 얻고 싶어 고개를 낮추고 묘를 왼쪽 방향으로 했더니 얼마 안 되어 그만 그 집안이 망했다. 그것은 중이 맞은 것에 대한 앙심을 품고 그렇게 알려 준 때문이다.[28]

이 이야기는 논리적으로 약간 잘 연결되지 않는다. 중이 시주를 청했을 때 주인이 "네가 무얼 안다고 그러느냐?" 하면서 중을 때렸다는 구절로 보아 중이 시주를 청하며 그 집안의 묘가 풍수적으로 어딘가 좀 잘못되었으니 고쳐야 한다는 식으로 말했을 것이다. 그랬어야만 주인이 네가 무얼 안다고 하면서 때렸다고 해야 맞는다. 중을 때리고 학대한 주인이 고개를 낮추고 묘를 왼쪽으로 돌렸다는 것으로 보아 그는 상당히 재력이 있는 사람으로 짐작된다. 그래서 스님이 시주를 청하며 묘를 고쳐야 한다고 했을 것이다.

우리는 이 이야기에서 자비롭지 못한 사람이나 욕심이 많은 이가 결국 망한다는 교훈을 들 수 있다. 이는 자비로운 사람이 복을 받는다는 이야기처럼 자비 사상을 강조하는 풍수 설화로 볼 수 있다. 자비를 권장하기 위해서는 자비로운 사람이 어떻게 보상을 받는지 이야기해 주는 것도 중요하지만 그렇지 못한 사람이 어떻게 벌을 받는지 이야기해 주는 것도 중요하기 때문이다. 그래서 권선징악은 엽전의 앞과 뒤처럼 함께 붙어 다니는 숙어이고 그 중요한 목적 중 하나는 자비의 윤리를 사람들에게 설명하고 강조하기 위한 것이다. 이 전설에서와 같이 악한 이가 벌을 받아 망한다는 풍수 설화도 결국은 선한 행동을 장려하는 불교 윤리관이 풍수 신앙에 끼친 영향을 반영한다고 보는 것이 옳다.

풍수 설화에 나타난 자비 사상은 불교가 일방적으로 풍수 신앙에 영향을 준 결과로 해석된다. 불교의 기본 윤리인 자비가 풍수 신앙에 수용됨으로써 불교 사상이 민간에 보다 깊이 심어지는 데 한몫을 하게 되었고, 불교 윤리관이 풍수 원리보다 우위에 서 있는 것을 암시하는 것으로 볼 수도 있다. 이러한 풍수 설화의 논리를 더 연장해 보면 결국 풍수의 명당 길지는 자비로운 사람만이 차지할 수 있고, 명당은 착한 사람에게만 발복할 것이기 때문에 자비롭지 않은 사람은 명당을 찾을 필요도 없다는 논리가 성립될 수 있다. 그리고 자비로운 이에게는 어떤 식으로든 명당이 주어지니 착한 사람 또한 명당을 구하려고 노력하지 않아도 된다는 암시라고 볼 수 있다. 다시 말하면 명당을 찾아 발복을 받고자 하는 사람들은 착한 일을 해서 적덕을 해야지, 풍수 원리를 고려해 명당을 찾을 필요가 없다는 논리가 성립될 수 있다. 그래서 착한 이든 악한 이든 풍수를 볼 필요가 없다는 풍수 무용론으로까지 논리가 전개될 가능성을 보여 준다. 그러나 실제로는 한국 전통 사회에서 착한 사람이든 악한 사람이든 많은 사람들이 명당 찾기에 혈안이었던 것으로 미루어 볼 때 풍수 설화에 나타난 불교 자비 사상이 풍수 신앙에 미친 영향은 풍수 원리의 객관성과 효율성을 좀 흐리게 하는 정도였다고 생각한다. 착한 이든 악한 이든 명당에 묻히면 자손이 발복 받는다는 풍수의 기본 원리는 근본적으로 널리 뿌리박혀 있었던 것이다.

3. 마무리

풍수 고전이나 불교 경전을 통해 볼 때 불교나 풍수의 이론 생산자들은 서로 연관이 없었으나 두 이론 체계를 소비하는 한국 민중 사회에서는 풍수와 불교가 서로 어울려서 쓰였다. 여기서 우리는 두 개의 다른 신앙 체계가 상부상조하는 관계를 가져온 데에는 그 신앙 체계의 교리나 원리가 무엇이었느냐보다는 그 원칙이 누구에 의해서 어떻게 운용되었느냐가 더 중요하다는 것을 배울 수 있다. 승려와 지관이 합쳐서 풍수 승이 되고, 명당과 사찰이 합쳐서 명당에 입지한 절이 되는 것은 이러한 면을 잘 보여 준다고 하겠다.

여기에서 불교와 풍수 사상이 어떻게 어우러져 있는지 다음 세 가지 측면에서 훑어보았다. ① 승려 지관(풍수 승), ② 사탑의 위치 및 자연 환경과 불교 사탑을 이용한 풍수 비보, ③ 풍수 설화에 나타난 불교 세계관과 윤리관. 승려 지관 측면에서는 유명한 풍수 승과 전설에 나타나는 풍수 승으로 나누어 보았고, 사탑의 자연 환경과 풍수 측면의 논의에서는 고려 태조의 풍수 신앙과 사찰 건립, 비보의 목적으로 건립된 사찰 및 명당에 건립된 불교 사찰로 분류해 알아보았다. 불교 윤리관이 풍수 사상에 미친 영향에 관해서는 모든 생명에 대한 자비 사상, 인과응보 등 여러 가지를 나누어 생각해 볼 수 있는데 여기에서는 우선 가장 중요한 불교 윤리관이라고 할 수 있고, 풍수 설화에 가장 두드러지게 나타나 있는 자비 사상을 알아보았다. 그리고 풍수 설화에 나타나는 자비 사상은 인간과 동물에 대한 자비로 나누고 '자비롭지 못한 이에 대한 재앙' 사상도 자비를 강조하는 불교 윤리 캠페인의 일환으로 취급했다.

이 글에서 논의된 불교와 풍수의 접합 상태를 요약해 보면 풍수 지리설이 불교에 미친 영향으로는 풍수 승의 성행과 명당 사찰의 건립 등이 중요하고, 불교가 풍수 지리설에 준 영향으로는 비보 사찰의 건립과 풍수 설화에 나타난 자비 사상이 두드러졌다. 어디까지나 불교와 풍수가 민간 신앙 차원에서 발생한 접합 상태를 위에서 말한 세 가지 측면을 통해 가능한 한 그 전모를 종합적이고 체계적으로 파악하려고 시도였다. 이러한 연구 노력은 주로 풍수 설화, 특히 전설이 전달해 주는 풍수의 민중 신앙 측면을 통해서 보려고 했다. 풍수와 불교의 접합 상태의 전모가 종합적으로 규명된 뒤에 왜, 언제, 어떤 과정을 통해 일어나는지 규명할 수 있을 것이다. 앞으로 풍수와 불교 신앙의 관계에 대한 연구가 보다 높은 차원에서 이루어지자면, 광범위한 사료의 수집·해석은 물론, 보다 많은 풍수 설화의 수집과 해석이 필요하고, 풍수와 불교와의 관계를 더 체계적으로 분류·파악해 연구하고 그 결과를 종합해 음미하는 것이 중요하다고 생각한다.

제13장 옛 조선 총독부 건물을 둘러싼 풍수 논쟁

1. 들어가기

옛 조선 총독부 건물이 헐렸다. 그것은 헐려야 하는 건물이었다. 경복궁을 살리기 위해서는. 너무 "노골적으로" 민족의 정기(자존심)를 짓밟은 건물이었다.[1] 나는 1995년 8월 15일 이 건물의 첨탑이 떨어져 내리는 것을 광화문 앞에서 직접 보면서 박수를 쳤다. 우리 민족이 대단하다고 생각했다. 경복궁이 이제 다시 살아나게 된다는 데에 코끝이 시큰해졌다. 그러나 이 건물을 허느냐 마느냐에 관해 말도 많았고, 일부 민간인들이 한국 정부를 상대로 민사 소송을 걸어 첨탑을 뜯어내고서도 철거 작업이 1년 이상 지연된 후에야 결국 헐렸다.

조선 태조가 서울로 천도해 경복궁을 짓게 된 동기, 일본 제국주의가 경복궁을 헐고 조선 총독부를 지은 동기, 그리고 한국 정부가 구 조선 총

그림 13-1. 조선 총독부 건물의 첨탑을 철거하는 모습. 1995년 8월 15일, 직접 촬영한 사진.

독부 건물을 헐어 낸 중요한 동기가 주로 풍수 지리설 때문이라고 일반적으로 해석하는 듯하다. 즉 태조가 풍수가의 말을 받아들여 풍수적 이유 때문에 개성에서 서울로 천도해 현재 위치에 경복궁을 지었고, 일본 식민 정부는 조선 왕조 정궁의 풍수 맥을 끊으려고 경복궁의 전반부를 헐어 내고 그 자리에 조선 총독부 건물을 지었으며, 해방 후 한국 정부는 이 풍수 기를 다시 살려 우리 민족의 자존심을 되살리고자 경복궁을 복원하게 되었다는 것이다.[2] 이러한 견해는 공식 출판물에 나온 것인 만큼 한국 정부의 공식적인 해석이라고 볼 수 있고 일반적으로 받아들여진 듯하다.

그러나 문화 지리학적 측면에서 보면 이러한 해석은 수박 겉핥기 식의 해석이다. 이 글에서는 태조가 자신의 풍수 신앙 때문에, 즉 명당을 차지해 발복을 받기 위해 서울로 천도해 경복궁을 지었다는 것은 경복궁 경관의 건립과 변천을 설명하는 데 있어 빙산의 일각과 같다고 본다. 그 근저에 깔려 있는 가장 중요한 이유는 태조가 명당을 찾아 수도를 옮겨서 발복하기를 바라는 풍수 신앙적인 염원이 아니라고 생각한다. 더 중요한 것은 태조가 당시 새로 들어선 조선 왕조의 권위와 당위성을 경관에 표현해 백성들이 이를 자연스럽게 받아들이도록 풍수설을 이용했다는 것이다. 그래서 서울을 수도로 정한 14세기 이후 정치 주도권을 쥔 세력들이 자기들의 권위와 이념을 경복궁 경관에 어떻게 표현해 민중이 당시 정권의 권력을 자연스럽게 받아들이도록 하려고 했으며 그러한 상징적인 문화 경관을 어떻게 뒤집어엎었는지 조선 태조의 한양 천도부터 조선 총독부 건물 철거와 경복궁 복원까지 훑어보고 해석해 보고자 한다.

2. 경관을 텍스트로 보기

경관을 텍스트로 보기 시작한 근원은 아무래도 자연 환경을 하느님의 뜻이 새겨진 일종의 (글자로 쓰이지 않은) 성경으로 취급해 자연에서 신의 뜻을 읽어 내어 신의 존재를 알아내려고 했던 자연 신학(physico-theology)이었던 것 같다. 최근 문화 지리학에서는 인간이 자연을 개조해 만든 경관은 대체로 다른 사람들에게 어떤 메시지를 전달하는 텍스트로 볼 수 있다고 한다. 그래서 경관은 단지 보는 것 또는 구경하는 것이 아니라 글을 읽듯이 읽어야 한다는 것이다. 그리고 글을 통해 저자가 어떤 가치관이나 사회 이념을 정당화하며 독자들이 받아들이도록 시도하듯이, 지배 계층은 그들이 만든 경관을 통해 자기들이 원하는 정치 이념이나 사회 구조를 정당화하고 그것을 백성이 자연스럽게 받아들이도록 한다는 것이다. 그리하여 시행되고 있는 정치 체제나 사회 구조가 높은 산이나 큰 바다처럼, 문화 경관, 특히 기념비적인 경관 구성에는 인간의 힘으로는 어찌할 수 없는 '자연'과 같이 극히 당연히 있어야 한다고 느끼게끔 하는 힘이 있는 것이다. 그래서 많은 경우 기념비적인 문화 경관은 사회 정치적인 이데올로기를 구체적인 실물 형태로 변형시킨 것으로 본다.[3]

서울의 경복궁과 초기 시가지는 풍수서에서 말하는 길지의 지형 조건과 좌향에 맞는 명당에 점혈해 계획해 지었다는 것이 서울의 경관에 잘 나타나 있다. 서울의 경관을 두루 살펴보는 것은 옛 사람들이 신비스럽게 여겨 온 고전 풍수 지리서에 기록된 풍수 이론을 읽는 것 같은 착각이 들 정도로 경복궁은 3면이 산으로 싸이고 앞은 평지에 접해 있는 명당에 위치해 있다. 풍수 지리설에 따라 더 구체적으로 말하자면 동쪽에는 청룡을 상징하는 낙산이 있고, 서쪽에 백호에 해당하는 인왕산이 있고, 북쪽에 현무 즉 주산인 북악산이 있는 삼태기 형태의 분지에 사대문 안의 서울 장안이 들어 있다. 이러한 지형이 남향을 하고 있으니 서울의 풍수적인 기본 조건은 구비된 것이다. 이와 같이 서울은 풍수적 길지 판정의 기본 원칙을 적용해 터를 택한 좋은 예다. 다시 말하면 서울이 수도로 결정되어 도시 경관이 이룩된 배경에는 '길지'에 관한 풍수 이론이라는 텍스트(바탕글)가 깔려 있는 것이다. 이와 같이 그 경관을 만든 사람이나 그 경관을 읽는(보는) 사람이, 구전되어 오는 것이거나 문서화된 것이건 간에 그 경관을 이룩하게 된 원전(text)을 밝힐 수 있는 것을 '초점이 맞춰진 변형'이라고 하는데 서울은 이러한 경우의 좋은 예가 된다.[4]

3. 경관의 자연화와 그 뒤집어엎기에 대한 문화 지리학적 설명

일반적으로 자연은 사람이 어쩔 수 없이 받아들여야 하는 것이며 쉽게 도전해 바꿀 수 없는 것으로 인식되어 있다. 하지만 사람은 강의 물줄기를 막아 돌리기도 하고 광물이나 돌을 채집하기 위해 높은 산을 폭파하고 평지보다 더 낮고 우묵하게 만들기도 한다. 그런데 자주 인간이 만들어 낸 특정 경관이나 기념비적인 건물들은 주위 자연 환경보다도 더 확고부동하게 그렇게 존재해야 하는 것으로 사람들 마음에 받아들여지는데 이러한 현상을 '문화 경관의 자연화'라고 한다. 예를 들면, 파리의 에펠탑이나 구시가지 또는 피렌체의 구시가지들은 자연 경관보다 더 단단하게 사람들의 마음에 자연화되어 있다. 사실 현재는 에펠탑이 없는 파리를 상상하기 힘들기 때문에 파리 시민들이 파리 주변의 자연 환경, 즉 시냇물 줄기나 구릉은 인위적으로 바꾸는 것에 동의할지언정 이 에펠탑을 부숴 없애 버리는 것에는 동의하지 않을 것 같다. 이렇게 본다면 이 에펠탑은 파리 주위의 자연 환경보다도 없애서는 안 될 것으로 더 깊이 자연화되어 있다. 문화 경관이 자연화된 좋은 본보기일 것이다.

문화 경관이 어떤 특정한 사회 정치적 이념을 표방한다든지 또는 민족정기나 민족 자존심을 표현한다고 할 때, 이 경관이 사회 정치 현상에 미치는 영향은 자못 크다. 그래서 어떤 문화 지리학자는 사회 정치 변화 과정에서 경관이 가지는 가장 큰 기능은 특정한 이념이나 가치관을 지지, 표방해 그 사회가 어떤 식으로 되어 있거나 또 어떤 모습으로 되어야 한다는 것을 사람들이 의심 없이 받아들이게 하는 것이라고 했다. 많은 경우 문화 경관은 거기에 사는 사람들의 사회 이념 및 생활의 기록인 동시에 사회적 역학 관계가 새겨져 있는 텍스트(문서와 같은 것)이기 때문이다.[5]

경복궁과 구 조선 총독부 건물은 그 자리를 보거나 또 건물 자체를 생각하든 간에 그 경관이 상징하는 정치적, 이념적 의미가 매우 크다. 이 의미심장함이 바로 풍수 지리라는 매체를 통해 표현된 것이다. 다시 말하면 조선 태조나 일본 총독부, 그리고 독립 후의 한국 정부는 경복궁의 건립과 훼손 파괴 및 총독부 건물의 건립과 철거를 통해 각각 자기네 정권을 정당화하고, 상징적인 건물 경관을 통해 백성들이 주위의 자연 경관처럼 정치 이념을 당연하게 받아들이도록 시도했다는 면에서 동일하다. 어떤 문화 경관이 모든 사람들에게 받아들여져서 한 가지로만 해석되고 다르게 해석될 가능성이 배제되었을 때, 그 경관은 자연화되어(naturalizing landscape) 있는 것이라고 한다. 그러나 이러한 경관들은 기존 지배 계층과 그 이념에 도전하는 사람이나 사고 방식에 의해 다시 해석되거나 변형될 수 있다. 이러한 경관의 변형이나 재해석을 '경관의 자연화 뒤집어엎기'라고 한다.[6] 이렇게 해석을 역전시키는 힘은 거의 폭발적일 수 있다. 옛날 영국이 인도 남단의 스리랑카 섬을 점령할 시기에 그곳에 있던 칸디 왕국(Kandyan Kingdom of Sri Lanka)의 경우에서 볼 수 있듯이 당시 정권의 정통성을 부정해 축출해 내는 원동력이 될 수도 있는 것이다.[7] 문화 경관의 '자연화'와 '자연화 뒤집어엎기' 현상이 한 문화 경관을 통해 반복해 일어날 때 우리는 이것을 문화 경관의 상징물 전쟁이라고 할 수 있다. 이러한 상징물 전쟁은 세 가지 유형으로 나누어 볼 수 있다.

첫째는 완전 파괴 후 새 것을 세우는 형(Complete Replacement type)이다. 이 방법은 어떤 문화나 지역을 정복한 정복자들이 정복된 민족이나 문화의 경관을 없애고 그 자리에 자기 민족이나 문화의 기념비적 경관을 만드는 방식이다. 기독교가 이교도들을 개종시킨 다음 그들의 성지에 기독교 대성당을 건축한 것이 그 대표적인 예이다. 유럽 각 지역에 기독교가 전파되어 이교도의 신앙을 정복했을 때, 그들의 성지 또는 교회를 부수고 그 자리에 그리스도 교회를 짓도록 한 사례는 매우 많다. 이 방법은 새로 들어온 종교로 개종한 신자가 자신들이 가졌던 재래 신앙으로 돌아가는 길을 차단하는 데 효율적인 방법으로 흔히 이용된 것으로 알려져 있다. 그리하여 이교도의 중요한 성지는 곧 중요한 그리스도교 교회 자리가 되었는데, 파리 노트르담 대성당이나 피렌체 대성당이 그 좋은 예이다. 새로 들어온 정치 종교와 문화 세력이 일정 지역을 정복하고 기존 세력의 기념비적이고 상징적인 건물이나 성지를 부수고 그 자리에 자기 것을 짓는 것은 흔한 일이다. 한국에도 중요한 무속 신앙의 장소들이 불교가 전래된 뒤 절터가 된 예가 있으며, 지금은 옛날 절터가 기독교의 성지나 교회 터로 바뀐 예가 있다.

둘째는 부분적인 파괴 후 잔재와 대비시키는 형(Palimpsest type)으로 이러한 유형은 새로운 통치 세력에게 정복된 세력이 만만찮아서 새 지배 세력이 구세력(피지배 세력으로 전락한 세력)이 자연화한 문화 경관을 훼손한 뒤 그것을 압도하는 경관을 새로 건설해 극명하게 대비시키는 방법이다. 이렇게 대조시키는 경관은 주로 구세력의 상징물을 격하하고 열등하도록 해 그들의 사기를 저하시키려는 의도가 있는 방법이라고 생각된다. 그 한 예가 일본의 경복궁 훼손과 조선 총독부 건립이라고 본다. 정복자인 일본이 피정복자인 조선의 주권의 상징인 경복궁의 전반부를 헐어 내고 정복자의 권위와 통치를 상징하는 거대한 서양식 총독부 건물을 조선 왕권의 상징인 용상이 안치된 근정전 건물과 대비시켜 지었다. 이러한 옛날 경관의 잔재를 일부러 남겨 새로운 경관과 대비시킴은 피정복자의 과거와 왕궁이 초라해 보이도록 해서 피정복자들이 이렇게 거대한 경관을 이룩한 새로운 정복자에게 대항할 수 없겠구나 하는 생각이 들도록 만드는 것이다. 이 같은 예는 세계 어느 곳에서도 찾아보기가 힘들다.

셋째는 정복된 사람들을 위한 비석 형(Monument to a 'dying race' type)이다. 이것은 새로운 통치 세력이 피정복민에 대해 아무런 위협을 느끼지 않고, 오히려 그들의 처지를 동정하는 마음이 생겨 피정복민의 기념비를 세워 주는 경우이다. 피정복민을 위한 이 기념비 경관은 정복자 입장에서 자기들 식으로 자기네 상징을 이용해 만들었기 때문에, 이러한 경관은 오히려 새로운 통치 세력의 통치 이념과 권위를 웅변하는 경우가 될 수도 있다. 뉴질랜드의 오클랜드 시내에 있는 '외나무 산(one tree hill)' 공원이 한 예일 것이다. 이 일대는 유럽 인들이 오기 전 원주민인 마오리 족이 거주하던 유적지다. 초대 오클랜드 시장이 이 유적지를 구입해 뉴질랜드 국민들에게 기증함으로써 이 일대는 문화 유산 보존 차원에서 녹지 공원으로 관리되고 있다. 이 산 꼭대기에는 마오리 족 문화와 마오리 족 무사(武士)들을 기리는 기념비가 우뚝 서 있는데, 유럽계 사람들이 세운 오벨리스크이다. 멀리서도 보이는 이 우뚝한 유럽식 기념비는 비록 마오리 족을 기념하는 것이지만 누가 이 땅의 주권을 쥐고 있는가 웅변해 주고 있다고 볼 수 있다.

이제 경복궁과 조선 총독부 건물을 둘러싼 경관 변화를 '경관 자연화 시키기'와 그 '뒤집어엎기'를 통해 상징물 전쟁이 어떻게 진행되었는지 생각해 보기로 한다.

4. 조선 태조의 경복궁 건립에서 대원군의 경복궁 복원까지

조선 태조는 왕위에 오르자, 국호를 고려에서 조선으로 바꾸기도 전에, 서둘러 새로운 수도 물색에 착수했다. 이러한 시도는 당시 풍미했던 풍수지리 도참 사상을 이용해 왕조를 갈아 치운 쿠데타를 정당화하려는 수단으로 보인다. 다시 말하면, 고려 왕조의 상징인 개성의 궁궐을 폐허로 만들고, 새 왕조의 위엄을 상징하는 새 도읍과 궁성(문화 경관)을 풍수 도참 사상에 맞추어 건립함으로써 백성들이 자연스럽게 새 왕조를 받아들이도록 했던 것으로 보인다. 태조는 당시 백성들 사이에서 유행했던 풍수 도참을 고려해 계룡산 일대, 모악산(지금의 서울 신촌) 일대, 또는 한양(지금의 서울 구 시가지 일대)을 비롯해 전국 각지를 검토하고, 계룡산에 신 도읍 건설을 시작했다가 다시 심사숙고한 끝에 결국 풍수 도참에 가장 적합한 한양으로 수도를 옮기기로 한다. 그래서 풍수적으로 주산인 북악산 밑에 경복궁을 짓고 개국 2년 만에 천도를 단행한다. 태조의 이러한 신속한 결정에는 그 당시 널리 퍼져 있던 목자(木子), 즉 이(李)씨가 서울에서 왕이 될 것이라는 풍수 도참이 크게 작용한 것 같다. 태조는 수도를 옮김으로써, 자신이 바로 풍수 도참에서 말하는 이씨로, 왕이 되어 서울에 정도한 사람이며 이제 그 풍수 도참 예언이 실현되었으니 백성들은 자기의 새로운 왕조를 받아들이라는 의도가 있었던 듯하다. 태조가 북악산 밑 풍수 혈에 경복궁을 지은 것은 물론 자기가 풍수를 신봉해 발복받기 위한 의도가 충분히 있을 수 있다. 그러나 서둘러 경복궁을 짓고 수도를 옮긴 더 중요한 의미는 왕조의 권위와 정통성을 가시적 경관으로 표현하는 데 있다고 본다. 이병도는 태조가 급히 천도하려고 한 이유는 태조 자신의 미신적 풍수 신앙에 기인한 것이라고 다음과 같이 말했다.

> 단순히 王朝 更迭에 따르는 遷都 즉 政治 人心 其他 外觀을 일신하려고 하는 천도로만 생각해서는 그 급히 서두는 眞意가 那邊에 있었는지 잘 모를 것이다. 太祖의 眞意는 그러한 사정보다도 어떠한 神秘的 思想, 속히 말하면 開京이라고 하는 地德 衰敗의 地, 亡國의 基地를 하루라도 속히 피하려고 하는 迷

信的 思想, 즉 陰陽地理(風水)적 思想에 拘泥된 까닭이었다.[8]

이병도는 그 이유 중 하나로 『태조 실록』 1392년 9월 30일의 다음 기록을 들고 있다. 즉 임금이 새로운 도읍지를 찾았을 때 서운관에서 개성 즉 고려 왕실의 도읍지만 한 곳이 없다고 하자 임금이 말하길 "망한 나라의 옛 도읍지를 어떻게 다시 쓰겠는가?" 하는 구절이다.[9]

내가 보기에 이 구절은 태조의 "미신적" 풍수 신앙을 뒷받침하는 면이 있기도 하겠지만 더 중요한 것은 문화 지리에서 말하는 이미 백성들의 마음에 자연화된 고려조의 문화 경관을 폐허화하고, 새 왕조의 당위성을 상징하는 경관을 새로운 곳에 만들어 백성들에게 보임으로써, 그들이 새로운 왕조를 보다 자연스럽게 받아들이게 하려는 의도로 해석할 수 있다. 다시 말하면 백성이 자연스럽게 받아들이고 있었던 고려 왕조의 상징인 고려 궁성과 도읍을 폐허화하고 자신의 새로운 왕조의 위엄과 정통성을 상징하는 도읍과 궁성(문화 경관)을 풍수 지리에 맞추어 지음으로써 이 새로운 경관의 자연화를 통한 조선 왕조의 당위성을 민중에게 주입시키기 원했다고 보인다. 현대인이 공기의 존재를 의심하지 않는 것과 같이 태조나 그 당시 백성들의 풍수 신앙은 의심의 여지가 없었을 것이다. 그러나 태조의 서울 천도와 경복궁 건립을 이해하는 데 있어서 풍수 지리설은 새로운 왕조의 정치적 목적 달성을 위한 수단으로 이용되었다는 면이 태조 자신의 풍수 신앙(발복을 받기 위한 목적) 때문이라는 면보다 더 중요하게 보인다.

조선 왕조의 정궁으로 쓰여 온 경복궁의 동궁이 중종 28년(1532년) 1월에 불에 타 버렸고, 명종 8년(1553년) 9월에는 사정전(思政殿) 등 대궐의 상당 부분이 또 불에 타서 소실되었다. 이때 명종은 비록 흉년이 들어 나라 사정이 어려웠지만 선대 임금들이 세운 정궁을 다시 짓지 않을 수 없다는 이유를 들어 즉시 복구 작업을 시작했다.[10] 그리하여 이듬해(1554년) 4월에 흠경각이, 6월에는 동궁이 지어졌고, 8월에는 사정전, 교태전 등 다른 전각들이 차례로 지어져 10월에 경복궁 복구 공사를 모두 마쳤다.[11] 이러한 사실은 명종의 교지(敎旨)에도 잘 나타나 있는 바와 같이 나라 사정이 어렵지만 당시 왕권의 권위와 정통성이 이어짐을 보이기 위해서는 선대 임금들이 세운 정궁, 즉 경복궁을 복원하지 않을 수 없다는 것이다. 태조의 경복궁 건립이 새로운 왕조의 당위성을 주장하는 데 중요한 목적이 있었다면, 명종의 경복궁 복원은 왕조의 정통성 계승과 왕권의 권위를 경관으로 표현하려는 목적이었다고 하겠다. 이렇게 복원된 경복궁은 1592년 임진왜란 때 왕이 일본 침입군을 피해 서울을 떠나 피란 나가자, 주로 난민들이 중앙 관청과 궁궐을 불태워 파괴했을 때 함께 전소되었다.[12] 이는 천대받던 조선 사회 하층민 계층의 집권 계층에 대한 항거이자 보복이었고, 그들의 분노가 폭발해 자신들을 착취하고 천대하던 세력을 상징하는 경관을 뒤집어엎는 행위(denaturalization of landscape)였다. 그리고 이러한 행위는 일본 침입군에게는 자기들의 침략을 변호해 주고 조선 왕의 권위를 상징하는 경관을 파괴해 버린 효과가 있었다고 보겠다.

폐허가 된 경복궁은 1865년까지 270여 년 이상 조선 왕조에 의해 방치된다. 경복궁이 왕조의 정통성과 권위의 상징일진대 그렇게나 중요한 상징적인 궁궐을 왜 빨리 복원하지 않고 임진왜란 후 그렇게 오랜 세월 방치했는가? 이것을 어떻게 해석해야 하는가? 여러 가지 이유가 있겠다. 먼저 일본이 자행한 7년간의 침략 전쟁으로 당시 조선 사회와 국토가 쑥밭이 되었고, 국력이 쇠약해 있었던 점을 들 수 있겠으나, 중요한 점은 선조가 임진왜란 직후 곧 1606년(선조 39년)에 폐허가 된 경복궁은 그대로 둔 채 창덕궁을 재건하기로 한 점을 주시해야 할 것이다. 이것은 태조가 수도를 개성

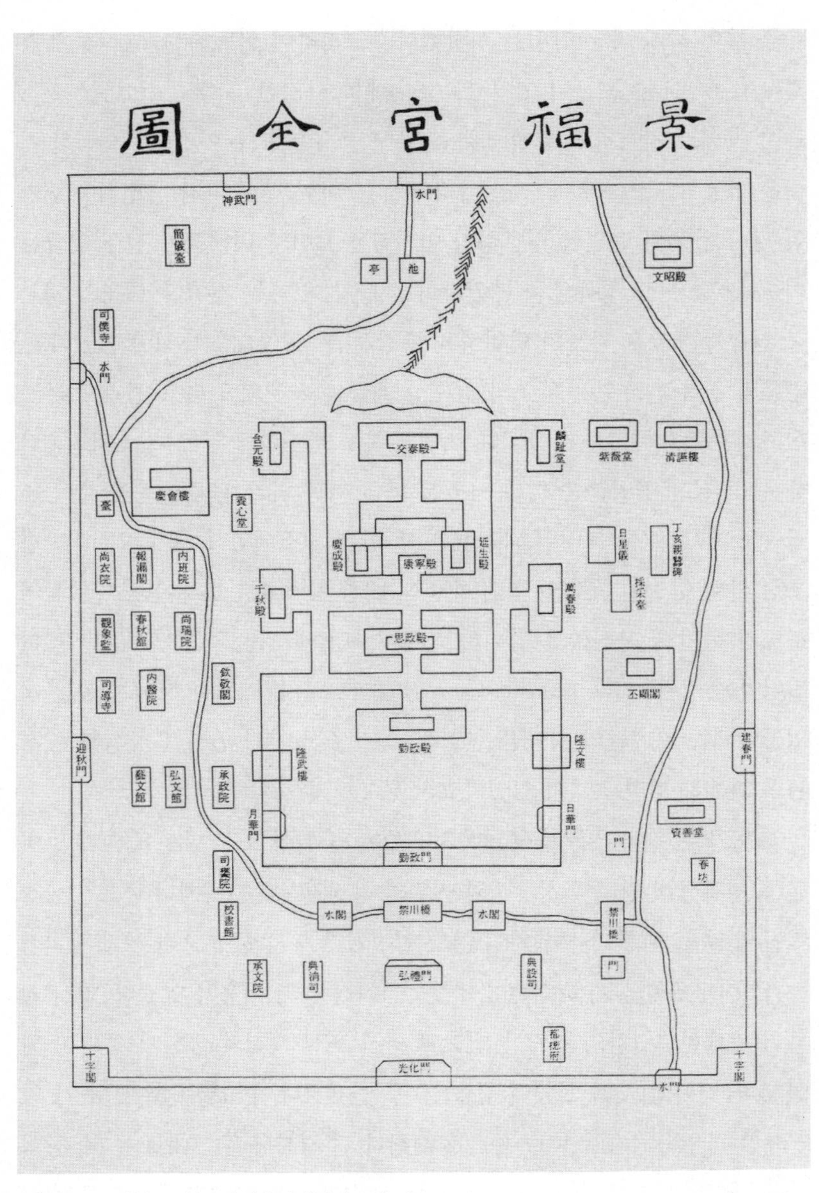

그림 13-2. 경복궁 전도. 삼성출판박물관 소장 자료.

에서 서울로 옮겨 새로운 왕조의 위용을 보여 민심을 사로잡으려 했던 것에 견주어 볼 수 있다. 다시 말하자면 선조는 조선 왕조 사상 가장 오랜 기간 동안 무자비한 외국의 침략을 당해 고생했고 자기 백성이 불태운 정궁인 경복궁을 봐야만 했다. 그래서 정권의 권위와 왕의 위신이 말이 아니었을 것이다. 이러한 기억을 되살리는 경복궁보다는 규모가 적어 공사도 쉽고, 상대적으로 부정적인 이미지도 적은 한편, 풍수적으로는 북악산의 용맥이 경복궁보다는 오히려 창덕궁으로 내려왔다고 말해지기도 하는 점 등을 고려해 창덕궁을 재건한 것은 아닌지 의심이 간다. 그래서 경복궁을 폐허로 놔두고, 별궁인 창덕궁을 먼저 복구해 정궁같이 사용한 것이 아닌가 한다. 여기에도 경관의 정치적 이미지 및 상징성이 크게 작용한 것으로 보인다. 그러나 창덕궁과 창경궁 같은 별궁으로는 그 규모나 풍수적 위치에서나 강력한 왕권을 백성들에게 내보이기가 힘들어 대원군 시대에 이르러서 정궁인 경복궁 복구 사업을 국력의 무리에도 불구하고 시행하게 된 것으로 보인다.

19세기 초 순조 및 헌종 때 경복궁 중건 계획이 있었으나 자금이 너무 많이 들어 공사 착공까지도 가지 못했다. 1865년 경복궁 복구 공사를 시작하려 했을 때 일부 정치 세력은 비용이 너무 많이 소요된다는 이유로 반대했으나, 대원군은 이를 물리치고 공사를 시작했다. 당시 백성들에게 큰 부담을 주는 이 복구 공사에 반대하는 무리의 소행으로 보이는 방화에 공사 도중 두 번이나 공사장 임시 건물과 목재가 타서 공사가 좌절을 맛보았으나 대원군은 이를 강행했다.[13] 대원군은 소요되는 목재 충당을 위해 묘지이거나 민간 신앙의 대상이거나 큰 나무면 가리지 않고 벌목해 써서 백성의 원성을 샀다. 공사 비용 조달을 위해 농지 경작물에 부과하는 결두세의 세율을 올리고, 서울의 성문을 출입하는 사람들에게 성문 통과세를 받아서 백성의 원성이 더욱더 높아진 것은 잘 알려진 사실이다. 대원군은 당시 정부의 막대한 공사비 지출을 충당하기 위해 표면상으론 자진 상납이나 실제로는 관작(官爵)을 파는 것이나 다름없는 원납전을 모았고, 또 실제 가격의 20분의 1밖에 되지 않는 불량 화폐인 당백전(當百錢)을 주조해 강제로 유통시켜서 심한 인플레이션을 초래해 경제를 일대 혼란에 빠뜨렸음에도 불구하고 공사를 강행했다.[14] 결국 거액의 돈을 들이고 총 공사 기간 5년 7개월이나 걸려 1868년에 복구 공사가 완료되었다. 그럼 대원군 정권은 왜 이렇게 막대한 정치적, 경제적 부담과 모험을 무릅쓰고 경복궁을 중건했을까? 이 또한 당시 정권을 대표하는 대원군이 경복궁 경관의 복구를 통해 조선 왕조의 권위를 높이고, 백성들로 하여금 이를 받아들이게 하는 데에 그 목적이 있었다.[15] 세도 정치가 오래되어 당시 왕권은 매우 나약해져 있었다. 경복궁 복원 공사를 통해, 대원군은 조선 왕조의 정통성과 지도 이념을 다시 주장하고 강력한 왕권을 행사해 세도정치 세력의 약화를 시도했던 것으로 보인다. 태조가 처음 지은 경복궁의 웅장한 모습이 복원되었다는 것은 당시 왕권의 정통성 계승을 잘 상징할 수 있었고 강력한 왕권이 재정비되어 구현되고 있음을 웅변할 수 있었다. 왕권 재정립의 상징을 경복궁 경관의 복원을 통해 백성들 마음에 자연화시키려고 했던 것이다. 다시 말해 경복궁 복원 공사는 대원군이 당시 실추된 왕권의 권위를 다시 높이고 이를 백성들에게 알리려는 정치적 목적으로 이용했다는 기존 해석들은 타당하다.

5. 일제 강점기 경복궁의 수난

일본은 한국을 합방한 후 한국인의 문화 정서를 잘 파악하려고 집정 초기부터 한국 문화 전반을 속속들이 조사했는데 그중 하나가 한국인의 풍수 사상에 대한 조사였다. 그 조사는 무라야마 지준에 의해 채집·정리되어 『조선의 풍수』라는 단행본으로 출판되었다. 일본 식민 정부는 풍수적으로 중요한 위치에 있고 한국의 주권을 상징하는 경복궁 경관을 훼손하고 정전의 정면에 일본 식민 정부의 정착을 상징하는 건물을 세움으로써, 조선 왕조의 정통성과 정치 이념을 뒤집어 버리고 자기들의 식민 통치를 정당화(자연화)하려 했다. 일본 식민 통치가 이제 한국에 정착되었다는 것을 한국인에게 알리기 위해, 조선 총독부는 한일 합방 후 곧 경복궁을 제압하고 식민 통치의 상징인 총독부 건물을 그 자리에 세울 준비를 하여 기회 있을 때마다 건물을 하나둘씩 헐기 시작했으나, 두 차례의 기회를 빌미로 경복궁을 대거 해체했다. 첫째는 1915년 일본의 식민 통치 5주년을 자랑하는, 소위 시정 5주년을 기념하는 조선 물산 공진회(朝鮮物産共進會)를 하필 경복궁에서 열기로 하고 그것을 빌미로 근정문 앞 여러 건물을 헐고 박람회장을 지은 것이다. 둘째는 그 뒤 1917년 11월 창덕궁에서 불이 나 내전이 모두 타는 등 많은 전각이 소실되자, 일본은 1918년에 창덕궁 복구 공사에 건축 자재가 필요하다는 핑계로 경복궁의 내전을 위시해 많은 전각을 헐어 그 자재를 옮겨 썼다.[16] 결국 고종이 재위할 때까지만 해도 330여 동(1만 5600여 평)이었던 경복궁의 건물이 일본인들에 의해 그 대부분이 철거되고 오직 36동(2,957평)만 남게 되었던 것이다.[17] 일본 식민 정부는 다 헐어낸 경복궁 터에 조선 총독부 건물이 들어설 수 있도록 자리를 마련했던 것이다. 그들은 한국인들이 자기들의 식민 정치를 받아들이게 하는 수단으로 경복궁을 훼손하고 그 정전인 근정전을 압도하는 거대한 석조 총독부 건물을 지어서 경복궁을 '부분적으로 파괴 후 초라해진 잔재와 자기들의 새로운 상징물과 대비시키는 형'을 실행했던 것이다. 그래서 자신들의 식민 정권의 위력을 과시하고 식민 통치를 정당화했고 당시 한국인들이 자기들의 통치를 주위의 자연 환경같이 당연한 것으로 받아들이도록 종용하기 위해 경복궁 경관을 파괴하고 개조했던 것이다.

다음 같은 경우를 상상해 보자. 미국이나 영국이 외세에 정복되어 백악관이나 버킹엄 궁의 전반부가 헐리고, 그 자리에 새로운 정복 세력이 그들의 총독부를 크게 지어 백악관이나 버킹엄 궁을 가로막고 옛 궁전을 아주 초라하게 대비시킨다면 그것을 보는 미국 사람들이나 영국 사람들의 마음이 어떠했겠는가? 그들이 그 정복 세력을 축출해 낼 수 있었을 때, 그 원한의 총독부 청사를 헐어 내고 자신들의 주권을 상징하는 백악관이나 버킹엄 궁을 다시 원상대로 복구하지 않았을까? 한국 정부의 옛 조선 총독부 건물 철거와 경복궁 복원을 이런 차원에서 보면 너무나도 당연한 것이며 오히려 너무 늦었다고 볼 수 있다. 일본의 민속학자이며 사학자인 야나기 무네요시(柳宗悅)는 다음과 같은 것을 상상해 보라고 했다.

> 가령 지금 조선이 발흥하고 일본이 쇠퇴해, 급기야 일본이 조선에 병합됨으로써 궁성이 폐허가 되고, 그 자리에 대신 저 양식의 일본 총독부 건물이 세워지고, 저 푸른 해자(濠) 너머 멀리 보이는 흰 벽의 에도성(江戶城)이 헐리는 광경을 상상해 주기 바란다. 아니, 벌써 그 해머 소리를 들을 날이 가까워졌다고 상상해 주기 바란다. 그렇다면 나도 저 에도를 기념할 만한 일본 고유의 건축의 죽음을 슬퍼하지 않을 수 없을 것이다.[18]

이러한 방식으로 경관의 상징성을 통해 피정복민 통치에 이용한 예가 일본 지배 하의 한국 서울에서 일본 식민 정부에 의해 자행되었는데, 이러한 사실은 이교도의 성지를 부수고 그 자리에 그리스도교 대성당을 짓는 것보다 더 가혹하게 정복하는 방식일 수 있으며 피정복자를 조롱하고 고문하는 방식이라고 생각할 수 있다. 그리하여 정복자는 피정복민의 사기를 저하시키고 식민 통치를 자연스럽게 받아들이게 하려고 시도했던 것으로 보인다. 일본이 식민 통치의 정당성을 상징하는 문화 경관을 주위 자연환경처럼 당연하게 받아들이게 하기 위해 경복궁을 헐고 총독부 건물을 지었다는 공식 기록은 없다. 확실한 근거 없이 감정에만 호소하는 식의 일본 식민주의 비난이나 아전인수(我田引水) 격의 해석은 안 된다. 그러나 다음 사항을 볼 때 일본 식민주의의 그러한 의도를 충분히 짐작할 수 있다.

조선 총독부 건물의 위치

조선 총독부 초대 총독 데라우치 마사타케(寺內正毅)가 다른 장소를 거절하고 굳이 경복궁에 조선 총독부 건물을 짓겠다고 결정했다. 1911년에 일본 건축가들은 새로운 총독부 청사 부지로 종로구 동숭동 옛 서울대학교 문리대 자리와 현재의 서울 시청 자리를 제안했었으나 데라우치가 반대했다. 그리고 이토 추타(伊東忠太)에 의해 광화문 안 경복궁 부지를 새로운 총독부 청사 부지로 정하게 되었다.[19] 조선 총독부 청사 신영지(新營誌)의 "2부지 준비 및 청사 배치" 조에 의하면 총독부 청사 부지로는 서울 시내 중요 위치에 있는 넓은 땅이 필요한데 경복궁의 근정전 앞이 이에 해당되어 정했다고 다음과 같이 쓰고 있다.[20]

본 청사 부지에 충분한 토지는 시가 중요 위치를 차지하고 광대한 면적을 필요

로 하므로 경복궁 내 근정전 앞으로 결정되었다.[21]

이 총독부 자료에서는 누가 언제 이러한 것을 결정했는지는 밝히지 않고 있다. 그러나 이러한 중요한 결정이 총독부 최고 결정권자의 결심에 의한 것이라는 점에는 의심의 여지가 없다고 본다. 일본 식민 통치자의 입장에서 본 시내 중요 위치란 바로 조선 왕조의 종말을 알리고 일본 식민 정부의 권위와 위용을 한국인에게 과시할 수 있는 장소를 뜻하고 있음을 쉽게 짐작할 수 있다. 그렇지 않다면 왜 서울 시내에 있는 다른 광대한 면적의 부지를 다 거절하고 조선의 주권을 상징하는 정궁인 경복궁의 전반부를 헐어 냈어야만 하는데도 불구하고 경복궁 내로 부지를 결정했을까 하는 것이다. 그들은 이러한 부지 선정이 정복된 조선 왕조의 권력의 상징이 훼손되어 초라하게 만들고, 그 앞에 일본 식민 정부의 상징인 웅장한 신식 건물을 세워 대비시킴으로서 정치적 효과를 극대화할 수 있다고 판단했던 것으로 해석된다.

건물 배치

경복궁 파괴 및 근정전과 총독부 청사의 대조. 일본은 경복궁 근정문 앞의 모든 건물을 철거하고 그 자리에 거대한 석조 콘크리트 건물을 서양식으로 지어서 상대적으로 규모가 작고 목조인 경복궁의 정전인 근정전과 대비시켰다. 월등히 크고 높은 총독부 건물은 근정전을 위압하고, 근정전이 왜소한 구닥다리 유물이란 인상을 받도록 건물을 대조 배치한 것이다. 이리하여 조선은 일본에 비해 뒤떨어져 있음을 강조하고 일본의 근대적 식민 정권에 대적할 수 없음을 상징적으로 부각하려고 했다고 보인다. 그래서 그 건물을 보는 사람으로 하여금 조선의 운명은 이제 끝났고, 조선의 건축 규모와 기술은 일본의 새로운 기술과 규모에 비교가 되지 않는다는 생각과 조선은 일본 식민 정권을 받아들일 수밖에 없다는 생각이 들도록 의도한 것으로 해석된다. 그리고 총독부 건물은 경복궁의 근정전을 가로막아 광화문 앞에서 보이지 않게 했고, 새로 지은 총독부 청사에서 내려다보면 근정전이 초라해 보이도록 배치한 것으로 해석된다.

경관을 텍스트로 볼 때 그 텍스트의 의미는 어떤 물체가 항구적으로 가지고 있는 상징성에서만 찾기보다는 그 표현된 상징성이 다른 물체의 상징성과 서로 어떤 관계에 있는가 하는 데에서 추출된다고 했다.[22] 이런 관점에서 볼 때 조선 왕조의 주권을 상징하는 근정전과 일본의 새로운 식민 정부의 상징인 총독부 건물이 어떻게 대비되는 관계에 있는가에서 이 경관을 조성한 일본의 진의를 확인할 수 있다.

형태

일본이 지은 조선 총독부 건물은 전통 일본식 건물이 아닌 서양식 건물이었다. 전통 일본식 건물은 일본의 야망, 곧 한국의 일본화를 너무 적나라하게 보일 뿐 아니라, 그 크기와 모양새로는 경복궁의 근정전을 압도하기 힘들다. 그래서 근정전을 압도할 수 있는 서양식 5층 건물을 거대하게 지어 일본 식민 통치의 목적이 한국을 일본화하는 것이 아니고 근대화시키는 것임을 상징하려 했다고 보인다.

위상과 규모

조선 총독부 건물은 당시 동양 최대의 근대식 건물이었다. 막대한 재정지출과 최고의 기술진을 동원하고 정성을 다해 영국의 인도 총독부나 네덜란드의 보르네오 총독부보다 더 큰, 동양 최대의 근대식 건물을 지은 것이다.[23] 9,604평의 이 건물은 지을 당시 일본 본토 및 식민지에서 가장 큰 건물이었다고 한다.[24] 이렇게 큰 건물을 막대한 예산을 들여 지은 의도는 일본의 위대성을 당시 한국인들에게 과시하고, 일본의 식민 통치가 초라한 조선 왕조에서 벗어나게 하여 근대화시키니 한국 사람들은 일본 통치자에 순종하라는 메시지를 표현한 것으로 보인다.

건물 평면도의 상징성

이미 잘 알려진 바와 같이, 석조 조선 총독부 건물을 공중에서 내려다보면 그 건물은 일본을 상징하는 '日' 자(字)로 보이도록 설계되어 있다는 점이다. 일본의 한국 통치가 이 땅에 영구히 정착되었음을 이 건물의 평면도를 통해 상징하려고 했다고 볼 수 있다.

총독 관저의 위치

일본 총독의 살림집인 총독 관사를 경복궁 바로 뒤에 지어 그의 집무실인 총독부 청사와 함께 상징적으로 경복궁의 근정전을 앞뒤로 샌드위치처럼 위치하도록 배치했다. 풍수 지리설을 알고 이 건물 경관을 보는 사람들은 경복궁의 풍수 맥은 이제 끊겼고, 일본 총독이 사는 관사가 생기를 낚아채었으며 그 총독의 사무실 건물이 조선 왕궁을 납작하게 눌러 보고 그 앞을 가로막고 서 있구나 하는 것을 쉽게 느낄 수 있도록 조성되어 있었다. 다시 말해 당시 한국인들이 이 경관을 볼 때 '이제 조선 왕조는 끝났고 우리는 일본에 도전할 수가 없겠구나.' 하는 생각이 들도록 꾸몄던 것으로 해석된다. 이렇게 일본은 일본 식민주의를 정당화하고 식민주의 이념과 통치 구조를 경관으로 표현해 자연화시키고자 시도했다.

광화문의 해체 이전

조선 왕조의 중요한 상징인 광화문이 당시 새로 지은 조선 총독부 청사의 위용을 과시하는 데 방해가 된다고 헐어 없애 버리려고 했을 때, 일본의 사학자며 민속학자인 야나기 무네요시는 그의 글 「아 광화문이여」에서, "광화문아, 광화문아, 너의 생명이 이미 경각에 달렸구나. 네가 지난날 이 세상에 있었다는 기억이 차가운 망각 속에 묻히려 하고 있다……."고 하며 조선 총독부의 정책을 맹렬히 비난했다.[25] 결국, 당시 한국 사람들의 민족 감정을 의식한 총독부는 광화문을 해체하는 대신 궁궐 동쪽 벽으로 옮겨 지었다.

언론 보도

일본 식민 정부의 기관지인 《경성일보》는 일본이 조선을 합방한 후 식민 통치를 시작한 것을 기념하는 소위 '시정 기념일'인 1926년 10월 1일자 '총독부 새 청사 낙성식'에 관한 글에서 당시 한국 사람들은 거대한 '총독부 새 청사'를 보고 일본 식민 정부의 업적과 정책을 받아들여야 한다는 논조의 글을 썼다. 그 일부를 보면, "오늘은 시정 기념일이다. 때마침 이날에 총독부 새 청사는 그 공사가 완성되고, 낙성식을 거행하게 되는 것이다……. 시정 기념의 이날, 반도 민중이 다같이 옷깃을 바로잡고 생각지 않으면 안 될 중요한 문제이다."[26] 《경성일보》의 이러한 논조는 당시 한국인들은 일본 식민 정부에 반항하지 말고, 이 건물이 표현하고 있는 일본 식민 정부의 권위와 정책을 잘 생각해서 받아들이라는 것이다.

일본인 학자의 비판

구 조선 총독부 건물은 일본인 학자들조차도 "너무했다. 너무 도발적이다."라고 평하며 일본의 잔인한 의도를 아주 노골적으로 나타내고 있다고 지적한다. 야나기 무네요시는 그의 글 「아 광화문이여」에서 경복궁을 헐고 총독부 건물을 근정전 앞에 짓는 것을 일본과 한국의 국운이 역전되었을 경우를 상상하도록 유도해 신랄하게 비판했다. 당시 일본 굴지의 건축 미학자 곤 와지로(今和次郎)는 조선 건축학회에서 한 강연 "총독부 신청사는 지나치게 노골적이다."에서 다음과 같이 비판했다.

> 총독부 청사의 맨 처음 계획이라는 것은 언제까지나 조선 민족에게 일종의 악감정을 남기게 되지 않을까 생각되어 대단히 유감스럽게 느껴집니다. 그것은 도리어 총독부 청사로는 그 장소의 선정이 잘못되었다고 생각되니 파괴해 버리는 것이 가장 좋은 일이라고 생각됩니다마는 이제는 저만치 올라가 버려 파괴해 버릴 수도 없으니 뭔가 사회 사업을 하는 건물로 사용하는 것이 이상적이 아니겠습니까.[27]

일본 정부가 경복궁을 파괴하고 그 전반부에 거창하게 근정전을 가로막아 새로 지은 총독부 건물과 초라하게 남은 일부 경복궁 경관과의 대비는 너무나도 노골적으로 일본 제국주의의 정치적 의도를 표현하고 있기에, 이러한 장소 선정과 건물 배치를 일본인 건축학자는 비판한 것으로 보인다.

이상 열거한 증거와 해석을 종합해 볼 때 일본이 경복궁을 헐고 근대 서양식 조선 총독부 건물을 지은 것은 자기들의 힘을 과시하고, 한국을 초라하게 대비시켜서, 일본의 식민 통치를 정당화하고 나아가 일본의 식민 통치는 한국을 근대화시키는 데 있다는 주장을 경관으로 표현한 것으로 보인다.

그림 13-3. 구 조선 총독부 건물과 경복궁의 항공 사진. 조선 총독부 건물이 경복궁의 정전인 근정전을 압도하고 있다. © 임인식/청암사진연구소.

6. 한국 독립 후

한국이 일본에서 독립한 후에 일본의 식민 통치를 상징하는 이 건물을 없애 버리려는 시도가 한국 사회 일각에서 계속 있어 왔다.[28] 이 건물은 한국 전쟁 때 크게 파괴되었고 그 후 당시 이승만 대통령은 이 건물의 복구 공사를 거부하고 파괴하려고 했으나 국력 부족으로 시행하지 못했다는 말이 있다.[29] 1962년 이 건물은 다시 수리되어 한국 정부의 중앙청으로 쓰이게 되었는데 이것을 철거해야 하느냐, 계속 사용해야 하느냐에 대해서는 의견이 분분했다. 상당수의 한국인들은 민족 자주권의 상징인 조선의 정궁, 경복궁의 위용을 옛날대로 복원해야 한다고 주장했다. 그러기 위해서는 경복궁의 전반부를 헐고 그 부지에 세운 구 조선 총독부 건물은 철거되어야 한다는 의견이었다. 그러나 일부에서는 건축사적 가치를 들어 보존하려고 했고, 또 일부에서는 일본 침략의 상징인 이 건물을 역사적 교훈으로 삼기 위해 보존해야 한다고 했다. 어쨌든 국론이 찬반양론으로 갈렸다. 다른 곳으로 옮기는 것도 고려했으나 건축 구조상 또는 이전에 소요되는 경비상 현실적이지 못해 별로 심각하게 거론되지 않았다. 식민 통치의 잔재를 없애고 민족 주권의 상징이 된 경복궁을 복원하기로 마음먹은 정부는 분열된 국론을 철거 쪽으로 모으기 위해 언론, 학자 등 전문인을 포함한 심포지엄을 열고 정부의 철거 안을 홍보했다. 국립박물관에서 행한 전문가 600명과 일반인 400명의 여론조사에서 77퍼센트의 전문인과 65퍼센트의 일반인이 구 조선 총독부 철거 안에 동의했다고 한다.[30]

1995년 8월 15일 거창한 광복 50주년 기념식에서 구 조선 총독부 건물 첨탑은 마치 사형수의 목을 잘라 사형시키는 듯한 인상을 강하게 풍기며 철거되었다. 먼저 대통령이 기념사를 하고 난 뒤 문화부 장관이 호국 영령들에게 일제의 상징인 구 조선 총독부 건물의 철거를 시작한다고 고하는 고유문을 읽었다. 그 뒤를 이어 첨탑을 잘라 떼어 낼 곳(사형수의 목을 칼로 자를 부분)에 불꽃이 터져 나왔고 그다음 곧 거대한 크레인이 잘린 첨탑(사형수의 잘린 머리)을 번쩍 들어 떼어 내서 땅에 서서히 내려놓았다. 이는 그야말로 한국의 민족주의가 일본 제국의 식민주의를 사형하는 의식이었다. 그러나 목이 떨어져 나간 구 조선 총독부 건물은 그런 상태로 한동안 철거되지 못하고 서 있어야만 했다. 왜냐하면 그 첨탑을 떼어 낸 뒤 상당히 강한 철거 반대 운동이 계속되었고 결국 일부 민간인들이 민사 소송을 걸어 건물 철거를 지연시켰기 때문이다. 서울 지방 법원 제50민사부 '건물 훼손 및 철거금지 가처분 신청' 및 그 처리 결과 자료에 의하면, 구 조선 총독부 건물을 헐지 못하게 한국 정부와 철거 시공 업체를 상대로 소송을 걸었다. 소송 신청 이유는 이 건물이 "역사적 사실을 알려 주는 사적으로 지정될 가능성이 있는" 중요한 것이기 때문이라고 했다.[31] 재판부에 의해 1996년 7월 8일 철거 금지 가처분 신청이 기각되자 이들은 서울 지법 결정 사항에 불복하고 7월 29일 항고했으나, 그해 11월 18일 항고 신청을 취하했다.[32] 일본 사람들이 의도한 상징성이 상당히 잘 달성되었다고 볼 수 있는 결과이다. 한국 사람들이 보고 대단한 건물, 기념비적인 건물, 없애서는 안 될 건물이라고 생각하게끔 했다는 뜻이다. 이러한 철거 찬반 의견의 대립 자체가 이 총독부 건물 경관이 일부 한국 사람의 마음에 얼마나 깊이 자연환경같이 받아들여져 있었는지 말해 준다. 그러나 많은 사람들이 이에 대해 구 조선 총독부 건물은 민족의 심장에 꽂은 칼과 같이 민족 자존의 상징인 경복궁을 훼손하고 있기에 경복궁을 온전히 복원하기 위해서는 철거가 불가피하다는 해석으로 맞섰다. 두 가지 상반된 경관 해석의 대결에서 마침내 후자가 이겨 건물은 결국 철거되었다. 상반된 해석의 대결은 신문화 지리에서 말하는 경관의 '자연화시키기' 운동과 '자연화 뒤집기' 운동이 서로 부딪쳐 싸운 상징물 전쟁의 좋은 보기이다.

해방 후 한국 정부는 처음에 장식이나 벽화 또는 돌기둥 등에 일본 상징물들을 그대로 둔 채 정부 청사로 사용했으나 나중에는 그 상징성이 걸려 결국 헐어 냈는데 그 과정을 요약해 보면 다음과 같다.

- 1948년 한국 정부 수립 후 처음에는 구 총독부 청사를 개조하지 않고 제헌 국회 개원식이 열렸고 그 후 중앙청으로 쓰다가 1950년 한국 전쟁으로 파괴된 것을 그대로 방치하다가 1962년 수리해 1983년까지 정부 청사로 써 왔다.
- 1962년에 서양식 정문을 헐고 광화문을 옛 자리에 복원했다.

- 1983~1995년까지 이 건물은 국립박물관으로 사용되었다.
- 1991년 1월 노태우 정부는 경복궁 복원 10개년 계획을 발표하면서 구 조선 총독부 건물을 철거하기로 했으며, 그해 6월 5일 경복궁 복원 공사를 시작했고 그 공사는 지금도 진행 중이다.
- 1993년 8월 당시 김영삼 대통령은 구 조선 총독부 건물 철거를 내각에 지시했고, 1995년 8월 15일 철거 시공식 때 첨탑을 떼고 해체했으며 1996년에는 건물이 완전히 철거되었다.
- 1998년 구 조선 총독부 건물 철거 부재를 활용해 독립 기념관 내 서곡 지역에 첨탑 공원을 조성했다.

이러한 과정을 거치면서 결국 구 조선 총독부 건물은 문민 정부에 의해 한국 사회 일부의 상당히 강한 반대에도 불구하고 철거되었다. 구 조선 총독부 건물에 대한 공식 해석이나 입장에 대한 문화 지리학자로서의 나의 견해는 다음과 같이 요약된다.

일제 침략의 상징인 구 총독부 청사는 철거되어야 한다

경복궁과 구 조선 총독부의 관계를 논함에 있어서 문화체육부와 국립중앙박물관에서 공동으로 펴낸 「구 조선 총독부 건물 실측 및 철거 보고서」에서 한국 정부는 일제 잔재 청산이라는 민족 감정의 발로와 풍수 지리학적 차원에서의 민족 정기 회복이라는 이유에서 해방 이후 줄곧 조선 총독부 건물 철거에 대한 주장이 있었다고 했다.[33] 그리고 급기야 1993년 8월 8일, 김영삼 대통령은 심사숙고한 끝에 "아무래도 우리 민족의 자존심과 민족 정기 회복을 위해서는 조선 총독부 건물을 가능한 한 조속히 해체하는 것이 바람직하다는 결론에 도달했다."며, 내각에 조선 총독부 철거 특별 지시를 내렸다.[34] 이를 고려해 볼 때, 분명한 것은 한국 정부의 구 조선 총독부 청사에 대한 해석은 일본 식민 정부가 그 건물을 통해 의도한 상징성 표현을 받아들일 수 없다는 것이었다. 그래서 한국의 입장에서 볼 때, 이 건물은 근대화의 상징이 아니라 일본의 침략과 식민 지배의 상징이며, 우리의 민족 정기와 주권을 짓밟는 건물이기에 헐어야 한다고 해석되었다.

경복궁을 복원하기 위해 구 총독부 청사는 철거되어야 한다

한국의 구 조선 총독부 건물에 대한 해석은 이 건물을 지은 일본 정부와는 상충되었다. 그리고 철거된 자리에는 이제 경복궁이 옛날 모습대로 다시 복원되고 있다. 그러나 한국 정부의 현재 기본 궁제 복원 계획을 보면, 완전 복원이 아니고 고종 당시 330여 동(1만 5600여 평)의 40퍼센트인 120동(6,180평) 정도라고 한다. 그래도 1990년도 복원 작업이 시작되기 전 36동(2,980평)만 남았던 것에 비하면 93동(3,223평)이나 더 복원하는 것이다. 이 복원 계획에 소요되는 예산이 1,789억 원이나 되며 20년이 걸려 2009년에나 마칠 예정이었다.[35] 그러나 2010년인 지금도 복원은 완료되지 않았으며 아직도 옛 궁궐 건물들을 복원 계획 중이거나 복원 중에 있다. 이런 경관 변천은 현재 한국이 자주 독립을 상징하는 문화 경관을 자연 경치와 같이 영구화하는 과정이라고 해석할 수 있다. 민족 자주성을 경관으로 올바르게 표현하자면 옛날 민족 자주 세력의 상징인 경복궁이 복원 보존되어야 하고 그렇게 하기 위해서는 구 조선 총독부 건물은 철거될 수밖에 없다. 그리하여 지금 경복궁 주위의 경관은 한국이 주권국가라는 정치 현실과 이러한 한국 사회의 실상을 경관으로 표현하고 있는 것이다. 이처럼 경복궁과 구 조선 총독부 건물의 관계 역사는 풍수적인 이유로 해석할 것이 아니라 사회 정치 이념이 경관으로 표현되고 그 경관이 자연화되어 정착되고, 또 자연화된 경관을 다시 뒤집는 방편으로 풍수 지리설이 이용되었다고 보는 것이 옳다고 본다. 조선 태조부터 일제 식민 시대를 통해 대한민국에 이르기까지 경복궁 경관이 바뀌어 온 것은 민족 상징성과 정치 지배 세력의 정당화를 경관으로 표시하기 위한 일종의 경관 전쟁 또는 상징물 전쟁이었고 우리나라 정치 사회의 변천이 기록된 문서로 볼 수 있다.

철거물을 이용해 역사 현장 교육을 위한 공원으로 조성한다

구 조선 총독부 건물 철거 금지 소송을 신청한 일부 인사들이 이 건물 철거에 반대하는 이유 중 하나는, 이 건물이 일제의 조선 침략과 불법적인 식민 지배의 증거이기 때문에 보존해야 한다는 것이었다. 이러한 견해에 대해, 정부와 여러 시민 단체의 입장은 철거 후 그 건물의 축소 모형을 독립 기념관에 전시하든지 철거물 부재로 역사 교훈을 할 수 있는 공원을 조성하면 된다는 것이었다. 그래서 한국 정부는 일반 국민들이 일제의 조선 침략과 불법적인 지배를 잊지 않고, 민족 자존 자주(독립 국가의 존엄성)를 상기할 수 있도록 구 총독부 청사 철거물을 이용해 역사 교육을 위한 공원을 조성키로 했다.[36] 이 공원의 공간 구성 계획을 보면 먼저 도입부에서 "철거 부재를 이용해 관람객들이 구 조선 총독부 건물의 폐허 속으로 들어가는 전시 공간"을 마련하고 그다음 첨탑을 중심으로 한 전시 공간을 만들었다.[37] 이 전시 공간 조성은 일본 식민 정부의 권위의 상징인 구 조선 총독부 건물이 폐허화된 것을 보여 주는 곳으로서, 그중심은 "총독부 건물의 상징물인 첨탑을 내려다보면서 역사를 회고하고 관조할 수 있는 영역의 설정"이었다. 그리고 전시 공간 중간 중간과 끝에 휴식과 담소를 나눌 수 있는 공간을 적절히 배치하는 것이었다.[38]

이리하여 일본 권력의 상징인 조선 총독부 건물 꼭대기 첨탑은 독립 기념관 내 한구석에 마련된 공원의 가장 낮은 곳, 반지하에서 뭇 사람들의 구경거리가 되었다. 한국인이 감히 만져 보기는커녕 가까이 할 수 없도록 높이 올려져 있어 우러러볼 수밖에 없었던 총독부 건물의 첨탑은 이제 누구나 만져 볼 수 있고 내려다볼 수 있는 가장 낮은 곳에 원형으로 몇 번이나 포위된 계단 밑에, 뭇 사람의 발밑에 놓인 신세가 되었다. 이러한 전시는 일본에 대한 한국의 민족 감정이 그대로 투영된 민족 심리 조감도 같다. 이 첨탑 전시를 보는 사람들이 일본 지배의 종말과 우리 민족 기상의 현양을 관조할 수 있도록 경관이 조성되어 있다고 한다. 이 공원을 볼 때 속이 시원하기도 하면서, 일본이 자행한 끔찍하고 가혹한 역사적 행위에 한국이 같은 수준으로 대응하고 있는 것이 아닌가 하는 생각이 들기도 한다.

그림 13-4. 독립 기념관에 있는 조선 총독부 건물의 잔해들. 직접 찍은 사진.

이 공원을 만들게 한 원리는 경복궁을 뜯고 총독부 건물을 지은 그 원리와 같은 것이 아닌가? 이것이 바로 '이에는 이'의 원리를 실행하는 것은 아닌가? 어린아이 싸움 같은 짓은 아닌가? 어떤 일본인 건축학자가 구 총독부 청사 부지와 건물 자체에 대해 말한 것과 같이 너무 "노골적"이지는 않은가?

4. 마무리

경복궁을 둘러싼 경관 변천은 각 시대의 정권들이 자신들의 정권을 정당화하고 사람들의 마음에 그것이 자연스럽게 받아들여지도록 하기 위한 사회 정치적인 상징물 조성 장터였고, 경관으로 표현된 상징물을 세우기와 부수기가 교체되는 일종의 상징물 전쟁터였다. 우리는 이를 통해 경관의 상징성과 해석이 얼마나 큰 힘을 발휘하는지 알 수 있다. 조선 태조의 경복궁 건립이나, 일본이 경복궁을 짓밟아서 총독부 건물을 지은 것이나, 해방 후 중앙청으로, 국립중앙박물관으로 쓰다가 문민 정부 때 철거한 것이나 모두가 경관의 상징성 해석에 그 바탕을 두고 있고, 모두가 전 시대(반대 세력)의 상징물을 누르고(없애고) 자기들의 정권과 정치 이념을 정당화하는 상징물로 바꾸려 한 것이었다. 다시 말하면 모두를 경관의 자연화와 자연화 된 것을 뒤집어엎고자 했다는 것이다.

일본이 경복궁을 뜯어내고 조선 총독부 건물을 지은 것은 참 가혹한 방법이었다. 한국이 이 건물을 헐고 경복궁을 복원하는 것은 미국 사람들이나 영국 사람들이라도 당연히 할 수 있는 일이다. 문화 경관의 자연화와 자연화된 것을 뒤집어엎기는 각 시대의 주도권을 쥔 세력에 의해 똑같은 원리에 의해 행해진 것 같다.

기념비적인 문화 경관은 이토록 인간의 이념과 사회 정치 상을 상징하고 헤게모니를 쥔 정치 세력에 의해 건설되고 이용되며 그 정치 세력을 극복한 세력에 의해 재해석되고 파괴되거나 재구성된다. 이렇게 엎치고 덮치는 식의 투쟁을 통한 경관 변천을 우리는 경관을 둘러싼 상징물 전쟁이라고 부를 수 있다.

구 조선 총독부 건물은 마땅히 헐어야 하는 건물이었고 참 잘 헐어 냈다. 너무나도 노골적으로 한민족의 정기를 짓밟는 건물이었다. 경복궁은 다시 살려 내야 한다. 민족 정기는 다시 살려 내야 한다. 이제 광화문은 민족의 영욕의 상징으로 더욱 중요해졌다. 원 위치에 바로 서 있는 광화문은 우리가 자주 민족임을 상징한다. 한국의 자주성은 지켜야 한다. 그러나 조선 총독부 건물의 철거물 부재와 첨탑을 이용해 너무 노골적으로 조성된 공원은 우리 민족의 품위를 저울질하는 것 같아서 마음이 언짢다. 우리는 일본과 같은 수준으로 행동할 필요가 없다. 우리는 일본보다 좀 더 품위 있게 행동할 수 있다.

제4부

대동여지도와 풍수

제4부 「대동여지도와 풍수」는 고산자 김정호와 그의 지도에 관한 논의이다. 김정호는 매우 훌륭한 지리학자이자 지도 제작자였다. 초등학생이라도 대동여지도는 아마 알고 있을 것이다. 우리는 김정호의 독창성을 존경하고 대동여지도를 자랑스러워 한다. 이 지도가 얼마나 정확하느냐 하면 20세기 초 일본군이 작전용으로 썼을 정도로 뛰어나다고들 한다.

이러한 김정호의 지도는 온전히 그의 독창성에만 의지해, 스스로 모은 자료로만 제작된 것은 아닌 듯하다. 모든 사상이나 학문적 연구나 예술 작품의 탄생에는 작가의 독창성도 중요하지만 지난날의 전통과 주위의 다른 것들로부터 알게 모르게 받는 영향 또한 중요한 역할을 한다. 김정호의 지도도 예외가 아니다. 대동여지도는 세상에 알려진 것과 같이 그가 전국을 걸어 다니며 실측 조사한 결과가 아니며 그 당시 존재했던 관청의 지도 등을 참고해 편집한 결과라는 사실을 여러 학자들이 밝힌 바 있다. 그러나 이 지도가 풍수 지도, 특히 풍수적인 지형 표기법의 영향을 받았다고 구체적으로 밝힌 사람은 거의 없고, 그러한 견해를 받아들이는 사람도 별로 없는 것 같다.

나는 김정호가 풍수 지도의 영향을 상당히 받았고 대동여지도에는 그러한 흔적이 뚜렷하다고 본다. 산맥을 풍수의 용맥과 비슷하게 표현한 것이나 도시 취락 주위를 지나치게 과장해서 풍수적으로 명당인 초승달이나 삼태기 모양의 지형으로 표현한 것이 그 단적인 증거다. 그리고 지도 표(지도 범례)는 서양의 영향을 받은 것이 분명해 보인다. 대동여지도가 온전히 김정호의 실측 지도로서 그의 독창성에 의해 제작되었다고 아직도 주장한다면 이는 김정호와 그의 업적을 신격화하는 잘못인 것 같다. 대동여지도에는 김정호의 독창적인 면이 있지만, 여러 전통과 그 이전의 지도에서 영향을 받아 편찬된 것이다. 김정호의 지도에 영향을 끼친 중요한 전통 중 하나가 풍수 지도이다. 이를 인정한다고 해서 김정호의 독창성이 줄어드는 것도 아니고 덜 위대해지는 것도 아니다. 그를 신격화해 초인(超人)인 양 자랑하는 것이야말로 김정호를 신화 속 인물로 격하하는 것일 것이다.

대동여지도같이 대동여지전도도 김정호의 지도일 것이라고들 추측한다. 나는 이러한 추측이 맞다고 생각한다. 이 지도에도 풍수 사상이 미친 영향이 역력하며, 특히 그 지도의 서문에는 한반도의 지리적 특성을 기술할 때 더욱 뚜렷하다. 제4부의 김정호와 그의 지도에 대한 논의는 풍수 사상이 얼마나 한국인의 전통 구석구석 깊이 박혀 있고, 한국인이 얼마나 국토를 풍수적인 안목으로 이해하고 있는지도 보여 준다.

제14장 대동여지도의 지도 족보적 연구

1. 들머리

한국 지리학에는 선조들이 남긴 훌륭한 유산이 많다. 예를 들면 여러 종류의 지지들, 실학자들이 남긴 지리학 논문들, 그리고 수많은 지도들을 들 수 있다.[1] 그중 이중환의 『택리지』와 김정호의 대동여지도는 쌍벽을 이루는 가장 훌륭한 한국 지리학의 유산으로 손꼽힌다. 이중환의 『택리지』에서 보여 준 좋은 거주지 선택이나 지역 평가 방법은 현대 지리학에서도 깊이 생각해야 할 문제이다. 김정호의 대동여지도는 서양의 근대 지형도 도법을 쓰지 않고 만든 우리나라 지도 중에서 가장 정밀하고 정확한 지도이다. 이 장에서는 김정호의 대동여지도에서 사용된 지형 지물 표현법의 배경을 밝히기 위한 예비 조사 및 예비 토론을 그 주된 목적으로 삼고 있다. 연구 방법으로는 일종의 지도 족보적인 방법(carto-genealogical method)을 사용했다. 그리고 대동여지도의 우월성을 무조건 내세우는 지나친 민족주의적 감정을 지양하고 논문 전개에 있어서 순수 학문적인 객관성을 잃지 않도록 하는 것이 중요한 취지이다.

2. 한국학과 객관성

한국 고고학계의 원로 김원룡 교수의 한국 문화 연구 풍조에 관한 발언을 영어로 발표한 것을 간추려서 번역하면 다음과 같다.

> 한국에서 하는 한국학 연구는 민족주의적인 색채가 농후한 경향이 짙다. 학문을 한다는 것은 진리를 추구하는 것인 만큼 한국학도 더 학문적이고, 국제적으로 인정받는 학문이 되려면 주관적이고 감정적인 면을 떠나서, 될 수 있는 한 과학적이고 객관적이어야만 한다. 한국인이 한국학을 하는 데 빠지기 쉬운 함정은 극단적인 민족주의로서 한국적인 것은 모두 남의 것보다 우월하고, 독창적이고, 유일하다고 믿는 것이다.[2]

우리가 지난날에 받았던 식민 통치나 오래도록 젖어 온 모화 사상(慕華思想)에 대한 반작용으로서 한국인들이 강한 민족주의적인 사고 방식을 가지는 것은 충분히 이해가 가지만 김원룡 교수가 말한 바와 같이 지나친 민족주의적인 감정이 학문을 하는 데 있어서 조절되지 않는다면, 한국학이 국제적으로 인정받는 학문으로 이룩되기는 힘들다고 생각한다.[3]

내가 경험한 예를 하나 들겠다. 나는 뉴질랜드의 오클랜드 대학교에서 지리학과 강좌 외에 한국 문화론 강좌를 몇 년 동안 담당한 적이 있는데

그림 14-1. 대동여지도.

한 학생이 나에게 말하길, 한국 사람이 쓴 한국 역사를 읽었는데 너무 감정적이고 민족주의적이라서 그 내용이 잘 믿어지지 않는다며 나에게 조언을 구한다고 했다. 이 경험은 지금 한국학의 문제점을 잘 보여 준다고 생각한다.

한국학 학자도 한국 사람인 이상 한국인으로서의 민족 의식을 가지지 않기가 힘들다고 생각한다. 그렇지만 이 민족주의적인 감정은 연구 테마를 선정하는 정도에서 그치고, 실제 연구 과정에 있어서 자료 고증과 분석 및 해석은 민족 감정을 초월한 순수 학문의 입장에서 행해져야 한다고 생각한다. 그럴 때에야 비로소 남들이 믿을 수 있는 한국학 연구가 될 수 있다.

대동여지도의 지형 지물 표기 연구도 이 연구 주제를 선정하게 된 동기에는 한국인으로서의 민족 의식 즉 한국인 지리학자 김정호의 훌륭한 업적을 존경하는 마음이 작용한 것이 사실이지만, 연구 과정 자체에서는 민족주의적인 감정은 자제하고 객관적인 입장에서 김정호와 대동여지도를 분석하고 해석하려고 했다.

3. 지도 족보적인 연구 방법

동서양을 막론하고 옛날부터 전해 내려오는 지도들은 대체로 어떤 원본 지도를 그대로 베낀 것이거나 그 원본을 토대로 약간 또는 상당 부분 변조한 것들이 많다. 그래서 어떤 종류의 지도들을 연대별로 또는 서로 닮은 상태대로 정리하고 보면 그 지도들의 제작법 또는 지도 내용의 연관 관계나 전수 과정을 밝힐 수 있다. 이렇게 지도의 내용 및 표현이 어떻게 계승 또는 변질되었는가 따지는 방법이 마치 어떤 집안[家系]의 족보 연구를 통해 그 집안의 내력을 밝히는 것에 비유된다고 해서 지도 족보적인 방법이라고들 한다.

이러한 지도 족보적인 방법은 비록 체계적이라고 할 수 없을지라도 옛날 지도 연구에 이미 사용되어 왔다. 그러나 내가 알기로는 지도 유전학적인 연구(Carto-Genetic Study)라고도 한다.[4]

루빈(R. Rubin)이 헤르마누스 보르쿨루스(Hermanus Borculus)의 예루살렘 지도와 그 사본들의 연구에서 지도 족보적인 방법에 대해 간단히 논한 것을 번역해서 요약하면 다음과 같다.

> 지도 족보적인 방법은 먼저 옛날 지도들을 형태와 내용에 따라서 서로 닮은 것들끼리 어떤 종류에 속하는지 분류해 낸 다음에 같은 종류에 속하는 지도들끼리 또 어떻게 서로 닮았는가 또는 그 지도들이 언제 누구에 의해서 왜 제작되었는가 등을 비교해 그 지도들의 상호 연관 관계와 제작 연도 및 순서를 정립하는 것이다. 지도 족보 연구법의 궁극적인 목적은 동종 지도의 원본이 되는 지도를 찾아내 다른 지도들이 어떻게 그 지도를 베끼고 영향을 받았는가 그 순서를 밝히는 것이다.[5]

말하자면 서양 지도 족보 연구 방법의 연구 성과는 서양에서 쓰는 족보나무와 같이 원본 지도를 나무 밑동으로 해서 그 연관되는 사본 지도들을 나뭇가지로 표현하는 지도 족보 나무로 요약될 수 있다.[6]

대동여지도의 지형 지물 표기 연구에서는 루빈이 말하는 지도 족보 연구법을 거꾸로 이용해, 원본 지도가 어떻게 다른 지도 제작에 영향을 주고 사본으로 베껴졌는지 따져 내려가는 것이 아니라, 어떤 특정 지도가 영향을 받은 조상뻘 되는 지도들(원본 지도들)이 무엇인지를 따져 올라가는 것이다. 그래서 이번 연구에서는 대동여지도에 영향을 끼친 조상뻘 되는 지도들 중에는 무엇이 있으며 어떤 지도들이 어떻게 대동여지도의 지형 지물 표기법에 영향을 주었는지 알아보기로 한다.

세상의 모든 사상이나 학문적인 업적은 선조들에 의해 이미 이룩된 것을 토대로 해서 발전시켜 나간 것들이다. 대동여지도도 예외는 아니어서 대동여지도와 김정호의 생애를 분석해 볼 때, 선대 지도들의 영향을 받지 않고 오직 김정호의 독창성과 실제 측량에 의해 만들어진 것은 결코 아니다.

4. 김정호의 생애와 대동여지도의 지형 지물 표기법

대동여지도는 김정호가 직접 편집·판각한 것이다. 고산자 김정호의 출신 경력 및 지도 제작 과정은 대동여지도의 족보를 캐는 데 아주 중요하다. 자료는 부족하지만 김정호의 생애는 이상태, 이병도를 비롯한 여러 학자들에 의해 비교적 신빙성 있게 고증됐다.[7] 대동여지도 자체의 독도 및 분석은 이우형, 이찬, 이병도를 비롯한 다른 학자들에 의해 자세히 연구되었다.[8] 이 글에서는 학계에 이미 밝혀진 김정호의 생애와 대동여지도의 지도 내용 및 형태에다가 내 생각을 조금 더해서 대동여지도의 족보를 캐는 데 중요한 것만 발췌해 논의하기로 한다.

김정호는 황해도 출신으로 양반 계층은 아니었고 신분이 낮고 가난했으며 족보도 없는 하층 평민 출신이었다.[9] 어릴 때부터 지도와 지지에 큰 흥미를 갖고 있었다고 최한기는 쓰고 있으며,[10] 김정호는 지도 및 지지를 저술하는 데 일생을 바쳤다. 그는 지도 및 지지를 만들기 위해 많은 자료를 널리 모았으며 자세하고 치밀하게 편집했다. 방대한 자료를 주도면밀하게 처리해 손수 정확성을 기해 지도를 판각한 점이나 또 그 목판들을 다시 꼼꼼히 수정한 점, 또한 다른 지지에 없는 많은 사실들을 수집해 『대동지지(大東地誌)』를 자기가 만든 지도의 자매편으로 편집한 점으로 볼 때,[11] 김정호는 상당히 학자적인 성격을 가진 사람으로 꼼꼼하고 섬세하고 한 가지 일에 몰두해 끝장을 보는 외골수였다고 추측된다. 또한 그의 글이나 지도를 볼 때 그는 기발한 착상에 능하거나 모아진 자료를 묘한 아이디어로 비판 해석 해 내는 것보다는 자료 자체의 수집과 보완 및 편집에 뛰어났던 학자였던 것 같다.

김정호는 청년 시절에 이미 서울로 와서 살았다. 청구도가 고산자의 나이 30여 세에 완성됐다면, 아마도 30세 훨씬 이전 20대 또는 그전에 이미 서울로 이주해서 살았으리라고 추측된다. 청구도를 제작하기 위해서는 자료 수집이나 지도 편집에 상당한 시일이 걸렸을 것이고 청구도의 자료 수집이나 지도 편집은 그 당시 사정으로 봐서 서울에서 했음이 틀림없기 때문이다.

김정호는 그 당시 서울에서 학문에 조예가 깊고 많은 장서를 가진 최한기와 친하게 지내며 책도 많이 빌려 보고, 중국을 통해 들여온 새로운 지도나 선진 학문도 그를 통해 많이 접한 듯하다. 최한기가 『청구도제』를 썼다는 것은 그들의 친숙한 관계를 잘 뒷받침해 주고 있다.

고산자가 지도를 만들기 위해 전국을 답사해 실제로 측량했다는 널리 퍼진 소문을 이상태는 신빙성 있게 부정했다.[12] 그래서 김정호의 지도의 기본 자료는 실제로 답사하고 손수 측량해 얻은 것이 아니고, 기존 역대 지도들에서 자료를 수집해 수정 보완해 집대성시켜서 편집한 것이 확실하다. 그렇지만 꼼꼼한 김정호의 성격을 고려할 때, 그가 기존 지도들에서 자료를 수집해 정리하던 중 미심쩍은 곳은 부분적으로 전국의 몇몇 군데를 답사했을 가능성도 상당히 있다.

널리 퍼져 있는 김정호의 옥사설은 이병도나 이상태가 조리 있게 부정한 바와 같이 신빙성이 없다.[13] 그러나 김정호는 그의 위대한 업적에도 불구하고 정부로부터 아무런 보답을 받지 못한 것이 사실인 것 같다. 예순 고령에도 불구하고 그가 손수 대동여지도를 판각해야 했다는 사실로 미루어 봐도 능히 짐작할 수 있다. 김정호는 세상이 알아주지 않는데도 묵묵히 자기 할 일을 해 낸 집념의 지리학자였다. 김정호의 행정과 대동여지도의 지형지물 표현법을 종합해 보면 다음 몇 가지 사항을 추리해 해석할 수 있다.

자료 수집부터 인쇄까지 모두 손수 한 김정호

김정호의 신분이 미천하고 부유하지 않았다는 점으로 미루어 볼 때 그가 비록 지도 자료 구입 과정에서 책이나 지도를 빌려 보는 면에 있어서는 친구들의 도움을 받았다고 하더라도, 지도의 자료 수집부터 지도 판각 및 인쇄에 이르기까지 전 과정을 직접 했음에 틀림없다. 그가 권세 있고 부유한 양반이었다면 지도 자료 수집, 편집 및 판각 인쇄의 전 과정에 있어서 능력 있는 보조 일꾼을 구해서 도움을 받았겠지만 가난한 하층 평민 김정호는 그러지 못하고 자신이 손수 다 했을 것이다. 이러한 면을 생각할 때 대동여지도의 훌륭함은 더욱 돋보인다. 동서양을 막론하고 지도 출판에는 이러한 예가 많지 않았을 것으로 짐작한다.

풍수 사상과 풍수 지도의 영향

김정호가 어릴 때부터 지도에 관심이 깊었다는 점과 대동여지도에서 표기된 많은 취락과 능침(陵寢)의 주산을 과장한 면이나 주위 산줄기를 유난히도 말발굽이나 시골 농가의 삼태기같이 3면으로 꽉 둘러싸여 있는 것같이 표시한 것을 보면, 그는 당시 조선 사회에 만연해 있던 풍수 사상에 상당히 젖어 있었고, 풍수 지도의 영향이 대동여지도를 그리면서 은연중에 작용했다고 볼 수 있다.

김정호와 대동여지도에 미친 풍수 사상과 풍수 지도의 영향을 논함에 있어서, 첫째로 그를 잘 알고 지냈던 혜강 최한기가 쓴 『청구도제』에 김정호가 어려서부터 지도에 깊은 관심을 두고 오랜 세월을 두루 섭렵했다는 기록과 그가 하층 평민 출신이었다는 점에 주의해 보기로 한다. 김정호가 어릴 때부터 지도에 깊은 뜻이 있었다면 소년 시절부터 지도를 볼 기회가 상당히 있었을 것이다. 그렇다면 가난한 하층 평민 출신의 소년 김정호가 볼 수 있었던 지도가 과연 어떤 것이었는가 생각해 볼 필요가 있다. 김정호가 볼 수 있었던 지도들은 관청에서 소유한 기밀 지도나 비싸고 구하기 힘든 지도가 아니라 아마도 그 당시 시골에서도 흔히 볼 수 있었던 풍수서에 나오는 여러 가지 풍수 지도나 지관들이 그린 그 지방 산도(山圖)였을 것이라고 추측된다. 얼마 전까지만 해도 우리나라에는 웬만한 마을마다 집터나 묘 터를 잡는 지관(풍수)이 하나 둘씩은 다 있었고, 마을마다 풍수서(주로 필사본이었지만 인쇄본도 있었다.)는 흔히들 볼 수 있었다. 이런 점을 고려해 볼 때 김정호가 어려서부터 줄곧 깊은 관심을 갖게 된 것은 아마도 이 풍수 지도들이 아니었을까 추측된다. 왜냐하면 풍수 지도들 외의 다른 용도의 지도들은 시골 평민의 집에서 구해 보기 힘들었을 것이기 때문이다.

족보도 없는 김정호의 가계를 알기란 힘들겠지만, 김정호의 가까운 조상이나 친척 중에 혹시 지관이 있었던 것은 아닌지 상상해 본다. 김정호가 풍수적인 생각에 얼마나 깊이 물들었는지 알 수 있다면, 풍수 사상과 풍수 지도가 대동여지도에 미친 영향을 더 잘 알 수 있겠지만 애석하게도 아직 그러한 기록을 찾지 못하고 있다.

둘째로 대동여지도 자체에서 우리는 김정호의 풍수적인 안목을 간접적으로나마 조금 볼 수 있고, 풍수 사상의 영향이라고 여겨지는 지형 표현들을 볼 수 있다.

① **산맥 위주의 지형 표현:** 19세기 우리나라의 풍수 사상은 지형을 파악하는 기본 사고 방식이었다. 산맥은 풍수에서 용(龍)으로 불리는데 산맥의 꾸불꾸불한 모양을 용이 기어가는 모양에 비유한 데에서 나온 말이다.[14] 풍수에서는 용맥이 뻗어 나간 모양과 방향이 아주 중요한데, 이는 풍수의 길지를 낳게 하는 생기가 이 용맥을 타고 풍수 혈로 들어오기 때문이다. 그래서 풍수들은 내룡(來龍), 즉 산맥의 아름다움[美麗]이나 방향을 가장 먼저 점검한다. 과거에 우리나라에 널리 퍼져 있던 풍수 지도를 보면 바로 명당 주위나 명당까지 오는 내룡(산맥)을 주로 그린 산맥 위주의 지형도였다. 대동여지도는 크게 말해 산맥 위주의 지형도라고 할 수 있다. 풍수에서는 용맥이 끊기지 않고 계속 길게 연결되어야 좋은 내룡이라고 하는데, 생기가 산맥의 등성이를 타고 대조산에서부터 풍수 혈로 내려오기 때문이다. 또한 생기는 산맥이 끊어진 데에서 정체하고, 물(강이나 호수)을 건너지 못하는 특성이 있다고 믿기 때문이다. 풍수(지관)가 하는 일에서 용(산맥)을 검토하는 것보다 중요한 것은 없다고 한다.[15]

대동여지도를 보면 산맥(용맥)이 연결되어 뻗어 나간 것을 세심하게 표시했으며 산맥이 잘 연결되지 않은 부분을 자주 과장해서 뚜렷하게 표현해 놓고 있다. 지도 연구가 이우형은 대동여지도에서는 평야 지대라도 그것이 정맥(正脈)인 경우 모두 대담하게 연결해 과장 표현했다고 지적했다.[16] 대동여지도의 지형 표현법이 산맥 위주라든지 정맥의 미약한 부분을 과장해서 연결했다는 점을 볼 때 우리는 김정호가 풍수설에서 상당한 영향을 받았고, 풍수적인 안목을 가지고 대동여지도를 그렸다고 추측할 수 있

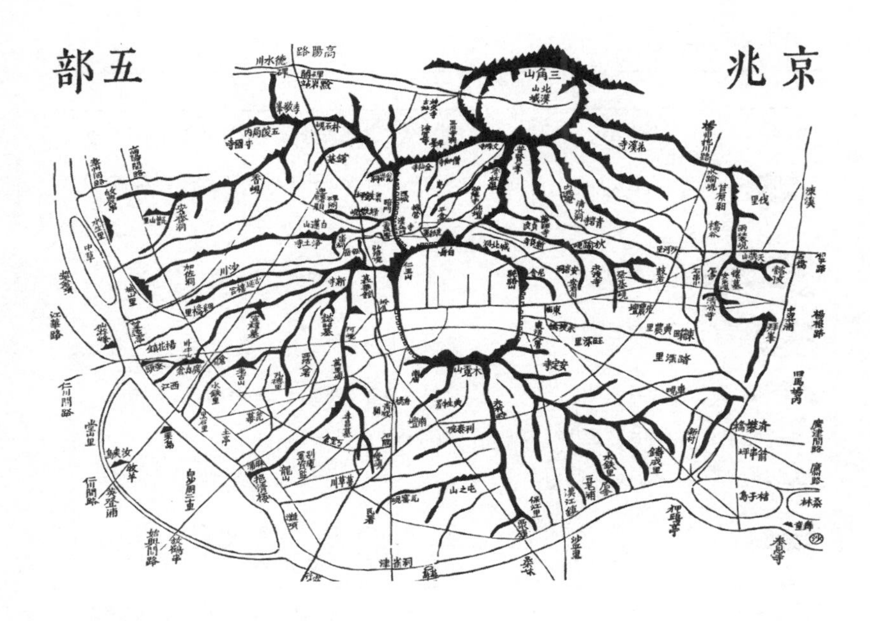

그림 14-2. 한양과 그 인근 지역을 나타낸 경조오부도.

다. 그림 14-2에서 보는 바와 같이 대동여지도의 산맥 표현법은 중국 명나라 시대의 『인자수지』 같은 풍수서에 나오는 풍수 지도의 산맥 표현법과 서로 비슷한 점이 상당히 많다. 이것은 풍수 지도의 산맥 표현법이 대동여지도에 미친 영향의 결과라고 볼 수 있다. 그 당시 서양에서 등고선이 도입되기 전 조선 사회에서 산이나 산맥 지형을 표현하는 방법은 화가들이 사실적으로 그린 그림 지도나, 중첩된 산으로 표현하는 방법, 아니면 풍수서에 나오는 흔히 나오는 명당 지도의 산맥 표현법이었을 것이다. 『인자수지』에 나오는 산맥 표현법은 나름대로 상당히 발달된 지형 표현법이었고, 대동여지도의 산맥 표현법은 이 『인자수지』의 산맥 표현법과 닮은 면이 상당이 있다.

표 14-1. 풍수 지도 지형 표현 부호와 그 의미.

부호	의미	비고
○ ○	풍수혈	명당지, 자주 풍수 형국이 지도에 병기되어 있음
	산봉우리와 산맥	오행에 따라 구분하는 산의 모양, 즉 금, 목, 수, 화, 토의 산 모양을 파악할 수 있음
	산의 윗부분	검은 부분이 두꺼우면 높은 산
	산의 밑부분	흰색 부분이 넓으면 산의 경사가 완만함
	산의 경계	산과 평지의 경계를 선으로 표현
	작은 물줄기	샛강, 냇물 등 작은 강
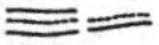	어느 정도 큰 강	큰 강
	바다, 호수, 큰 강 하구 등의 수면	수룡(고기)의 비늘같이 파도를 표현한 것으로 보임 양자강 하구같이 큰 강, 또는 바다를 표현함

* 이 도표의 지도 부호와 설명은 내가 한 것임. 이 풍수 지도 부호표는 Yoon,H.(1992와 2006)에 게재된 것을 번역하고 다시 정리한 것이다.

② **백두산을 조종으로 한 산맥 표시:** 풍수설에 의하면 세상의 중심점 또는 모든 산들의 가장 으뜸이 되는 산(조종 산)은 중국 서부에 있는 곤륜산이고, 곤륜산에서 여러 산맥이 뻗어 나왔는데 그중 하나가 동쪽으로 휘돌아 한국으로 들어왔고, 한국의 모든 산들은 백두산을 조종으로 한다고 한다. 다시 말하면 한국의 모든 산맥의 시작은 백두산이고 한국의 생기는 백두산에서 흘러나와 혈에 쌓인다는 말이다. 대동여지도를 비롯한 우리나라 역대 지도들은 백두산으로부터 뻗어 나오는 정맥의 기세와 방향을 강조하고 있다. 이러한 지도 편집은 바로 대동여지도 역시 당시 만연해 있던, 풍수적으로 땅을 보는 사고 방식(geomantic geomentality)에서 제외된 것이 아니라는 증거가 될 수 있다.

③ **청구도에서 대동여지도로 산맥 표현법 변경:** 청구도에서 산맥의 표현을 산이 중첩된 모양으로 했던 것을 대동여지도에서는 굵기가 서로 다른 검은 선으로 산의 높고 낮음을 표시한 것은 김정호의 독창적인 생각이 아닌 것 같다. 왜냐하면 많은 풍수 지도에서 산맥의 표현을 이와 비슷한 방법으로 이미 오래도록 해 왔기 때문이다. 내가 본 가장 오래된 풍수 지도는 명나라 때 중국 사람인 서선제와 서선술 형제가 쓴 『인자수지』 속에 많이 포함되어 있는 풍수 지도들인데, 이 풍수 지침서는 우리나라에 널리 알려져 애용되어 온 책이다.[17]

④ **청구도 범례에 적힌 풍수적인 지형 관찰법:** 청구도 범례(凡例)에 기술된 "산맥과 수맥은 지면(지형)을 서로 연결한다. 수원이 서로 갈라진 곳을 따라 서

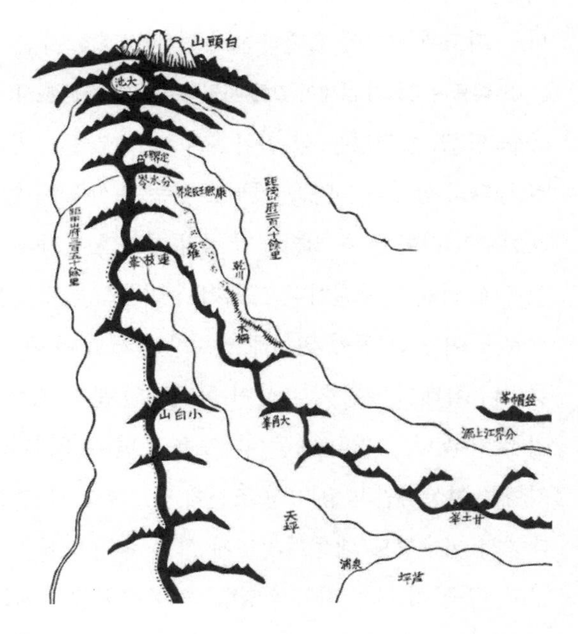

그림 14-3. 대동여지도의 백두산 부분.

로 연결됨을 알 수 있다. 그래서 지도에 산맥을 다 연결해서 표시하지 않더라도 물줄기를 따라 산맥도 짐작할 수 있다."는, 김정호의 지형을 파악하고 지도에 표현하는 기본 자세는 참으로 기발하고 논리 정연하다. 그렇지만 이런 자세가 김정호만의 독창적인 것이라고는 볼 수가 없다. 당시 우리나라에 가장 널리 알려진 풍수 지리서 중의 하나인 『인자수지』에 "대개 두 강이 흘러가는 중간에는 반드시 산맥이 있고, 두 산맥이 뻗어 나가는 중간에는 반드시 물(강)이 있다."라는 풍수 지리에서 지형을 보는 기본 방법이 명기되어 있다.[18] 이런 식으로 지형을 보는 기본 안목은 재래 지관들에게 잘 알려져 널리 사용되어 오던 방법이다. 김정호가 비록 풍수 지리설에서 이러한 지형을 보는 기본 방법을 배웠다 할지라도, 그리고 지도에 산맥을 다 연결해서 표시하지 않더라도 물줄기를 따라 산맥을 짐작할 수 있다는 지도에 지형을 표현하는 방법은 김정호 자신이 응용한 것인 듯싶다.

⑤ **대동여지도의 삼태기 같은 지형과 취락의 주산 표시:** 풍수 지리설에 의하면 풍수 혈 또는 명당은 삼 면이 모두 산으로 둘러싸여 마치 말발굽이나 시골 농가의 삼태기 모양을 이루고 있는 주산 밑에 있다. 우리나라 취락들이 대체로 이러한 풍수 지리설의 명당 지형의 원리에 따라 자리 잡고 있다는 것은 잘 알려진 사실이다. 그래서 우리나라 취락들은 대개 산을 등지고 앞으로 들이 있는 곳에 위치해 있지만 실제로 아주 이상적인 명당지인 말발굽이나 삼태기 모양으로 산이 둘러싸인 분지 지형에 위치한 취락들은 그리 많지 않다. 그러나 대동여지도를 보면 우리나라 취락이나 능침의 주위 지형을 이상적인 명당 지형 조건에 맞도록 과장 수정한 예가 많다. 이 점에 대해서 이우형도 대동여지도에 산을 수용함에 있어 높낮이에 관계하지 않고, 그 산이 갖는 지역적 영향, 즉 풍수와 관계되는 군현(郡縣)의 조산, 종산, 진산, 주산, 안산 등의 수용에 각별했다고 지적하고 있다.[19] 대동여지도

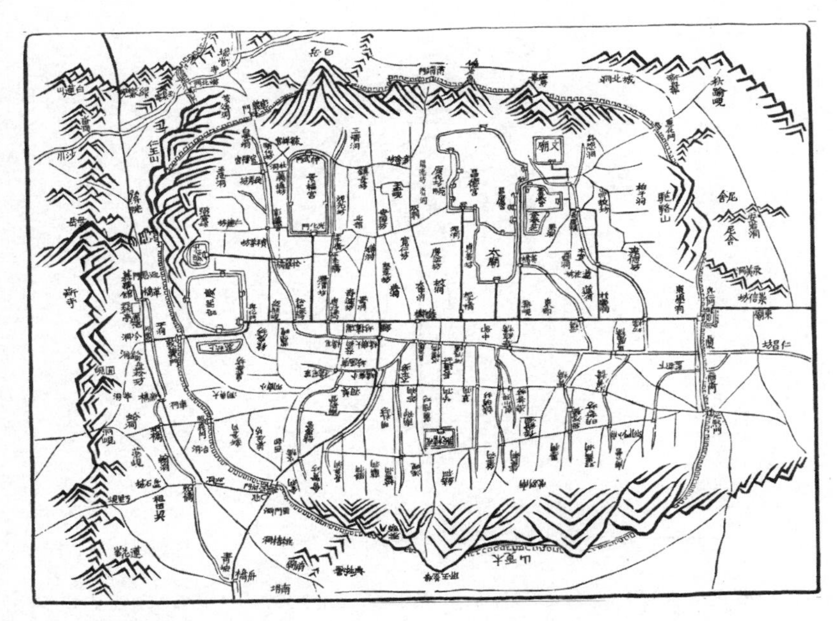

그림 14-4. 대동여지도의 도성도.

에 나타난 군현이나 능침이 말발굽같이 생긴 이상적인 풍수 지형(말발굽 같은 지형)에 위치한 것같이 표현된 것은 사실 실제 지형과 차이가 많다. 왜 김정호는 풍수적으로 중요하다고 느껴지는 군현이나 능침의 자연 환경을 표현함에 있어서 사실을 어느 정도 무시하면서까지 풍수설에 맞는 지형으로 지도에 나타내려 했을까? 나는 이것이 우연이 아니고 김정호가 갖고 있던 개인의 풍수적인 사고 방식, 즉 당시 사회에 만연되어 있었고 지형 파악에 기본이 되어 있던 풍수적인 지오멘털리티의 표현이라고 본다. 이러한 면들로 미루어 보아 김정호는 어느 정도 풍수적인 안목을 가지고 지형을 파악한 흔적을 자신이 그린 지도의 지형 표시에 남겨 놓고 있다고 볼 수 있다.

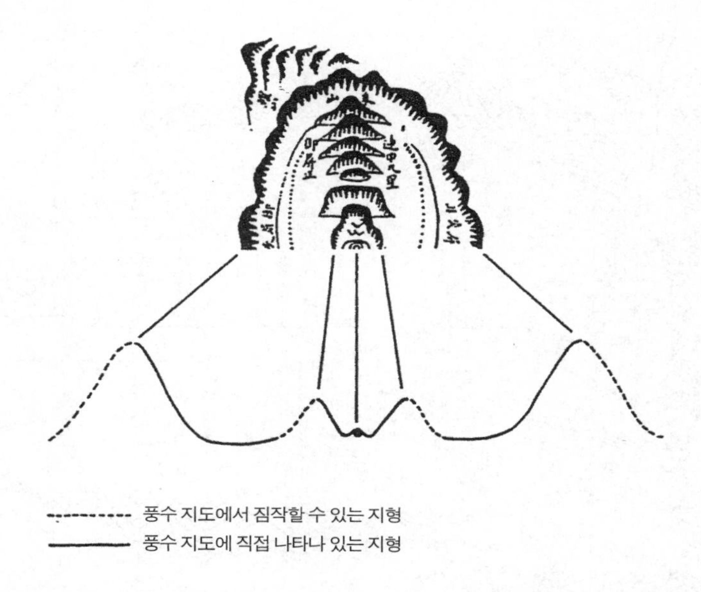

그림 14-5. 풍수 지도의 지형 높낮이 단면도. 이 도표는 Yoon, 1992와 2006에 게재된 것을 번역한 것이다.

5. 대동여지도의 조상이 되는 지도들

기존 연구 성과에 의하더라도 대동여지도의 족보는 김정호 자신의 족보보다 더 확실하게 밝혀졌다. 다시 말해서 김정호는 대동여지도를 판각하기 전에 그 원도가 되는 청구도와 동여도를 손수 그렸고 그 지도들을 수정 보완해 판각한 것이 대동여지도라는 것과, 김정호가 역대 우리나라 지도들을 두루 수집해서 참고해 지도를 그렸다는 점 등은 이미 기존 연구 성과로도 잘 정리되어 있다.[20] 여기서는 이러한 기존 연구 성과에 나의 조사와 견해를 덧붙여 대동여지도의 조상이 되는 지도들을 간단히 분류해 보기로 한다. 나는 대동여지도의 조상뻘 되는 지도는 김정호 자신이 그린 지도들, 풍수 지도들, 역대 우리나라 지도들, 중국을 통해 들어 온 서양 지도나 서양풍의 지도(들) 등 네 가지 종류로 나눌 수 있다고 생각한다. (그림 14-7 참조)

김정호 자신이 그린 지도들

대동여지도를 판각하기 전에 김정호는 그 원도가 되는 청구도와 동여도를 손수 그렸다. 청구도는 고산자가 30여 세 때 당시까지 있었던 여러 가지 지도로부터 자료를 수집하고 보완해 제작한 것이고, 동여도는 그로부터 20여 년 후 청구도를 보완하고 개선해 제작한 좀 더 사실적이고 정확한 전국 지형도인데 새로이 지도표와 지역 간 거리를 표시하는 십리표(十里標)를 지도에 도입했다.[21]

대동여지도는 고산자가 60대 나이에 동여도를 그대로 판각한 것인데, 판각상의 제약 때문에 동여도에 있는 많은 지명들이 이 지도에는 표기되지 않은 것으로 보인다고 한다.[22]

풍수 지도들

앞에서 논의한 것과 같이 대동여지도의 산맥 표현법이나 취락이나 능묘의 주위 지형의 과장된 표현을 볼 때 풍수설 및 풍수 지도의 영향이 이 지도에 작용했다고 본다. 어릴 때부터 김정호가 접해 온 풍수 지도는 그 지방 지관들이 그린 풍수 지도나 여러 가지 풍수서에 나오는 풍수 지도들이었을 것이다.

우리나라의 역대 표준 지도들

김정호가 당시까지 있었던 여러 가지 지도들에서 기본 자료를 수집하고 그것을 수정하고 보충해 지도를 제작했다는 점은 이미 기존 연구 성과로도 충분히 증명됐다고 생각한다. 기존 연구 성과는 세 가지로 나눠 볼 수 있다.

① 이상태가 제시한 김정호에 대한 당시의 기록들, 즉 최한기, 유재건(劉在建), 신헌(申櫶)의 기록 모두가 김정호는 기존 지도들을 두루 참고해 보완·발전시키고 집대성해서 지도를 만들었다고 한 것.[23]

② 정상기의 동국지도가 대동여지도의 선구 역할을 했으며 일정한 거리 축척을 사용했고 당시 우리나라의 표준 지도 역할을 해 왔다고 이병도는 밝히고, 김정호의 대동여지도는 이 동국지도에서 "자극과 영향"을 받았던 것 같다고 했다.[24] 김경성도 대동여지도는 정상기의 동국지도를 기본 도로 이용해 만들어졌다고 했다.[25] 비록 대동여지도가 동국지도보다 훨씬 발전됐고 개량된 것이 사실이지만 두 지도는 여러 면에서 유사한 점이 많다.

이병도, 이찬, 이우형은 김정호가 그 당시 있었던 여러 지도를 참고해 청구도를 완성시킨 것으로 보아야 한다고 했으며, 청구도 범례에 나오는 정철조(鄭喆祚), 황엽(黃燁), 윤영(尹鍈) 등의 지도가 청구도의 기본 지도 또는 참고 지도로 쓰였을 것이라고 추측했다.[26]

③ 김정호는 당시 국가 기밀 지도였던 비변사의 지도들까지도 신헌 등을 통해 제공받아 보았다는 사실은 그가 당시 있었던 지도를 수집할 수 있는 대로 모두 수집해서 대동여지도 제작에 참고했다는 것을 간접적으로 시사해 준다.[27]

정리해 보면, 고산자는 섬세하고 주의 깊은 학자로서 당시 이용이 가능한 모든 지도를 검토하고 비교해 그의 위대한 지도를 그린 것 같다.

서양 지도나 서양풍의 지도

청구도에서 쓰이지 않았던 지도 표(legend, 지도 범례)가 갑자기 동여도에 아주 완숙하게 발전된 모습으로 도입되었다는 점을 우리는 주시해야 한다. 대동여지도의 지도 표는 동여도의 것과 비슷하다. 동여도 이전의 우리나라 지도에서는 글로 쓴 범례는 있었지만 지도 표는 쓰인 적이 없었고 특히 인문 환경을 지도 기호로 지도에 표시한 것은 극히 제한되어 있었고 주로 글자로 써서 표시했었다.

동여도에 와서 갑자기 지도 표라는 도표에 26종의 지도 기호가 체계적으로 설명되어 있고, 대동여지도의 지도 표에는 22종의 기호가 질서 정연하게 설명되어 있다. 글로 쓴 재래식 범례와 동여도(및 대동여지도)의 지도 표를 비교해 보면, 지도 표는 혁명적이었다. 동여도(및 대동여지도)는 그 이전 지도들과 판이하게 다른 많은 지도 기호를 사용해서 인문 환경을 지도에 표시했고, 지도 표란 도표를 만들어 기호를 체계적이고도 효율적으로 설명하고 있기 때문이다.

김정호는 과연 어디서 여러 가지 지도 기호를 사용하고 그 기호를 지도 표란 도표로 설명하면 편리하겠다고 생각하게 되었을까? 나는 이것이 김정호가 생각해 낸 독창적인 것이라기보다는 중국을 통해 들여온 서양 지도나 서양풍 지도의 지도 표를 보고 영향을 받아 만든 것이라고 생각한다. 다음 몇 가지 사항에 기초를 두고 있다.

① 고산자의 친구 혜강 최한기는 대단한 장서가요 아주 박식한 학자였는데 그는 당시 중국에서 출판된 신간 도서를 많이 구해 보았고, 중국 서적을 통해 서구 사상 및 지리 지식에도 조예가 깊었으며 서구식 세계 지도도 이미 잘 알고 있었다.[28]

이병도가 지적한 대로 김정호는 청구도, 지도식(地圖式)에 보이는 바와 같이 서양 근대 과학 사상에 영향을 많이 받은 것이 틀림없다. 그는 서양 기하학에 의거한 지도의 축소 및 확대를 논했고, 방안(方眼, 일종의 경위선표)을 사용했다.[29]

② 혜강 최한기는 『지구전요(地球典要)』라는 신식 세계 지리책을 저술했는데, 이 책에는 세계 여러 나라의 이름을 비록 한자로 표기하긴 했지만 서양 근대 지명과 서양 발음을 따랐다는 것. 예를 들자면, 아세아(亞細亞), 구라파(歐羅巴), 오대리아(澳大利亞), 아라사(峨羅斯), 오지리아(奧地利亞), 보로토(普魯土), 토이기(土耳其), 의대리아열국(意大理亞列國), 서반아(西班亞), 영길리(英吉利), 아비리가(阿非利加), 남아흑리가(南亞黑利加), 북서흑리가(北西黑利加), 미리견합중국(米利堅合衆國) 등이다.[30] 『지구전요』에 나오는 세계 지도는 재래 한국이나 중국에서 쓰였던 천하도(天下圖) 식의 『산해경』에 기초를 둔 상상

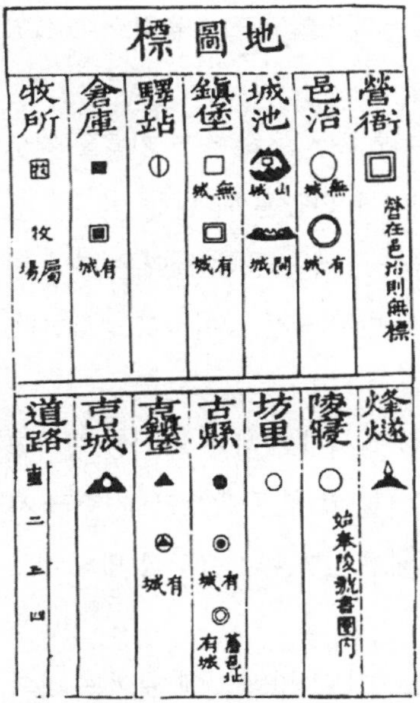

그림 14-6. 대동여지도의 지도표.

도가 아니고 아메리카, 아프리카가 근대식으로 표현된 근대 지도였다는 점. 이를 고려해 볼 때 우리는 최한기가 얼마나 많이 서양 근대의 지리 지식을 섭취했었는지 알 수 있다.

③ 김정호는 이러한 최한기와 친한 친구였으니, 최한기의 많은 책을 빌려 봤을 것이다.

④ 최한기는 청나라 장정병(莊廷旉)이 간행한 『지구도(地球圖)』를 입수해 중간했는데 이때 김정호는 이 지도를 판각해 준 각수(刻手)였다.[31]

이러한 여러 사항들을 고려해 볼 때 김정호는 혜강 최한기로부터 서양인이 직접 만든 지도나 서양 지도의 영향을 받아 만든 서양풍 지도를 구해 봤을 확률이 아주 높고, 최한기로부터 서구 지리 지식 및 지도에 관해 상당히 많은 이야기를 들었을 것으로 추측된다. 서양에서는 16세기에 최초로 지도 표를 사용하기 시작해 18세기 후반부터는 극히 발달된 형태로 발전되어 널리 사용해 왔다.[32] 김정호는 이러한 서구식 지도로부터 지도표의 아이디어를 얻은 것이 아닌가 추측한다. 고산자가 그러한 서구식 지도를 접하게 되었다면 그것은 아마도 청구도를 만든 후이며 동여도를 만들기 전이었다고 생각한다. 왜냐하면 청구도에 사용되지 않은 지도 표가 동여도에 아주 완숙하게 발달된 상태로 도입되어 있기 때문이다.

6. 마무리

이상의 논의를 종합해 볼 때 우리는 대동여지도에 영향을 준 조상 지도들을 잠정적으로나마 네 종류로 나눌 수 있고 그림 14-7 같은 도표로 표시해 볼 수 있다.

대동여지도의 지도 족보도

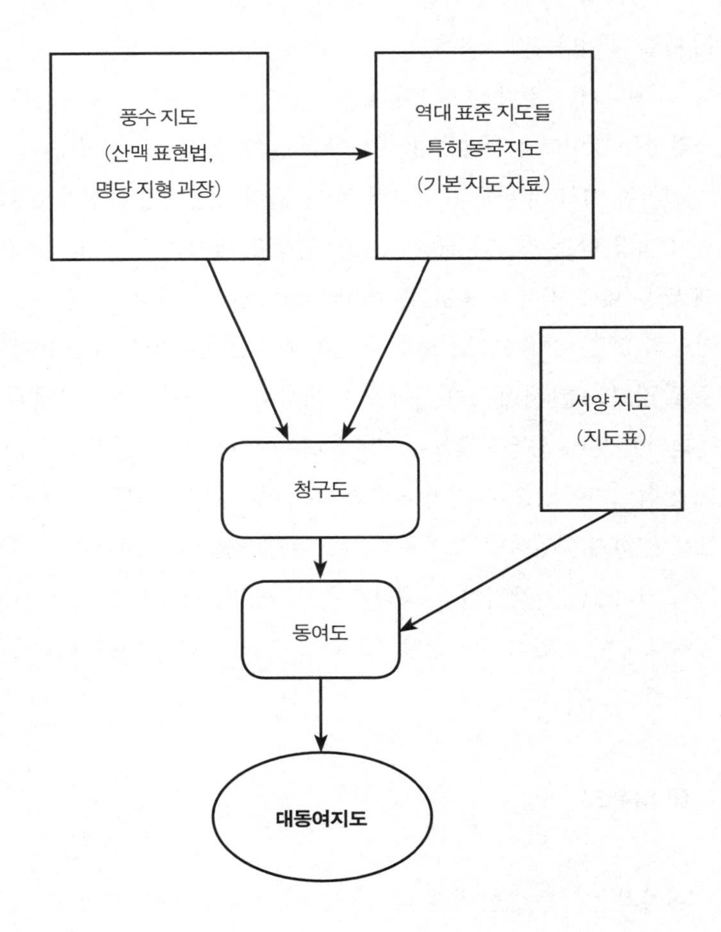

그림 14-7. 풍수 지리설의 영향을 추정할 수 있는 대동여지도의 지도 족보도.

어디까지나 예비 조사에 의한 예비 논의에 지나지 않으므로 대동여지도의 지도 족보론적인 연구가 더 광범위한 고증과 검토를 거쳐 본격적인 연구들이 나오길 바란다.

대동여지도의 조상뻘 되는 지도들을 밝혀 낸다고 해서 김정호와 대동여지도의 위대함을 손상하는 것이 아니다. 오히려 신화적이고 믿을 수 없는 전설적인 면을 벗겨냄으로써 더 생명력 있고 믿을 수 있는 김정호와 그의 대동여지도를 세상에 알릴 수 있다고 생각한다. 인간 김정호와 그의 작품 대동여지도는 신화처럼 취급하기에는 너무나도 진실한 사람이요 위대한 작품이다.

제15장 대동여지전도에 대한 예비 고찰

1. 들머리

김정호와 그의 작품 중 대동여지도나 청구도 및 동여도는 학계의 주목을 받고 상당히 연구되어 왔다.[1] 대동여지전도(그림 15-1)는 김정호의 작품일 것이라고 대체로 추측은 하고 있으나 별로 중요치 않은 것으로 취급되어 본격적인 연구는 고사하고 김정호와 그의 작품 연구에서 거의 언급조차 되지 않고 있다. 그래서 아직까지 대동여지전도의 정체와 그 학문적 가치를 따져 본 논문이 없다고 한다. 그러나 대동여지전도가 중요치 않다고 단정하기 전에 그 지도를 분석·음미해 그 지도의 제작자가 누구인지 따져 보고 그 지도의 학문적 값어치를 가늠해 봐야만 한다고 생각한다.

만약 이 지도가 정말로 김정호에 의해 만들어졌고 특히 그 지도에 포함된 우리나라 국토를 해설한 짧은 글(이하 서문(序文)이라고 함)이 김정호 자신의

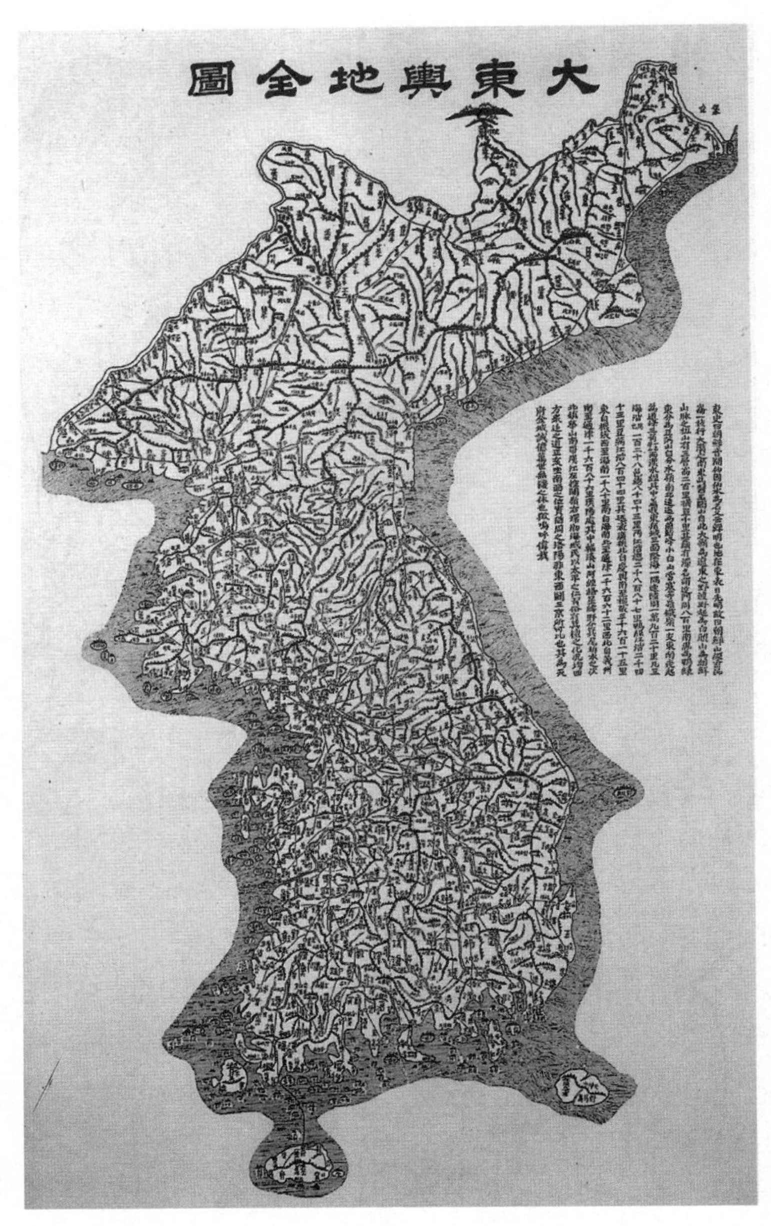

그림 15-1. 대동여지전도 숭실대 본. 숭실대학교 박물관 소장 자료.

것이라면 이 지도(서문 포함)는 김정호와 그의 업적 연구에 있어서 매우 중요한 실마리를 잡을 수 있게 해 준다고 생각한다. 또한 이 지도와 그 속에 포함되어 있는 서문이 김정호 자신의 것이 아니고 다른 사람이 쓴 것이라고 하더라도 이 지도는 김정호와 그의 업적들을 연구하는 데에 그런대로 무시할 수 없는 가치가 있다. 왜냐하면 이 지도는 누가 만들었든지 간에 김정호의 대동여지도와 밀접한 관계가 있는 것이 사실이기 때문이다. 그러므로 이 글에서는 대동여지전도에 포함되어 있는 서문을 번역·소개해 이 지도와 서문이 과연 김정호의 작품인지 아닌지 따져 보고, 그것이 김정호 연구에 있어 어떤 의미를 갖는지 고려해 보고자 한다.

2. 두 개의 다른 판본들

대동여지전도는 최근 몇 번 복사되어 일반과 학계에 배부되어 왔다. 그 중 실물과 같이 잘 복사된 판본의 하나가 1991년도에 성지문화사에서 펴낸 것이다(이하 복사본이라 함). 그런데 이 판각본은 그 지도의 서문 중 상당수의 잘못된 글자[誤字]가 보이는 판본이다.

최근 들은 바에 의하면 이 대동여지전도는 몇몇 다른 판본들이 전해 내려온다고 하나 아직 이러한 판본들을 모두 확인해 볼 기회는 없었다. 그러나 다행히 숭실대학교 박물관에 소장된 대동여지도 판본을 볼 수 있는 기회가 있었다. 이 판본을 최근 복사되어 배포된 복사본과 비교해 보면 서문의 내용은 똑같으나 숭실대 본의 서문에는 복사본에 보이는 잘못된 글자가 보이지 않는다. 잘못된 글자란 주로 옮겨지는 과정에서 빚어지는 실수임을 고려할 때 숭실대 본이 복사본의 원본이거나 더 원본에 가까운 판본이라고 생각된다.

이를 고려할 때 현재 남아 있다고 하는 대동여지전도의 여러 판본들은 그중 어느 본이 원본 또는 좀 더 원본에 가까운 본이고 다른 본들은 그 원본을 베껴 출판한 것이라고 짐작된다. 앞으로 지도 족보론적인 방법으로 여러 판본들을 세밀히 비교 검토 해 여러 판본들의 상호 연관 관계를 밝히고 어떤 본이 원본 또는 원본에 더 가까운지 밝히는 것이 중요하다고 생각된다.

숭실대 본과 복사본을 비교해 보면 숭실대 본은 "兩江沿總二千八百八十七里"로 옳게 쓰여 있으나 복사본은 "丙江沿總二千八百八十七里"으로 되어 있다. 복사본의 '丙江'은 '兩江'의 오자가 확실하다. 문맥을 놓고 봐도 확실하다. 그 글에 나온 기록을 보면 압록강 2043리와 두만강 844리를 더하면 총연장 길이가 2,887리가 되므로 "兩江沿總二千八百八十七里"로 읽어야 마땅하다. 이 서문에서 강 하나의 길이를 표시했을 때는 '總' 자를 쓰지 않았다. '丙江'이 잘못된 글자임은 대동여지도 『지도유설』을 보면 더욱 확실하다. 『지도유설』에는 이 기록과 같은 내용이 그대로 보이는데 그곳에는 "兩江沿總"으로 되어 있다. 『지도유설』에도 강 하나의 길이를 표시할 땐 '總' 자를 쓰지 않았음을 알 수 있다. 그러므로 복사본의 '丙江'은 바로잡아 읽는 것이 마땅하다.

숭실대 본에는 "潭名謂闉門周八十里"로 되어 있으나 국립 중앙 도서관 소장본에는 "潭名謂達門周八百里"로 되어 있다. 숭실대 본의 기록은 『대동지지』 및 증보 『문헌비고』의 기록과 내용이 일치하며 '闉門'이라는 한자도 『대동지지』와 일치한다. 그러나 복사본에는 '闉'이 '達'로 '八十里'가 '八百里'로 잘못되어 있다. 이것은 복사본의 필사자(판각자)가 베끼는 과정에서 빚어진 잘못이라고 생각된다. 숭실대 본에는 "非東西關二京所可此

也"라고 되어 있으나 항간에 나도는 복사본에는 '二京所'가 '三京所'로 되어 있다. 이 또한 필사자가 베끼는 과정에서 생긴 잘못으로 보이며 여기서 말하는 '이경(二京)'이란 중국의 장안(長安)과 낙양(洛陽)을 일컫는 듯하다. 그래서 여기서는 원본에 더 가깝다고 생각되는 숭실대 본 대동여지도를 연구 대상으로 사용했으며 필요에 따라서 복사본과 비교했다.

3. 대동여지전도의 서문

대동여지전도에 포함되어 있는 서문의 내용을 보면 먼저 조선이란 이름의 유래를 설명했고, 그다음 우리나라 산맥들의 조종이 되는 백두산의 근원이 곤륜산에서 온다는 것을 재래 풍수사들이 설명하는 식으로 소개하고 한반도의 동서와 남북의 거리를 밝혔다. 서문의 끝부분은 한반도의 수도인 서울의 지리적 위치가 훌륭함을 찬양하고 나라의 장래를 축성한 글이다.

숭실대 본 대동여지전도의 서문을 번역하면 다음과 같다.

> 동사(『동사보감』)에 말하길 조선(朝鮮)은 조선(潮仙)이라고 읽는다고 했다. 왜냐하면 물이 좋아서 그렇게 이름 지어졌다고도 하고 또는 선명하다는 뜻이라고도 한다. 땅이 동쪽 끝에 있어서 해가 먼저 밝기 때문에 조선이라고 했다고도 한다. 『산경(山經)』에 말하길, 곤륜산의 한 가지가 큰 사막의 남쪽을 지나 동쪽에 와서는 의무려산(醫巫閭山)이 되었는데 이곳으로부터 크게 끊어져서 요동 평야가 되었고, 이 평원을 건너서 솟아난 것이 백두산인데, (이 산은) 조선 산맥들의 조종 산이 된다. 이 산은 삼 층으로 되어 있는데 그 높이가 200리, 그 너비가

1,000리나 된다. 그 산 꼭대기에는 호수가 있는데 그 이름을 달문이라고 하며 그 주위가 80리나 된다. (여기에서) 남쪽으로 물이 흘러 압록강이 되고 동쪽으로 나뉜 것이 두만강이다. (이곳) 분수령에서 남북으로 뻗은 것이 연지봉(燕脂峰)과 소백산(小白山)이 되는데 눈이 오고 추우며, 등령(等嶺)과 철령(鐵嶺)의 한 가지가 동남쪽으로 달려(뻗어)서 솟아난 것이 도봉산과 삼각산이다(원주 — 삼각산은 또한 화산이라고도 한다). 그리고 한강이 그 중앙을 흘러간다.

대체로 우리나라 땅은 3면이 모두 바다에 접해 있고 한 모퉁이만이 육지에 연결되어 있는데 그 주위가 10,920리이다. 삼 면의 해안선(둘레)은 128읍으로서 모두 8,043리가 된다. 두 강의 총 연장 길이는 2,887리이고, 압록강은 그 길이가 2,043리이며, 두만강은 그 길이가 844리이다. (한반도의) 길이와 폭이 북쪽으로는 경흥에서부터 남쪽으로는 기장까지가 3,615리이고, 동쪽으로는 기장에서부터 서쪽으로 해남까지가 1,080리이고, 남쪽으로 해남에서부터 북쪽으로 통진에 이르기까지가 1,662리이다. 서북으로 의주에서부터 남쪽으로 통진에 이르기까지가 1,686리이다.

서울은 그 중심에 위치해서 모여드는 산과 강의 얽히고설킴이 별자리에 있어서의 기미와 석목(동북 방향의 성좌)의 위치에 비유되는 곳이다.[2] 북으로 막아 있는 것은 화산이고, 남쪽으로 두르고 있는 것은 한강이고, 왼편으로 당기고 있는 것은 관령이고, 오른편으로 둘러싸고 있는 것은 발해이다. 그 땅의 백성은 태평스럽게 어질며 그 습속에는 기자와 단군의 가르침(교화)이 담겨 있다. 뿐만 아니라 사방에서 모두 (이곳으로) 조공하러 모여드는 식[方來往之道]이다. 좌향이 남쪽을 향해 위치하고 있으니 실제로 주나라의 낙양성(洛陽城)과 같다. 서관과 동관의 두 수도와 비교할 바가 아니다. 이곳(서울)은 하늘이 내려준 견고한 도성으로서 억만 세토록 끝없이 아름다운 곳이다. 오! 위대하도다.[3]

4. 대동여지전도 서문의 내용 분석

앞의 서문을 분석해 보면 이 글의 내용은 몇 군데 다른 문헌에서 기록을 모아 저자가 편집한 것이고 창의적인 면은 극히 적다.

먼저 "東史曰…… 故曰朝鮮" 구절은 이 서문의 저자가 밝히고 있듯이 『동사』 즉 『동사보감(東史寶鑑)』에서 그대로 인용한 구절이다. 권상로(權相老) 편 『한국지명연혁고(韓國地名沿革考)』의 조선조에 의하면[4] 동사보감에 "朝鮮은 音에 潮汕이니 水를 因하여 爲名이라" 하고, 又云 "鮮은 明也니, 地가 東表에 있어서 日이 先明하는 故로 名이라 하고"라고 되어 있다. 『증보문헌비고(增補文獻備考)』에도 똑같은 기사 내용이 단군 조에 포함되어 있는데 이곳에도 '선(汕)' 자로 표기되어 있다.[5] 이것은 대동여지전도 서문의 저자가 『동사보감』이나 『증보문헌비고』에서 옮겨 적는 과정에서 '선' 자로 잘못 적은 것이라고 볼 수 있다. 권상로는 쓰기를 "동국여지승람에는 東表日出의 地에 居한 故로 名이라 했다고 보도했으며, 사기주색은(史記注索隱)에는 朝는 音에 潮요, 鮮은 音에 汕이니 汕水가 有한 故로 名이라 했다."고 고증하고 있다.[6] 따라서 우리는 대동여지전도의 저자가 인용한 서문의 서두는 『사기』까지 거슬러 올라갈 수 있고 무비판적으로 전해 내려오는 조선이란 이름의 유래를 『동사보감』에 있는 구절 그대로 인용했다고 보겠다.

그다음 구절인 "산경운곤륜일지 …… 백두산(山經云崑崙一枝 …… 白頭山)"까지는 아마도 『택리지』의 「팔도총론」의 들머리에 나오는 구절을 인용한 것으로 보인다.[7] 이 구절은 택리지의 내용과 똑같은 것으로서 한문 글귀도 택리지의 '대단시위요동(大斷是爲遼東)'이 대동여지전도의 서문에서는 '대단위요동(大斷爲遼東)'으로 된 차이밖에는 없다.

곤륜산이 세상의 중심인데 이곳으로 한 가지가 동쪽으로 뻗어 나와 우리나라의 으뜸산인 백두산이 되었다는 이야기는 재래 풍수설에서는 잘 알려진 것으로서 당나라 시대의 저서라고 알려진 『감룡경(撼龍經)』에는 "곤륜산시천지골 중진천지위금거물 여인배척여항량 생출사지용돌원 사지분출사세계 남북동서위사파 …… 동입삼한격명향(崑崙山是天地骨 中鎭天地爲金巨物 如人背脊與項梁 生出四肢龍突元 四肢分出四世界 南北東西爲四派 …… 東入三韓隔冥香)"이라는 구절이 보이는데[8] 이 말은 세계의 중심인 곤륜산은 천지의 뼈인데 사람으로 치면 등골과 같은 것으로서 네 가지가 이곳으로부터 동서남북으로 뻗어 나왔는바 그 동쪽 가지가 우리나라(삼한)로 들어왔다는 말이다. 그리고 우리나라에서 널리 신봉되었던 『정감록』의 원전으로 보이는 『감결(鑑訣)』에도 우리나라 산맥을 이런 식으로 파악해[9] "곤륜산에서 온 맥이 백두산에 이르고 원기(元氣)가 평양에 이르렀으나……."라고 표현되어 있다. 이상의 상황으로 미루어 보아 이 대동여지전도 서문의 두 번째 구절은 다분히 풍수적인 지세 파악을 반영하는 구절로서 『택리지』의 「팔도총론」의 들머리 구절을 인용했다고 볼 수 있다.

그다음 구절 "백두산위조선산맥지조 …… 일우연육주일만구백이십리(白頭山爲朝鮮山脈之朝 …… 一隅連陸周一萬九百二十里)"는 우리나라 국경 지대의 산맥과 강 그리고 서울로 연결되는 산맥을 기술한 것이다. 이 구절의 일부는 대동지지의 갑산 백두산 조 기사의 일부를 축소한 것으로 보인다. 대동지지의 "담명왈달문주팔십리(潭名曰闥門周八十里)"는 대동여지전도에도 "담명위달문주팔십리(潭名謂闥門周八十里)"라고 되어 있어 '왈(曰)' 자와 '위(謂)' 자의 차이가 있을 뿐이다. 백두산과 압록강 및 두만강의 수원에 관한 이 구절은 『대동지지』에 근거를 두었고, 『대동지지』는 또한 『증보문헌비고』에 그 기초를 두고 있는 것으로 보인다.

그다음 구절 "범삼해연 …… 지통진일천육백팔십육리(凡三海沿 …… 至通津

一千六百八十六里)"까지는 우리나라 해안선의 총 길이, 압록강과 두만강의 길이 및 국토의 너비와 길이를 표시한 기록이다. 이 부분은 김정호가 쓴 대동여지도의 『지도유설』의 끝부분에 나오는 기록과 거의 같은 구절이다.[10] 『지도유설』에서는 이러한 수치들이 『문헌비고』에서 나온 것이라고 그 출처를 밝히고 있으나 이곳 대동여지전도 서문에는 그 출처가 밝혀져 있지 않다. 대동여지도 『지도유설』에서는 압록강의 길이가 2,034리로 되어 있으나 대동여지전도에는 2,043리로 되어 있다. 그러나 대동여지도의 『지도유설』과 대동여지전도에는 모두 두만강의 길이가 844리로 되어 있고, 압록강과 두만강을 합한 총연장 길이가 2,887리로 되어 있으므로, 『지도유설』의 압록강 길이 2,034리는 2,043리인 것을 김정호가 잘못 옮겨 적은 실수라고 보는 것이 타당하겠다.

그다음 구절 "한양처기중폭(漢陽處其中幅)"으로부터 "우환발해(右環渤海)"까지는 한양의 지리적 위치가 훌륭함을 풍수적인 냄새가 나게 설명하고 칭찬한 구절이다. 이 부분의 기록은 "용반호거지세(龍盤虎踞之勢)"라는 구절이 더 들어 있는 다시 말하면 좌청룡 우백호가 혈을 옹휘해 싸고 있는 모습을 풍수경전의 표현을 빌려 더 확실하게 풍수적으로 서울의 지형 조건을 설명하는 『동국여지승람』의 구절과 내용과 표현이 아주 닮았다. 『신증동국여지승람』 제1권 경도 상의 시작 부분과 대동여지전도 서문에는 둘 다 북쪽에서 막고 있는 것은 화산(서울의 진산이 삼각산이란 말)이고, 남쪽으로 띠를 두르고 있는 것은 한강이라는 표현과 왼편으로 당기고 있는 것은 (대)관령이고 오른편으로 둘러싸고 있는 것은 발해라는 표현이 아주 비슷하게 쓰여 있다. 또 『신증동국여지승람』의 다른 부분, 즉 비고편, 『동국여지비고』 제1권 시작 부분과 한성부 형승조의 시작 부분에도 비슷한 기술이 보인다. 이러한 정황으로 볼 때 대동여지전도의 이 부분의 기록은 『신증동국여지승람』에 근거를 두고 있거나 아예 『신증동국여지승람』의 표현을 그대로 따온 것으로 보인다. 『동국여지승람』에 실린 서울의 풍수적 지형 조건에 대한 이러한 표현은 당시 지식인들 사이에서는 널리 알려져 상식화된 표현일 수도 있다.

그다음 "역민이태평지인(域民以太平之仁)"부터 끝 부분까지는 한반도의 형세가 길지이고 그래서 이곳이 백성이 살기에 좋은 곳이며 서울은 도읍지로서 아주 훌륭한 곳이라고 칭찬한 것이다.

이상에서 본 바와 같이 이 서문을 분석해 보면 그 한문 문장들이 한 사람에 의해 새로이 작문됐다기보다는 이곳저곳 적당한 구절들을 따다가 약간씩 수정해 편집한 인상이 짙게 풍기는 글이다. 이 서문에서는 대동여지도나 『지도유설』의 내용과 같이 저자의 창의성이 보이는 구절이 거의 없다. 그러나 이 서문의 (편)저자는 상당히 지식이 풍부하고 많은 역사, 지리 서적을 읽은 사람이라고 생각된다. 이것은 『동사보감』이나 『신증동국여지승람』 또는 『택리지』 또는 『산경』이나 풍수서에 나오는 구절이 편집 인용되어 있는 것이나, 『문헌비고』에 나오는 국토에 관한 수치들이 비록 그 출처를 밝히진 않았지만 대동여지도와 거의 동일하게 인용되어 있는 것으로 미루어 보아도 잘 알 수 있다.

5. 저자 판별의 문제점

대동여지전도의 지도 자체와 그 서문이 과연 김정호의 저작인지 아닌지를 고려하는 데에는 다음의 사항들을 염두에 두어야 한다고 생각한다.

대동여지도와 대동여지전도를 비교해 볼 때, 그 지도의 윤곽이나 산맥을 그린 모양새가 대동여지전도는 대동여지도의 축소판임을 바로 느끼게 끔 한다. 대동여지도 윤곽의 특징인 백두산과 압록강 상류부 및 함경북도의 칠보산 부근은 대동여지전도에도 그대로 나타나 있으며 산맥 표현법과 하천 표현법 또한 대동여지도와 동일한 수법이나 하천은 대동여지도에서 복선과 단선으로 강의 크기가 구분되어 있고 대동여지전도에는 모두 복선으로 표현되어 있다. 이상으로 볼 때 대동여지전도의 제작자는 대동여지도를 만든 김정호일 확률이 크다고 본다.

대동여지전도 서문의 필체가 김정호의 친필인지 아닌지 확인할 수 있다면 문제는 더 간단해지겠지만 그것을 지금 확인하기는 어렵다. 현재도 여러 종의 대동여지전도가 있다고 하고 이것이 판각본이라서 김정호의 육필 여부를 확인하기는 힘든 형편이라고 한다. 만약 고려대학교 소장본『대동지지』가 세상에 알려진 대로 김정호의 육필본이라면 대동여지전도 서문의 필체는 숭실대 본이나 시중 복사본 모두 김정호의 친필이 아닌 것 같다. 고려대 본『대동지지』의 필체는 약간 길지만 대동여지전도 서문의 필체는 두 본 모두 한 필체로 보이는바 고려대 본의 그것보다는 약간 옆으로 퍼진 형이다.

『대동지지』나 대동여지도의『지도유설』에 보이는 바와 같이 김정호가 창의적인 해석보다는 자료를 모아 편집하는 데 능한 학자였다고 생각되는 점은 이미 지적한 바 있다.[11] 김정호 글의 특징은 다른 출처의 기록을 인용 편집하는 것이라고 할 수 있는데 이 대동여지전도의 서문은 이러한 김정호 식 문체를 잘 나타내고 있다.

대동여지전도의 지도에는 백두산 천지가 "대지(大池)"로 표기되어 있으나 그 서문에는 "달문(闥門)"이라고 되어 있다. 서문과 지도 자체가 모두 같은 사람에 의해 만들어졌다면 왜 서문에는 "기령유담명위달문(其嶺有潭名謂

闥門)"이라고 해 천지의 이름이 '달문'이라고 표현되어 있는지 의문이 간다. 『대동지지』에도 백두산 천지의 이름이 '달문(闥門)'이라고 되어 있다.

지도의 이름으로 볼 때 대동여지전도란 여러 장으로 나뉜 대동여지도를 함께 붙여 만든 지도란 뜻이니 대동여지전도는 대동여지도의 편리한 보급 축소판으로 만들어졌을 확률이 크다.

여기까지 열거한 대동여지전도 제작자 식별에 있어서 특기할 점들을 생각해 볼 때 이 지도와 서문은 고산자 김정호의 저작인 것으로 마음이 굳어지지만, 우리는 그 저작자의 정체를 다음 세 가지 경우로 나누어 생각해 볼 수 있다.

첫째, 지도와 서문 두 가지 다 김정호가 저자인 경우이다. 대동여지전도의 지도 윤곽과 지형 표현은 대동여지도의 축소판으로 볼 수 있으며 그 서문의 문체가 김정호 식이다. 원본 또는 원본에 더 가까운 판본으로 보이는 성신여대 소장 대동여지전도 서문에는 옮겨 적는 도중 생겨난 것으로 보이는 잘못된 글자가 거의 없다. 오직 '汕'이 '仙'으로 되어 있다. 이렇게 잘못 적은 글자는 — 즉 2,043리를 2,034리로 적은 것 — 대동여지도의 『지도유설』에도 보인다. 이런 점으로 미루어 보아 숭실대 소장 대동여지전도의 지도와 서문 모두가 김정호 자신의 저작일 확률은 매우 높다. 그러나 김정호 같은 학자에게서는 기대하기 힘든 많은 잘못된 글자가 나오는 복사본은 아마도 김정호가 아닌 다른 사람에 의해 필사된 것 같다.

둘째, 지도와 서문 두 가지 모두 김정호의 것이 아닐 경우이다. 대동여지전도의 지도와 서문이 모두 김정호와 아무런 연관이 없을 확률은 아주 적다고 생각한다. 왜냐하면 이 지도는 대동여지도를 그 바탕으로 해서 만든 것이 확실하며 서문의 문체는 김정호 식이기 때문이다. 그러나 이 지도를 김정호가 직접 그린 것이 아니고 다른 사람이 김정호의 대동여지도를 한 장에다 볼 수 있도록 축소해 판각 출판했을 확률은 있으나 서문의 글꼴(문체)로 볼 때 지도와 서문이 모두 김정호 자신의 것이 아닐 경우는 희박하다고 생각한다.

셋째, 지도와 서문 둘 중 하나만 김정호의 저작일 경우이다. 먼저 지도의 제작자는 김정호이고 서문의 저자는 다른 사람일 경우가 있다. 김정호가 자신이 만든 대동여지도를 축소해 더 편리한 한 장의 전도로 대동여지도를 출판한 데다가 다른 사람이 서문을 써 넣은 경우를 상상해 볼 수 있다. 그러나 서문의 문체와 성격을 고려해 볼 때 이러할 가능성은 희박하다고 생각한다. 또, 지도를 다른 사람이 제작하고 김정호가 그 서문을 썼을 경우가 있다. 대동여지도를 김정호의 친척 또는 친구가 축소해 한 장의 전도를 만든 것을 김정호가 서문을 써서 출간했을 경우를 생각해 볼 수 있다. 이 경우도 지도의 됨됨이를 볼 때 그 가능성이 희박하며, 각수이자 지도 제작자인 김정호 자신이 이 일을 다른 사람에게 맡겼을 가능성은 적다고 생각한다.

이렇게 나누어 생각해 본 결과 대동여지전도의 지도 자체와 그 서문은 누구의 것이라고 확실하게 꼬집어 증명하기는 힘들지만 모든 자료가 제시하는 방향은 이 대동여지전도는 김정호의 대동여지도와 밀접한 관계를 가진 지도로서 대동여지도와 따로 떼어서는 생각할 수 없는 대동여지도의 축소 보급판이라고 볼 수 있다. 그래서 이 지도와 그 서문의 저자는 김정호 자신이라고 보는 것이 타당하다고 생각한다. 하지만 아직 이 지도의 다른 판본들을 모두 대조해 보고 이들을 다각도로 더 면밀히 연구하기까지는 다른 모든 가능성을 배제하고 대동여지전도의 저자는 김정호 자신이라고 못 박기 힘들다.

6. 김정호 연구에 있어서 대동여지전도의 중요성

김정호 연구에 있어서 대동여지전도의 값어치는 우선 두 가지의 경우로 크게 나누어 볼 수 있다. 즉 대동여지전도의 서문과 지도 자체가 김정호 자신의 작품인 경우와 그렇지 않은 경우로 대별해서 생각해 보기로 한다.

첫째, 김정호 자신이 저자인 경우이다. 이 지도와 거기에 포함된 글이 김정호 자신의 것이라면 우리는 다음과 같은 중요한 사실을 증명하는 데 큰 도움이 된다.

① **풍수적으로 땅을 보는 김정호의 사고 방식:** 앞의 '대동여지도의 지도 족보론적 연구'에서 밝힌 바와 같이 청구도나 대동여지도는 김정호의 풍수적 사고 방식을 표현하고 있는 것이 분명하지만, 어느 정도나 풍수 사상에 젖어 있는지를 김정호의 지도들을 통해 알아맞히기는 힘들다. 그러나 대동여지전도가 김정호의 저작일 경우 우리는 김정호가 풍수 사상에 상당히 젖어 있었다는 것을 증명할 수 있는 귀한 자료를 하나 더 확보하는 셈이 된다. 김정호가 우리나라 산맥 계열을 풍수적으로(전통적인 풍수 지오멘털리티로) 파악하고 있다는 것이 밝혀지는 셈이며, 서울의 지세 또한 풍수적으로 평가하고 있다는 사실을 알아내는 결과가 된다. 김정호의 지도와 거기에 포함되어 있는 글은 확실히 그의 풍수적 사고 방식을 반영하고 있다. 14장에서 살펴본 바와 같이 풍수 사상은 대동여지전도의 모체인 대동여지도에 영향을 준 중요한 인자들 중에 하나다.

② **김정호의 학자적인 자질:** 김정호는 자료를 해석하는 독창적인 면보다는 자료를 널리 모아 편집해 내는 데에 능한 학자였다는 것과 그가 꼼꼼한 학자적인 성격을 가졌을 확률이 크다는 것을 다시 한 번 강조하게 된다.[12] 이 지도의 서문이 오히려 대동여지도의 『지도유설』보다 더 꼼꼼하게 수치를

바로잡아 적었고 여러 책에서 자료를 모아 편집한 면이라든지, 또는 비록 '산(汕)'이 '선(仙)'으로 되어 있으나 다른 잘못된 글자가 없이 썼다는 점은 이 견해를 뒷받침한다. 대동여지전도의 저자가 김정호 자신일 경우 우리는 김정호 연구에 있어 적어도 위에 열거한 두 가지 사항을 보다 더 확실하게 증명할 수 있게 된다.

둘째, 김정호가 저자이지 않을 경우가 있는데 비록 이 지도가 김정호 자신이 만든 것이 아니라 할지라도 이 지도는 김정호 연구에 있어 중요하다. 왜냐하면 다른 사람에 의해서 김정호 지도의 축소판이 만들어져 보급됐다는 것은 김정호의 지도들 특히 대동여지도가 그 당시부터 얼마나 널리 쓰였는지 가늠하는 데에 도움이 되기 때문이다.

7. 마무리

대동여지전도는 서문의 문체 및 내용 또는 지도의 윤곽이나 지형 표현법으로 미루어 보아 김정호 자신의 저작으로 짐작된다. 만약 이 지도가 김정호가 직접 제작한 것이 아니라 할지라도 이 지도는 김정호와 밀접한 관계가 있는 것이 사실이며 김정호의 학풍을 반영하고 그의 지도가 일반에게 얼마나 널리 보급되었나 가늠하는 데에 유용한 자료가 된다. 비록 이 지도가 김정호가 만든 세 개의 중요한 지도만큼 학적 가치가 없다 할지라도 김정호 연구에 있어서는 빼놓을 수 없는 중요한 자료이다. 특히 현존하는 대동여지전도의 각각 다른 판본들을 지도 족보론적으로 비교 연구해 그들이 어떠한 연관 관계가 있는지 밝히는 것이 대동여지전도의 본격적인 연구에 있어서 그 첫 단계라고 생각한다. 여기서는 대동여지전도 연구의 한 문제점을 해결했다기보다는 문제점을 제시한 데에 불과하며, 대동여지 전도가 좀 더 본격적으로 연구되어 김정호와 그의 작품 연구에 도움이 되기를 바란다.

제5부

마오리와 한국 사이에서

머리말에서 나는 서양에 나가면 한국을 배우고, 한국에 오면 서양을 배운다고 역설 같은 말을 한 적이 있다. 제5부 「마오리와 한국 사이에서」는 바로 이러한 내 경험과 학문의 산물이다. 나는 뉴질랜드의 오클랜드 대학교에 부임한 뒤로 줄곧 뉴질랜드 현지 문화에 관심을 갖게 되었고, 원주민인 마오리 족의 문화를 배우고 전통 마오리 족의 문화 지리를 연구 대상으로 삼았다. 그래서 처음 시작한 것이 마오리 족의 전통 재실이자 공회당인 마라이(marae)와 새로 도입된 기독교 교회와 공동 묘지가 왜 동네에 일종의 성스러운 지역 단지를 형성하고 있는지 알아보는 것이었다.

나는 마오리 족도 아니고 또한 뉴질랜드에 와서 주류 사회를 형성하고 사는 유럽 인(영국인)도 아니다. 전혀 관계가 없는 한국 사람이었다. 나에게는 이러한 종교적이고 성스러운 단지가 형성되어 있는 것이 이상했다. 특히 원주민의 전통 종교적 건물과 새로 도입된 종교의 성지가 함께 한곳에 있는 것은 문화 지리학을 공부하는 나에게는 참 이상하게 느껴졌다. 그러나 그곳에 사는 마오리 족과 유럽 인은 그게 이상할 것이 없었고 그저 받아들였다. 나는 나대로 이것을 공부해 《폴리네시안 학회지(*Journal of Polinesian Society*)》에 발표했다. 주위 몇몇 학자들이 재미있고 색다른 착상이었다고 말해 주었다. 이는 내가 생판 다른 문화적 배경을 갖고 온 외지인이었기에 가질 수 있었던 학적인 발상 때문이었을 것이다. 일종의 학문적인 틈새 시장의 공략인 셈이었다.

그다음으로 하게 된 뉴질랜드의 문화 공부는 뉴질랜드 지도를 보면 마오리 지명들이 아주 많고, 지역에 따라서는 거의 대부분 마오리 지명인데 왜 그런지를 설명해 보는 것이었다. 그래서 마오리 지명과 유럽 지명이 어떻게 분포되어 있고 왜 그렇게 분포되어 있는지 지도에 나타난 지명을 분석해 알아보았다. 마오리는 어떻게 보면 문화적으로는 서양에 정복된 상태라고 생각했는데 그렇게나 많은 마오리 지명이 실제로 쓰이는 공식 지명으로 남아 있다는 데 놀랐다. 그러나 뉴질랜드의 중요한 도시 이름은 대제로 유럽식이고, 작은 도시나 시골 동네나 동네 산이나 강 이름은 대체로 다 마오리 지명인 것을 알게 되었다. 이러한 현상은 유럽 이주민들이 마오리 족들에게 행한 문화 식민주의적인 면이 보이는 것이었다. 이러한 나의 뉴질랜드 지명 연구는 처음에 뉴질랜드의 지리학회지에 실렸는데 반응이 상당히 긍정적이었다. 이 연구는 뉴질랜드 정부에서 주도해 만든 뉴질랜드 역사 지도에도 인용된 것을 나중에 알게 되었다. 이러한 마오리 족의 문화 지리학 공부를 통해 한국의 지명을 되돌아보게 되었다.

외국에 사는 한국 사람들에게는 한국이 마음속에서 우주의 중심으로 자리 잡고 있는 경우가 많다. 나도 외국 공부를 하면 자연히 한국은 어떤가? 왜 다를까? 또는 왜 같을까? 생각하게 된다. 그래서 뉴질랜드 지명을 공부한 방법을 그대로 한국의 지명 분석에 적용해 보니, 한국은 뉴질랜드의 마오리와 다른 독립된 민족 국가를 가진 민족인데도 불구하고, 훨씬 더 심하게 한자(중국) 지명화되어 있다는 것을 알게 되었다. 내가 뉴질랜드 지명을 공부하지 않았다면, 한국의 도시 이름들이 서울을 제외하고는 모두 한자식 지명인 것을 당연하거니 했을 것이고 이것이 한국 지명, 나아가 한국 문화의 중국화 정도를 말해 주는 척도가 될 수 있다는 것은 생각지도 못했을 것이다. 여기에 모은 글들은 뉴질랜드 문화 지리 공부를 통해 새롭게 보게 된 한국의 문화 지리에 대한 글들이다. 특히 한국 지명에 대한 글들이다.

땅을 보는 마오리 족의 마음 틀, 즉 마오리 지오멘털리티가 재래 한국 문화와 가까운 면이 많다는 것은 마오리 족의 민속을 공부하면서도 피부로 느낄 수가 있었다. 자기들의 정체성을 표시하는 속담이라고 할까 단시조 같은 표어라고 할까 하는 것이 부족 별로 있는데 이들의 정체성 또는 전통식으로 어디에 자기들이 사는지를 알리는 시구이다. 이 시구에서는 항상 자기들의 산 이름이 먼저 나오고, 그다음이 강이나 호수 이름 그다음이 자기들의 부족 이름이다.

나는 이러한 마오리 족 전통 문화를 공부할 때, 조선조에서도 청나라에 굴복을 반대하던 김상헌이 만주로 붙잡혀가기 전 마지막으로 지은 시에 삼각산이 먼저 나오고 그다음이 한강수인 것이 생각나 코끝이 시큰했다. 마오리 족이 고향 땅을 사랑하는 마음과 한국 사람들이 고향 땅을 사랑하는 마음에는 서로 통하는 면이 있다고 생각했다. 그래서 여기에는 내가 뉴질랜드와 한국 사이를 오가며, 마오리 족 문화와 한국 문화 사이를 공부하며 느끼고 배운 것을 우리말로 전하고자 모아 놓았다.

제16장 태극도설과 마오리 신화에 담긴 지오멘털리티

1. 들머리

여러 민족이 가지고 있는 창조 신화에 나타난 땅을 보는 마음 틀은 크게 두 가지로 나눌 수 있다. 하느님이 세상 만물을 창조했다고 보는 마음 틀과 세상은 점차 여러 단계를 거쳐 진화해 왔다고 보는 마음 틀이다. 창조 신화의 마음 틀의 한 예는 하느님의 신비로운 창조 계획에 의해 천지가 창조되었다고 보는 「창세기」에 나타난 유대 · 그리스도교적인 견해이고, 진화론적인 견해를 보이는 마음 틀의 보기로는 뉴질랜드 마오리 신화와 중국의 태극도설(太極圖說)에 나타난 음양오행설 등을 들 수 있다. 그러나 마오리와 태극도설은 같은 진화론적인 견해로 보이면서도 상당히 큰 차이점이 있다. 그래서 여기에서는 마오리 신화와 중국 음양오행설에 나타난 땅을 보는 마음 틀을 비교·대조해 보기로 한다. 음양오행설은 한국인의 마음 틀(전통 심성) 형성에 중요한 일부분을 차지하고 있음은 말할 필요가 없다. 이 두 진화론적인 사고 방식이 어떤 연관 관계가 있는지 알아보는 것은 목적이 아니다. 그러나 이 두 마음 틀을 비교·대조함으로써 두 사상의 본질을 더 분명히 이해할 수 있을 것이라고 본다.

2. 마오리 창조 신화에 나타난 땅을 보는 마음 틀

마오리 족의 땅을 보는 마음 틀의 알맹이는 마오리 족 창조 신화에 가장 잘 나타나 있다. 왜냐하면 마오리 족 사람들은 신앙심 깊은 그리스도교인들이 「창세기」의 창조 신화를 믿는 것같이 그들의 창조 신화를 사실로 믿었기 때문이다. 먼저 마오리 족 창조 신화에 나타난 마오리 족의 땅을 보는 마음 틀을 들여다보기 전에 그 신화를 요약해 소개한다.[1]

태초에 어둠만 있던 세상에 부부인 하늘 랑기(Rangi)와 땅 파파(Papa)가 서로 껴안고 있는 상태로 나타났다. 이들 부부는 자녀를 낳아서 자기들 사이에 두었기 때문에 자식들은 어둠 속에서 지내야 했다. 결국은 이들 자식들이 비좁고 어두운 부모 사이에 갇혀 지내는 것에 불만을 품고, 자기들 부모를 떼어 놓기로 음모를 했다. 자녀들 중 가장 중요한 여섯 자녀들은 다음과 같다.

타네마후타(Tane-mahuta, 나무숲), 투마타우엥아(Tu-matauenga, 사람), 롱고마타네(Rongo- matane, 고구마), 하우미아티케티케(Haumia- tiketike, 야생 고사리류의 뿌리), 탕가로아(Tangaroa, 바다와 물고기), 타휘리마테아(Tawhirimatea, 폭풍우).

여섯 중 다섯 자녀들은 껴안고 있는 부모를 떼어 놓는 음모에 동의했으나 오직 비바람만이 그들을 떼어 놓는 것에 반대했다. 다섯 자녀들은 차례로 부모

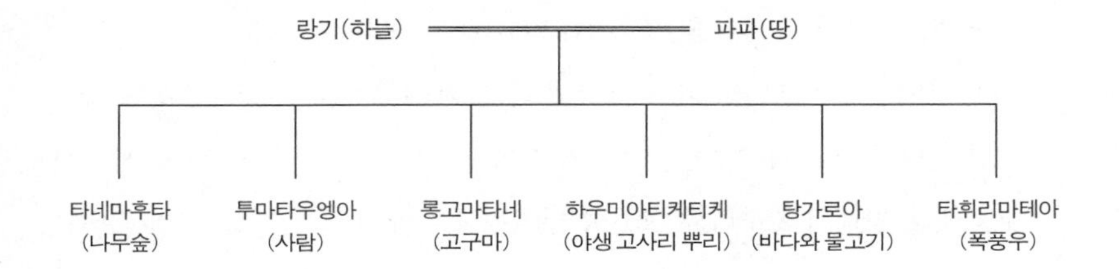

그림 16-1. 마오리 신화에서 등장하는 환경 요소들의 가족 관계도.

를 떼어 놓으려고 해 보았으나 마지막으로 만형 나무숲의 차례가 왔을 때까지 모두 실패했다. 나무는 천신만고 끝에 머리를 땅에 박고 물구나무를 서서 하늘을 발로 밀어 올려 부모를 갈라놓는 데 성공했다. 그래서 하늘(아버지)은 땅(어머니)로부터 멀리 떨어져 높이 올라가게 되었다. 그래도 부모는 멀리 떨어져 있으면서도 사랑과 떨어져 있는 슬픔을 표현한다는데 땅에서 올라가는 아지랑이는 어머니가 아버지를 사랑하는 상징이고, 하늘에서 내려오는 비와 이슬은 아버지가 어머니에 대한 사랑의 표현이다. 부모를 떼어 놓는 것을 반대한 타휘리마테아(바람과 폭풍우)는 다른 형제들과 달리 아버지와 함께 하늘로 올라간 뒤에 폭풍우의 힘을 길러 지상에 남은 자기 형제들을 공격했다. 자신의 반대에도 불구하고 부모를 떼어 놓은 것이 화가 나서 복수를 시작한 것이었다. 폭풍우는 거세게 지상에 있는 자기 형제들(나무, 바다 등)을 강타했다. 그래서 숲의 나무는 넘어지고 가지는 부러졌으며 그다음 탕가로아(바다)를 공격해 큰 해일을 일으켰다. 탕가로아의 자손들 중에는 물고기와 파충류가 있었는데 파충류는 지상의 숲 속으로, 물고기는 큰 바다 속으로 도망갔다. 그래서 탕가로아는 그 자손의 일부를 만형인 타네에게 잃었다. 그래서 바다는 숲을 공격해 침식하고 이에 대항해 숲은 나무를 사람에게 제공해 배를 만들고 고기를 낚아 물고기를 잡게 했으며 이에 대항한 바다는 큰 물결로 배와 사람을 삼키곤 했다.

타휘리마테아는 그다음 고구마(롱고마타네)와 고사리 뿌리(하우미아티케티케)를 공격했다. 당시 고구마와 고사리 뿌리는 땅 위에 살았는데 폭풍우에 쫓겨 도망 다니는 것을 자애로운 어머니인 땅이 집어다 자기 품속에(땅속에) 넣어서 보호했다. 그래서 고구마와 고사리 뿌리는 땅속에서 살게 되었고, 폭풍우는 그들을 더 이상 혼내 주지 못하게 되었다.

투마타우엥아만 빼놓고 모든 지상의 형제들을 공격해 혼내 준 폭풍우는 마지막으로 사람을 공격했다. 폭풍우는 전력을 다해 사람을 공격했으나 심한 폭풍우 속에서도 꿋꿋이 땅 위에 서 있었다. 그래서 폭풍우는 후퇴를 했다. 지상에서는 사람만이 폭풍우와 힘을 겨룰 수 있는 존재로 남게 되었다.

폭풍우가 하늘로 물러간 뒤, 사람은 자신이 폭풍우와 싸울 때 나서서 도와주지 않은 비겁한 지상의 형제들에게 복수하기로 마음먹고 공격하기 시작했다. 그래서 사람은 나무를 자르고, 가지를 치고, 새를 잡아먹고 고기를 낚으며, 고구마와 고사리 뿌리를 캐서 먹게 되었다.

이상의 마오리 족 신화로부터 우리는 여러 면의 마오리 환경 사상을 볼 수 있다. 그 첫째는 자연 환경은 인간의 가족 관계와 같다는 사상이다. 신화에서 보면 하늘과 땅은 주요한 여섯 자녀의 부모이고 이 자녀들은 또한 많은 자녀들을 낳아서 오늘의 지구 환경을 이룩하게 된다. 이런 논리로 보면 마오리 족 신화에서는 모든 환경 인자를 가족의 일원, 즉 아버지, 어머니, 형제 등으로 인식하고 있다. 다시 말하면 마오리 족 식의 생태계 인식은 환경 체계를 가족 관계로 보는 것이다.

둘째로, 모든 환경 인자는 하늘과 땅의 두 부류로 나뉜다. 환경을 이원론으로 구분하는 것은 두드러진 마오리 족 철학이지만 마오리 족 신화에서는 인간과 자연이 대조되는 두 개념으로 등장하지 않는다. 인간은 자연 환경 인자 중의 하나이며 하늘과 땅의 자식이다. 나무, 바다, 폭풍우, 물고기, 새와 고구마의 형제인 것이다. 이러한 면은 인간과 자연의 이원론을 받아들여 인문 지리와 자연 지리의 이원론을 인정하는 지리학의 현 상태와 대조된다.

셋째, '환경 가족(environmental family)'의 집안 싸움이 심하다는 것이 두드러진다. 신화에는 부모와 자식 간의 불화와 갈등이 현저하고 그래서 자식이 부모 사이를 갈라놓으며 형제 간에도 서로 싸움으로써 환경이 진화되어 간다는 것을 말한다. 이러한 환경 가족은 각자의 권익을 보호하기 위해 서로 싸운다. 환경 인자 상호 간의 투쟁이란 그들 관계의 가장 두드러진 면이다.

넷째, 마오리 족의 '땅을 보는 마음 틀'에는 인간이 자연 환경을 지배해 오직 대기(기후) 환경만 인간이 정복하지 못했고 인간과 힘이 비슷한 라이벌로 남아 있게 되었다고 본다. 인간은 지상의 형제들인 환경 인자를 하나하나 모두 정복해 그들을 채취하고 이용할 수 있는 권리를 갖게 된 것이다. 이런 면을 볼 때, 마오리 족의 마음 틀에서는 사람이 지상에 존재하는 자연 환경보다 우수하다는 것을 암시하고 있다.

다섯째, 마오리 족은 지상의 자연 환경에 친근감을 가지고 위협을 느끼지 않는다. 그러나 하늘의 상태 즉 대기 환경으로부터는 위협을 느끼고 불편한 관계에 있다는 것을 마오리 족 신화는 말하고 있다. 대기 상태(기후)를 잘 모르는 것은 전 세계 대부분의 사람들이 경험하는 것이겠으나, 뉴질랜드의 마오리 족에게는 변화가 많고 예측하기 힘든 기상 상태가 최대의 미지수로 남았던 것 같다. 신화에서 인간은 폭풍우에게 정복당하지 않았다. 인간도 폭풍우(기후)를 정복하지 못했다. 신화에 의하면 대기 상태는 예측하기도 힘들거니와 인간이 조종할 수 있는 성질의 것이 아니라는 것을 말해 준다. 그러나 다른 지상의 환경 인자와 같이 강한 폭풍우에 모두 흔들리거나 부러지거나 무너지는 것이 아니고, 오직 인간만이 이 폭풍우를 꿋꿋이 견뎌낸다고 본 것 같다.

여섯째, 마오리 족 신화에서는 인간이 비록 생태계에서 가장 뛰어난 존재로 부각되어 있지만 인간이 자연 환경의 일부라는 것을 보여 준다. 비록 인간이 지상의 자연을 정복했다고 마오리 족 신화는 말하지만, 인간은 지상의 다른 생명체들과 같이 하늘과 땅의 자식들로 태어났다.

일곱째, 모든 환경 인자들은 마오리 족 신화에 있어 의인화(인간의 속성을 띤 것같이)되어 있다. 그들은 인격화되어 있고, 사랑하고 슬퍼하고 미워하고 화내고, 자존심을 가지고 있는 등 인간의 특성을 지니고 있다.

여덟째, 이 신화는 마오리 족 식의 환경 진화론을 암시한다. 마오리 전통에 따르면, 지구는 유대·그리스도교 전통에서 보는 바와 같이 미리 마련된 계획에 의해 신이 창조한 것이 아니라 시간을 두고 서서히 원초적인 환경 인자로부터 점진적으로 자손들을 낳는 방법이나 서로 간의 투쟁에 의해 하나의 환경 가족, 즉 생태계로 발전했다는 것이다.

마지막으로 마오리 족의 땅을 보는 마음 틀은 특히 먹을거리를 위주로 한 마오리 족의 생활 주변에 대한 관심을 중심으로 되어 있다. 의인화된 환경 인자들은 대체로 자기들이 상용하는 먹을거리에 관계된 것이다. 예를 들면 여섯 자녀 중 둘은 음식물로서 하나는 농작물인 고구마, 다른 하나는 채집하는 야생 식물인 고사리 뿌리이며 다른 둘은 숲과 바다, 즉 자기들이 먹을거리를 채집할 수 있는 중요한 곳이다. 나머지 둘 중 하나는 인간 자신이고 다른 하나는 먹을거리를 키우는 데 중요한 역할을 하는 기후 조건(바람과 폭풍우)이다. 이 신화는 마오리 족 문화에서 음식물을 얼마나 중시하는지 잘 보여 준다. 손님을 위해서 좋은 음식을 많이 준비하고, 또 손님은 차린 음식을 많이 먹어 주는 것이 마오리 사회의 중요한 측면이다. 이러한 마오리 지오멘털리티는 자연 환경을 상대로 하는 행태에 잘 나타나 있다. 예를 들어 엘스던 베스트(Elsdon Best)가 기록한 바에 의하면, 길 가는 부족 사람들이 모르는 다른 부족 사람들을 만났을 때, 자기들이 누구라는 것을 자신들의 족보를 암송해 소개한다. 그때 그들은 항상 자기의 원래 조상인 하늘과 땅에서 태어난 누구누구의 자손이라고 소개한다는 것이다.

3. 음양설에 나타난 땅을 보는 마음 틀

중국 문화에서 땅을 보는 마음 틀의 가장 중요한 근거는 마오리 문화에서와 같은 창조 신화가 아니고, 음양오행설에 가장 잘 요약되어 있다. 중국에도 천지창조에 관한 신화나 민담이 상당히 있다. 그러나 신화는 마오리 문화에 있어 창조 신화나, 그리스교도들이 믿는 「창세기」에 나타난 창조 신화같이 종교적인 세계관으로 자리 잡고 있는 것이 아니다. 중국의 음양오행설은 중국인의 전통적인 세계관을 대표하고 있다는 것은 일반화된 견해이다. 이 음양오행설은 다음에 인용되는 주돈이의 태극도설에 가장 잘 요약되어 있다.[2]

무극은 곧 태극이다. 태극이 움직여서 양을 낳고 움직임이 극에 이르면 고요해지고, 고요해지면 음을 낳는다. 고요함이 극에 이르면 움직임으로 되돌아간다. 한 번 움직이고 한 번 고요함이 (서로 교체되고) 서로 그 뿌리가 되어 음으로 갈리고 양으로 갈리니 곧 음과 양이 성립하게 된다. 양이 변화하고 음과 결합해 수화목금토가 생겨난다. 이 다섯 기운이 순조롭게 퍼져서 사계절이 운행된다. 오행은 하나의 음양이요, 음양은 하나의 태극이다. 태극은 본래 무극이다. 오행이 생성되면 각각 그 독특한 본성을 가지게 된다. 무극의 참된 본체와 음양, 오행의 정수가 묘하게 결합해 응결된다. 하늘의 도[乾道]는 남성이 되고 땅의 도[坤道]는 여성이 된다. 두 기운이 서로 감응되어 만물이 생기게 된다. 만물은 생기고 또 생기어 변화가 끝이 없다. 오직 사람만이 빼어남을 얻어 가장 영특하다. 인간의 형체가 이미 생기며 정신은 지각을 개발시킨다. 다섯 가지의 성질(오성, 인의예지신)이 감동해 선악의 분별이 생기고 모든 일이 생겨난다. 성인은 자신을 중정과 인의로 규정하고 고요함(욕심이 없음)을 주 요소로 삼아 사람이 행할 도(인극)를 세운다. 그러므로 성인은 천지와 그 덕이 합치되고, 해와 달과 그 밝음이 합치되고, 사계절과 그 순서가 합치되며, 귀신과 그 길흉이 합치된다. 군자는 그것을 닦아서 길하고 소인은 그것을 거슬러서 흉하다. 그러므로 하늘이 세운 길을 일러 음과 양이라 하고, 땅이 세운 길을 일러 어짐과 의로움이라 한다. 또 말하기를 시초를 캐들어가 살펴보고 끝마침을 돌이켜 본다. 그러므로 삶과 죽음의 설을 알게 된다. 위대하도다. 역(易)이여! 이것이 그 지극함이로다.[3]

앞에 인용한 태극도설에서 볼 수 있는 바와 같이 음양오행설에 기초를 둔 중국인의 땅을 보는 마음 틀은 인간과 자연을 분리해 대립시키지 않는다. 오직 사람만이 빼어나 영특한 것을 인정하지만 성인은 천지와 그 덕이 합치하고 해와 달의 밝음이나 사계절의 순서와 합치한다고 했다. 이러한 도교 철학의 영향을 받은 신유학 이론은 인간과 자연이 떼어 놓을 수 없는 연관 관계에 있다고 규정하고 인간과 자연이 하나 됨을 주장한다. 이러한 태극도설의 음양오행론은 진화론적인 논리에 속한다. 다시 말하자면, 묘한 화합의 원리를 통해 무극은 태극으로, 태극은 음양으로, 음양에서 오행으로, 오행에서 남녀를 통해 만물로 발전하는 점진적인 진화를 설명하

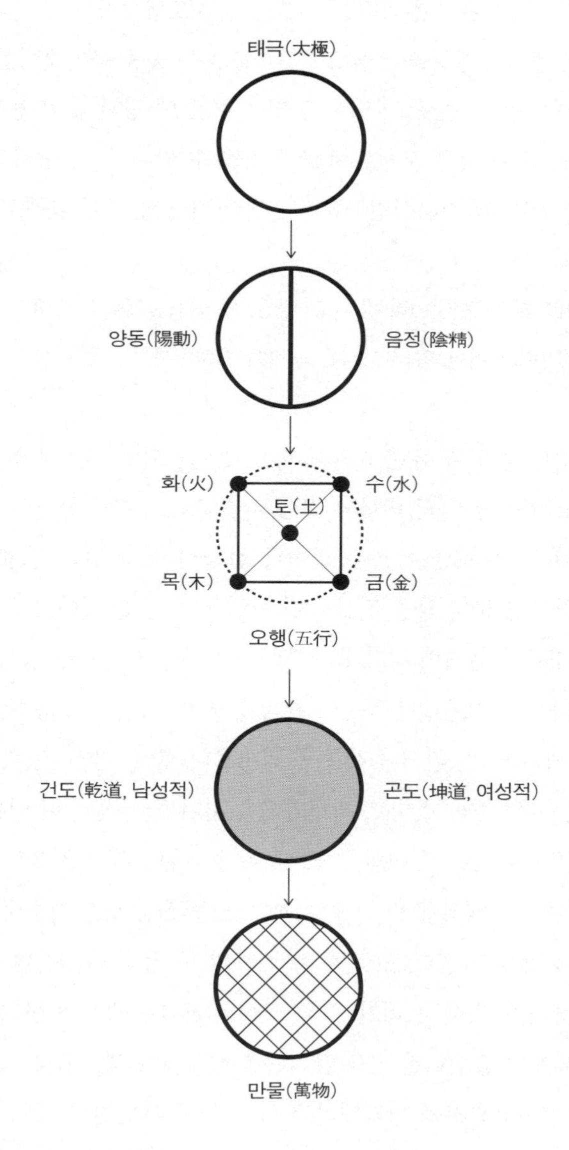

그림 16-2. 주돈이의 태극도설.

고 있다. 풍수 지리설의 철학적인 기초는 음양오행설이다. 이런 면에서 풍수 지리설은 음양오행설을 땅을 보는 데 응용한 응용 음양오행설이라고도 볼 수 있다. 풍수에서는 모든 땅이 양의 성질을 띤 땅과 음의 성질을 띤 땅으로 나뉘고, 모든 땅은 오행으로도 식별될 수 있다. 중국 송나라 때 호순신(胡舜申)은 그의 책 『지리신법(地理新法)』에서 다음과 같이 말하고 있다.

> 산은 움직이지 않는 것이라 음이고, 물은 움직이는 것이라 양에 속한다. 음의 성격은 일정한 것이다. 양의 성격은 움직이는 것이다.[4]

이러한 음양의 두 분류는 다시 오행으로 연결되어 물이나 산은 산이나 물이 가지고 있는 음양의 변화와 결합의 결과로 오행의 형태로 다시 나누어지는 것이다. 음양오행설은 중국이나 한국의 문화 경관 형성에 지대한 영향을 미쳤고 중국의 왕궁 건물들이 누런 지붕을 한 것이나 한국의 경복궁의 옛날 지붕과 현재의 청와대 지붕이 청색인 것도 음양오행설로만 설명이 가능하다. 음양오행설에서는 노란색이 중앙, 푸른색이 동쪽, 검은색이 북쪽, 붉은색이 남쪽, 흰색이 서쪽을 의미한다. 중국 황실 건물 지붕이 누런색이라는 것은 중국이 바로 세계의 중심이며 중국 임금이 있는 곳이 바로 세계의 중심이라는 뜻이다. 그래서 우리나라의 왕들은 누런색을 궁실에 쓰지 못했으며 경복궁을 건축할 때에도 중국의 동쪽 제후국을 의미하는 청기와를 썼다고 한다. 고종이 황제 즉위 후 창덕궁 정전의 문살을 황색으로 칠했다는 것은 우리가 중국 중심의 세계관에서 해방되었으며 우리나라도 세계의 중심이란 점을 알리는 의미였다고 생각된다. 그런데 지금 우리나라 대통령 관저를 청와대라고 하는 것이 어쩐지 중국의 동쪽 변방국임을 자처하는 것 같아 마음이 아프다. 이와 같이 한국이나 중국의 문화 경관 이해에는 음양오행설의 이해가 필요하다.

이제 중국의 음양오행설과 신화에 나타난 마오리의 땅을 보는 마음 틀을 비교·대조함으로써 중국에서 비롯된 동아시아인의 땅을 보는 마음 틀의 특징을 한번 생각해 보겠다.

첫째, 마오리 족의 지오멘털리티와 음양오행설의 지오멘털리티는 모두 어떤 것에서 점진적으로 진화한다는 진화론적인 사고 방식에 기초하고 있다. 이에 비해 유대·그리스도교에서는 진화론적인 사고 방식이 아닌 전지전능한 창조주의 계획에 따라 모든 것을 창조주가 창조했다고 본다.

둘째, 마오리 족의 지오멘털리티와 음양오행설의 지오멘털리티에서는 하늘(양)과 땅(음)으로 세상을 나누는 이원론적인 사고 방식이 아니다. 여기에서 하늘과 땅은 가장 원초적인 구분이고 대조·대립되는 구분이다. 그러나 이 두 가지 땅을 보는 마음 틀은 인간과 자연을 대조시키는 이원론적인 사고 방식이 아니다. 마오리 족 신화에 있어서 인간은 자연 환경 가족의 일원으로서 나무나 풀 또는 물고기와 형제들이고 하늘과 땅의 다 같은 자녀일 따름이다. 추상적 개념을 써서 우주 생성을 설명하는 음양오행론에서도 인간이 자연에서 분리되지도, 대립되지도 않는다.

셋째, 음양오행설은 환경 인자들을 추상적인 개념을 이용해 설명하나, 마오리 신화에서는 모든 환경 인자들을 인격화시켜서 환경 시스템의 구조와 발전을 설명한다.

넷째, 마오리 족 신화에 나타난 땅을 보는 마음 틀에는 인간이 지표에 있는 자연을 지배한다는 사상이 분명히 나타나 있으나 음양오행설에는 그러한 생각이 보이지 않는다. 그러나 태극도설에 나타난 음양오행설에는 "오직 사람만이 빼어남을 얻어 가장 영특하다."고 해 인간이 다른 환경 인자보다 월등히 높은 능력을 지닌 지위에 있음을 시사하고 있다. 마오리 족 신화에는 인간이 지표의 자연 환경을 정복했지만, 음양오행설에서는 인간이 자연과 대결하지도 않았고, 정복하지도 않았다.

다섯째, 마오리 족 신화에서는 지표의 자연 환경이 하늘의 현상(기후, 날씨)보다 더 친근하고 편안한 관계에 있다는 것을 시사한다. 음양오행설에서는 그러한 표현이 조금도 없다.

여섯째, 마오리 족 신화에 나타난 마오리 족의 땅을 보는 마음 틀에서 여러 환경 인자들 간의 특징이 환경을 진화시키는 원동력으로 부각되어 있다. 서로의 투쟁을 통해 하늘과 땅이 갈라지고 고구마와 고사리 뿌리가 땅에 묻히게 되고, 파충류가 땅 위로 올라오게 되는 등 주로 환경 인자들 간의 투쟁이 자연 환경을 오늘의 상태로 진화시켰다는 것이다. 그러나 음양오행설에 있어 환경이 진화하는 것은 투쟁이 아닌 신비로운 화합의 조화에 의해 이루어진다. 음양이 조화되어 오행이 생기고, 오행이 남과 여를, 남녀가 만물을 낳게 한다는 것이다. 이러한 음양 오행론에 있어서 생성은 환경 인자 간의 투쟁이 아니라 한 인자가 극에 달하면 다른 것으로 변하는 신비스러운 변형에 의한 것이다. 예를 들면 양이 극에 달하고 나면 자연히 음이 시작되는 것과 같다.

4. 결론

여기에서는 음양오행론과 마오리 족 신화가 역사적으로 어떤 연관이 있는지를 따져 본 것이 아니다. 두 가지 다른 지오멘털리티인 음양오행설과 마오리 족 신화에 나타난 환경관과 환경 진화의 설명을 비교·대조해 봄으로써 두 사상의 특징을 훑어본 것이다. 이 비교 대조를 통한 설명의 이

점은 마치 한 인종의 얼굴을 설명할 때 수치를 대 가며 코가 몇 센티이고 높이가 어떻게 생겼는지 말하는 것보다 다른 인종과 비교해 설명할 때 그 인종의 얼굴 설명이 더 용이한 것과 마찬가지일 것이라고 생각한다.

마오리와 음양오행설의 땅을 보는 마음 틀은 여러 면에서 비슷하지만 상당히 다른 면도 있다. 가장 두드러지게 비슷한 면은 둘 다 진화론적인 입장을 취하고 있다는 것이다. 두드러지게 다른 면은, 환경을 오늘의 자연으로 진화시키는 원동력이 마오리 족에게 있어서는 환경 인자 간의 투쟁이었으나 음양오행설에 있어서는 조화를 표현한 변형이었다는 점이다.

제17장 지명 속의 문화 식민주의

한국의 시골 마을 사람들이 현재에도 널리 쓰고 있는 우리의 고유 문화 유산인 토박이말 땅 이름(지명)은 한자 지명에 밀려 사라져 가고 있다. 토박이 땅 이름은 옛 조상의 얼과 생활이 반영되어 있고, 민족의 정서와 사상의 뿌리가 담긴 중요한 문화 유산이다. 이 토박이 땅 이름을 잃어 버린다는 것은 한국의 혼이 담긴 문화 유산을 잃어 버린다는 뜻이다. 이 글의 목적은 뉴질랜드의 마오리 지명 연구를 통해 한국 토박이말 땅 이름의 현 상태를 알아보고 버려진 토박이 땅 이름을 살려 쓰고, 현재 쓰이는 토박이 땅 이름에는 공식 지위 주기를 제창하는 것이다.[1]

뉴질랜드 인구의 대부분은 원주민인 마오리 족과 19세기 이후 그곳에 이주해 온 유럽 인(주로 영국계)으로 구성되어 있다. 현재 마오리 족은 전 인구의 13퍼센트이지만 유럽계 인구가 80퍼센트 정도이고 뉴질랜드 사회를 이끌어 온 주류이다. 뉴질랜드의 도시 지명을 분석해 보면 상당히 재미있는 현상이 나타난다. 인구가 가장 많고 기능이 중요한 도시로부터 인구가 적고 도시 기능이 약한 취락을 정렬해 보면, 그 중요도가 내려감에 따라 오클랜드와 웰링턴 같은 유럽식 지명은 줄어들고 와이파라나 오토라 항아 같은 마오리 원주민의 이름이 많아진다.

이러한 현상의 배경에는 마오리 족의 땅인 뉴질랜드를 영국이 식민지화했다는 사실이 있다. 이런 현상의 분석은 마오리 족 문화를 영국 식민주의가 어느 정도로 철저하게 지배했는지를 알아보는 데 도움이 된다.

이 뉴질랜드의 도시 및 지역 명칭 분석 방법을 한국의 도시 및 지역 명칭 분석에 적용해 볼 때 한국 지명에 대한 중국 문화의 영향은 뉴질랜드에서 영국 문화의 마오리 지명에 대한 영향보다 그 강도가 비교되지 않을 만큼 크다는 것을 알 수 있다. 이러한 사실은 지명의 문화 지리를 공부해 온 이에게도 상당히 예상 밖의 놀라운 현상이다. 왜냐하면 한국은 중국 문화의 영향은 받았을망정, 독립된 민족 국가로서 한국인이 통치하고 있고 한국 사회를 이끌고 있는 주류는 한국인 자신인 반면, 뉴질랜드는 영국인에 의해 식민지가 되었고 그들이 직접 통치하며 살고 있는 사회여서 마오리 족들은 원주민이면서도 자기 땅에서 소수 민족으로서 살고 있다는 사실 때문이다. 왜 한국의 땅 이름은 뉴질랜드의 마오리 지명이 영국(영어)화한 것보다 비교가 안 될 정도로 더 철저하게 중국화 되었을까 캐어 보기 위해서 내가 1980년에 연구 발표한 뉴질랜드의 마오리 지명과 유럽식 지명 분석 방법을 요약해 소개하고, 그 방법을 한국 지명 연구에 적용해, 그 분석 결과를 설명하기로 한다.

1. 뉴질랜드 지명 연구

뉴질랜드 도시 이름 연구

뉴질랜드 지명은 대체로 마오리 족 문화와 유럽 문화 유산의 소산이다. 뉴질랜드의 마오리 지명과 유럽식 지명의 관계를 규명하기 위해 107개의 도시 이름과 지역 명칭을 분석해 보았다. 1971년 뉴질랜드 센서스에 의하면 인구 1,000명 이상 도시형 취락이 107개였다. 이들 취락을 인구와 그 도시 기능에 따라 다음과 같이 3급으로 나누고, 거기에 나타난 마오리 지명과 유럽식 지명의 구성 비율을 알아보았다.

제1급 4개의 대도시: 1971년에 인구 10만이 넘는 뉴질랜드에서 최대급 도시로는 오클랜드, 웰링턴, 크라이스트처치 및 더니든의 네 도시가 있는데 이들은 뉴질랜드를 도시 기능, 특히 경제 및 문화적인 측면에서 네 지역으로 나눌 때 그 지역의 중심지 역할을 하는 도시들이다. 이들 네 도시의 이름은 모두 유럽식이다.

제2급 20개의 중요 지방 도시: 그다음 단계로 뉴질랜드에는 20개의 중요 지방 도시가 있는데, 이들은 인구 1만 명에서 10만 명 사이에 있는 도시로서 그 지역의 경제 및 문화 중심지 역할을 하는 도시다. 이러한 뉴질랜드 도시들의 이름은 40퍼센트가 마오리 지명이고, 60퍼센트는 유럽식 지명이다.

제3급 83개의 지방 소도시: 그다음 단계로서 83개의 지방 소도시들이 있는데, 이들은 주로 주위 농촌 지역을 지원하는 취락으로서 그 인구가 1,000명에서 1만 명 사이이다. 이러한 계층의 도시 이름들은 마오리 지명(59퍼센트)이 유럽식 지명(41퍼센트)을 훨씬 능가한다.

앞의 3단계 분석에서 보는 바와 같이 뉴질랜드 도시 이름들은 중요도가 제1급에서 제3급으로 내려오면서 마오리 지명은 0퍼센트에서 59퍼센트로 크게 증가하고 유럽식 지명은 100퍼센트에서 41퍼센트로 크게 감소한다. 뉴질랜드 북 섬의 농촌 마을 이름은 대체로 다 마오리 지명이면서도 공식적으로 인정된 지명이다.

뉴질랜드 지역 명칭의 분석

마오리 지명과 유럽식 지명의 비율을 분석하기 위해 지역 단위의 크기에 따라 국가 명칭인 뉴질랜드부터 121개의 군 명칭에 이르기까지의 지역 명칭을 네 단위로 나누어 분석해 보았다.

제1급 국가 명칭: '뉴질랜드'라는 이름은 물론 유럽식이다. 네덜란드의 한 지역 이름인 '질란드'에다 '뉴(new)', 즉 '새로운'이란 말을 더해 '새로운 질란드'라고 명명한 것이다. 현재는 뉴질랜드라고 보통 발음되고 있다. 이 서양식 이름은 재래 마오리 말인 '아오테아로아(Aotearoa, 길고 흰 구름의 나라)'라는 땅 이름을 대체한 것이다.

제2급 두 개의 섬: 그다음 단계로 뉴질랜드는 (두 개의 큰 섬인) 북섬과 남섬으로 크게 나눌 수 있다. 이 두 섬의 유럽식 이름인 '북섬'과 '남섬'은 토박이 마오리 지명인 테이카마우이(Te-Ika-Maui, 마우이의 물고기, 북 섬)와 테와카마우이(Te-Waka-Maui, 마우이의 카누 배, 남 섬)를 대체한 말이다. 북섬과 남섬의 구분은 공식 행정 지역 구분이 아니다.

제3급 지역 명칭 10개의 지방 자치 도(道) 이름: 1848~1876년 사이에 뉴질랜드는 10개 도로 나뉘었다. 이제 이 지방 자치 제도는 없어졌지만 이 지명들은 뉴질랜드의 10개 지역의 통속 명칭으로 계속 쓰이고 있다. 이들 10개 도명은 오클랜드, 타라나키, 혹스베이, 웰링턴, 말보로, 넬슨, 웨스트랜드, 켄터베리, 오타고, 사우스랜드 등이다. 10개의 도명 중, 타라나키와 오타고, 2개(20퍼센트)는 마오리 지명이며 나머지 8개는 유럽식 지명이다. 이 3단계 지역 명칭에서 처음으로 마오리 이름이 현재 쓰이고 있는 뉴질랜드 지역 명칭으로 나타났다.

제4급 121개의 군 이름: 1971년도 뉴질랜드 센서스에 나타난 121개 군(county) 이름들 중에는 마오리 지명이 68개로서 56.2퍼센트를 차지하고 유럽식 지명은 53개로서 43.8퍼센트에 지나지 않는다. 이러한 지역 명칭 분석에서 보면 마오리 지명의 비율은 그 중요도가 제1급에서 제4급으로 내려감에 따라 0퍼센트에서 56.2퍼센트로 늘어난 반면 유럽식 지명은 제1급과 2급에서 100퍼센트였으나 제4급에서는 43.8퍼센트에 지나지 않는다.

이상 두 가지 지명의 분석 방법, 즉 도시 이름과 지역 이름의 중요도에 따른 빈도 조사에 의하면 중요한 뉴질랜드 지명은 대체로 유럽식 이름들이 쓰이고 덜 중요한 지명에서는 토박이 마오리식이 지배적이다. 이러한 현상은 영국의 뉴질랜드 마오리 족에 대한 식민주의, 특히 문화 식민주의를 반영한다고 보인다. 특히 중요도가 높은 지명은 모두 유럽식이고, 시골 이름이나 지방 소도시 이름에는 마오리 지명이 절대 다수라는 것은 19세기 유럽 인들의 식민지 정부 구조와 흡사한 점을 볼 수 있다. 유럽 인들이 아시아나 아프리카에서 식민 통치를 할 때 그 정부 구조는, 총독을 비롯한 고급 관리는 모두 유럽 인이지만 원주민을 직접 다스리는 말단 경찰 보조원이나 관리 보조에는 원주민이 많이 기용되었던 것이다. 이 점은 일본의 한국 식민지 정부 구조에도 잘 나타나 있었다.

이러한 뉴질랜드의 유럽식 지명과 마오리 지명의 구조는 영국의 뉴질랜드 식민 통치가 최근에 시작되었다는 점을 반영하고, 유럽의 뉴질랜드 식민 통치 역사가 짧다는 것을 반영한다고 볼 수 있다. 뉴질랜드는 유럽 인이 가장 늦게 정착한 식민지들 중의 하나이다. 즉 19세기 말엽이 가까워서야 영국인들이 본격적으로 뉴질랜드에 이민하게 되었기 때문에 뉴질랜드에 대한 본격적인 영향은 160년을 넘지 않은 것이다. 이 19세기는 또한 영국이 식민지에 대한 태도의 변화 시기로서 종전의 태도를 바꾸어 식민 통치자는 토착민의 말과 문화를 더 잘 알아야 하고, 토착 문화를 보다 존중해야 할 필요성을 느낀 시기였다. 최근에야 비로소 시작된 영국인에 의한 뉴질랜드 식민 통치 역사와 계몽된 식민 통치 방식은 하부 계층에서나마 많은 토박이 마오리 지명이 그대로 살아남게 되는 데 중요한 역할을 했다고 보인다. 미국과 같이 식민 통치가 오랜 곳에는 원주민의 지명이 계속 살아남아 있을 확률이 낮다.

2. 뉴질랜드 지명 분석 방법을 이용한 한국 지명 분석

한국 도시 이름 분석

뉴질랜드 도시 이름 연구 방법을 적용해, 한국의 도시 취락 지명을 수도 서울에서부터 시골의 리동(里洞) 및 자연 부락까지를 5급으로 나누고 한자 지명과 토박이 우리말 지명의 비율을 분석하면 다음과 같다.

제1급 수도, 특별시: 수도 서울은 한국에서 유일하게 인구 1,000만이 넘는 도시로서 토박이 우리말 지명이다. 옛날 서울의 공식 명칭이 한성(한양) 또는 경성이었을 때에도 서울이란 이름은 계속해서 민간인들 사이에 쓰였던 것으로 보인다.[2] 서울은 해방 후 공식 명칭으로 고착되었고 이는 한국의 도시 지명 중 유일하게 한자 지명을 이기고 토박이 말 이름이 지명으로 인정된 경우이다.

제2급 6개의 광역시: 6개의 인구 100만 이상이 되는 도시는 각 도에 속하지 않고 중앙정부 직속이며 각 도와 같은 지위를 누린다. 6개 광역시인 부산, 대구, 인천, 대전, 광주, 울산은 모두 한자어이다. 이들 중에서 대구(大邱)는 달구벌, 대전(大田)은 한밭이라는 토박이 이름이 한자로 번역된 말이다.

제3급 68개의 지방 도시: 내무부에서 출판한 남한의 『1992년도 행정 구역 및 인구 현황』에 의하면, 한국에는 인구 5만이 넘는 도시가 전국에 68개 있으며 이들은 각 도에 소속되어 각 군과 동등한 행정적 지위를 누린다. 68개의 도시 이름 전부가 한자로 된 지명이며 이중 상당수가 역대 중국 지명을 그대로 따다 붙인 것이다.

제4급 136개의 읍: 1992년 전국에는 군청 소재지로서 읍으로 분류된 도시 취락이 136개 있었다. '임실'을 제외한 모든 읍의 이름은 한자 지명이다. '임실(任實)'은 비록 한자로 표기되나 토박이 우리말이 이두로 표현된 것으로서 큰 마을이란 뜻이라고 한다.

제5급 리동 및 시골 마을 이름: 최하위의 지방 행정 단위는 동 단위로서 시골 지역은 리(里)로, 도시 지역은 동(洞)으로 불린다. 시골의 리 단위는 한 개의 큰 마을이나 몇 개의 마을을 합친 것으로 구성되어 있다.

1992년 전국에 산재하는 리동의 공식 명칭은 100퍼센트가 한자 이름으로 표기되어 있다. 많은 경우 시골 마을은 현재에도 쓰이고 있는 토박이 우리말 땅 이름을 가지고 있지만 이들 토박이 이름은 공식 지위를 인정받지 못하고, 민간에서 쓰이는 비공식 명칭으로만 취급된다. 많은 경우 토박이 이름들은 상세한 1:25,000 지도에도 기록되지 않고 있다.

시골 동네의 세부 지역을 표시하는 앞마, 뒷마 등의 토박이 이름은 지금도 널리 쓰이고 있다. 대체로 이러한 토박이 이름들은 세밀한 지형도에도 기록되어 있지 않거니와 호적 초본에 실릴 자격이 없음은 물론이다. 이러한 예는 내가 어릴 때 자라난 곳이라 기억이 생생한 경상북도 선산군 해평면 해평동에서도 볼 수 있다. 이 동네는 상당히 커서 그 자체로서 행정 구역인 리를 구성한다. 이 동네 사람들은 자기 마을을 앞마, 뒷마, 골안 밑 산성마로 나눈다. 그러나 가장 상세한 1:25,000 지형도에도 이 마을은 해평 본동이라고만 표기되어 있을 뿐 마을 네 부분의 토박이 이름은 그 지형도에 하나도 기록되어 있지는 않았고 물론 호적초본에 오를 수 있는 공식 지명이 아닌 것은 말할 필요가 없다.

『경상북도 지명 유래 총람』에 의하면 경상북도 선산군 고아면에는 18개 리동에 소속되는 91개의 시골 마을이나 그 세부 지역의 이름이 실려 있다. 토박이 이름이라고 규정짓는 경우, 그 지명에 있어 한 음절만이라도 우리 토박이말이 들어 있는 경우 토박이말로 취급했다. 예를 들면 밖앗연흥[蓮興]과 같은 경우 토박이말로 취급했다. 이 마을의 경우 한자로 된 지명인 외예동(外乂洞)이 따로 있다. 이러한 지명은 이 장의 끝에 있는 표 17-1에서 볼 수 있으며, 이 표에 의하면 18개의 리동 이름은 모두 한자나 91개의 시골 마을이나 그 세부 지역 중 77개의 이름이 토박이말 이름으로 분류되었다. 오직 14개의 그러한 지명만이 순수한 한자 지명으로 나타났다. 결국 84.6 퍼센트의 시골 마을 이름이 모두 토박이 우리말 이름으로 밝혀졌다.

『경상북도 지명 유래 총람』에 의하면 경상북도의 모든 리, 동, 시, 군, 도명이 한자이고 토박이말이 공식 지명으로 쓰이는 경우는 없다. 그러나 시골 마을과 그 마을 주위에 산재하는 지명에는 토박이 우리말 지명이 대체로 다 살아 있고 지금도 쓰이고 있다는 것을 표 17-1이 말해 준다.

시골 농촌 마을 주변의 논이나 밭이나 야산이나 고갯길까지도 다들 이름이 있고 그 대부분의 경우 그러한 지명은 토박이 우리말 이름이다. 그 한 예로 경상북도 선산군 고아면 외예동(연흥) 주변에는 내가 채록한 바에 의하면 35개의 토박이 우리말 지명이 깔려 있으나 1:25,000 지형도에도 35개의 지명 중 11개만 기록되어 있다. 24개의 지명은 물론 호적초본 등에 쓰이는 공식 지명으로 쓰이지 않을 뿐만 아니라, 지도에도 기록되어 있지 않고 있어, 그 지역에서 자라나는 젊은이들조차 점점 잊고 있다.

나의 생각으로는 어떤 장소의 이름이 한자 지명이나 토박이 지명이 공존해 같이 쓰이는 경우 토박이 우리말 지명에 공식 지위를 주고 정부에서는 이를 그 지역 사람들이 즐겨 쓸 수 있도록 장려해야 한다고 생각한다. 한자 지명과 우리말 지명이 공존하는 경우 한국 사람들이 혹시 한자 지명이 우리말 토박이 지명보다 더 격이 높다는 선입견을 가지고 있기 때문에 한자 지명을 공식 지명으로 받아들이고 있는 것은 혹시 아닌가 하는 걱정이 앞선다.

두 번째로 뉴질랜드 지명 분석 방법을 적용해 한국의 지역 이름을 국가명에서부터 최하위 지역 명칭에 이르기까지 6단계로 나누어 생각해 보았다.

제1급 국가 이름: 나라 이름, 대한민국은 한자에 근거를 둔 지명이다.

제2급 전통 7개 지역: 한국을 전통적으로 가장 크게 나누는 방법은 영남, 호남, 기호, 관동, 관서, 관북, 호서 등의 7개 지역으로 나누는 것이다. 이 7개 지역 이름은 중국 당나라 때의 중국 지명을 그대로 따다 붙인 것이거나 그들의 지명을 약간 수정한 것이다.

제3급 전국 13도 이름: 우리나라 13도 이름은 모두 다 한자 지명이다. 이 중 경기도는 특히, 중국 당나라 시대 수도 장안을 둘러싸고 있는 장안 주위 지역 행정 단위를 경기도라고 했던 것을 그대로 우리나라의 서울 주위 지역 행정 단위에 갖다 붙인 것이다. 제주도를 제외한 다른 도 명은 그 도에서 중요한 2개 도시의 첫 자를 따서 만든 이름들이다. 경상, 전라, 충청, 황해, 함경, 평안, 강원도의 경우가 그러하다. 예를 들면, 경상도는 경주, 상주의 첫 글자를 따서 합친 것이고, 전라도는 전주, 나주의 첫 글자를 따서 만든 이름이다. 이중 경상, 전라, 충청, 함경, 평안은 고종조에 남북으로 나뉘었고 해방 후에 제주도가 도로 승격되었다. 두 지명의 첫 글자를 따서 새로운 지명을 만드는 것은 중국에서 오래도록 써 온 방법인데 이러한 전통을 우리가 본받아 현재의 도명을 지은 것이다.

제4급 136개 군 이름: 『1992년도 행정 구역 및 인구 현황』에 의하면 136개의 모든 군 명이 한자로 표기되어 있다. 이중 임실군은 이두식 우리말이나 나머지 135개는 모두 한자로 99퍼센트 이상의 군명이 한자 지명이다.

제5급 1257개 면: 『1992년도 행정 구역 및 인구 현황』에 의하면 전국에 1,257개의 면이 있는데 이들은 모두 한자식 이름이다. 예를 들어 『경상북도 지명 지리 총람』에 나타난 208개의 면 이름을 분석해 보면 203개가 두 자로 된 한자 지명이고 5개 면이 남면, 북면, 서면 등을 포함한 외자로 된 100퍼센트가 한자식 지명이다.

제6급 동 이름: 현재 쓰이고 있는 행정 구역으로서의 동 명은 모두 한자식 이름이다. 『1992년도 행정 구역 및 인구 현황』에 의하면 경상북도에는 총 5,365개의 행정 구역으로서의 리동이 있는데, 이중 5,244는 24개 군에 속해 있고 119개 동은 7개 시에 속해 있다. 놀랍게도 리동의 공식 명칭은 모두 한자 지명이었다. 이 한자 지명 중 상당수는 중국 지명을 그대로 따다 붙이거나 우리 토박이 이름을 한자로 번역한 지명이다.

이상과 같이 지역 명칭에서는 임실군 이름만 제외하고서는 제1급 나라에서부터 제6급 리동 이름까지 모두 한자 지명으로 판명됐다.

3. 한국과 뉴질랜드 지명의 비교

뉴질랜드 지명과 한국 지명을 대조해 보면 한국 지명보다 뉴질랜드 지명에서 토박이 마오리 지명이 대체로 살아 있고 실제로 쓰이고 있다. 일반이 쓰는 지도에 나타나는 뉴질랜드의 취락 이름이나 자연 경관의 이름에는 마오리 지명이 다수이며 유럽식은 중요한 몇 개의 지명에 국한되었다. 한국에서 실제로 쓰이고 있는 한국 지명은 시골 마을 이하의 단위를 제외하고서는 토박이 우리말 땅 이름이 살아남은 경우가 극히 드물며 특히 일반 지도에 나타나는 지명은 거의 모두가 한자식 지명이다. 그러나 크게 대조되는 점은 뉴질랜드 사람들 사이에서 실제로 사용되고 있는 마오리 지명은 모두 공식 지위가 인정된 지명(호적초본에 오를 수 있는 지명)이나 한국에서 실제로 쓰이고 있는 우리말 토박이 지명은 정부에서 공식으로 인정한 지명이 아니고 일반 지도에 기록된 지명도 아닌 비공식 지명이다. 실제로 우리말 토박이 지명이 버젓이 쓰이고 있는데도 한자로 번역된 이름이나 일본 총독부가 인위적으로 갖다 붙인 행정 리동 이름만 공식으로 인정되고 있는 것이다.

4. 한국 지명 현상의 설명

이러한 한국 지명의 상태는 한국에 대한 중국 문화의 영향이 마오리 족에 대한 유럽 문화의 영향보다 비교가 안 될 만큼 컸다는 것을 보여 준다. 이렇게 철저한 한국 지명의 한자화는 다음과 같이 설명될 수 있다.

첫째 역사적으로 두 가지 사건이 중요하다. 신라 경덕왕 16년(757년)에 나라 이름부터 말단 행정 구역까지 모든 공식 지명은 토박이말을 번역하거나 인위적으로 중국 지명을 본떠 고쳤다. 이러한 우리나라 지명이 한자화되어 온 대 변혁 과정은 한국 문화가 역사적으로 일찍부터 얼마나 자발적으로 한자 문화화(중국화)되어 가고 있었는지 잘 보여 준다. 1914년 조선 총독부는 행정 구역을 개편했을 때 공식 행정 구역으로서의 리동을 시골 마을 두세 개를 합쳐서 만들곤 했는데, 그때 소속된 마을의 첫째 글자를 따서 이름을 지은 경우가 많다. 어떤 경우엔 혼마치(本町)과 같이 일본 이름을 얼토당토않게 갖다 붙이기도 했다. 물론 일본 식민 정부는 우리나라 토박이 이름, 특히 한자로 기록되지 않은 우리말 땅 이름은 공식 명칭 선택에서 제외했으며 오직 한자로 표기가 가능한 범위 내에서 공식 명칭의 이름을 제정했던 것이다. 우리는 해방 50년이 지난 지금도 비판 없이 이러한 지명들을 계속해서 공식 이름으로 쓰고 있다.

도시나 지역의 이름 중에서 한 글자씩 따서 새로운 이름을 만드는 방법은 일본식이라기보다는 옛날부터 중국에서 써 오던 방법으로서 역대 중국 왕조가 바뀔 때 이런 식으로 지명을 바꾸곤 했었다. 일본이 한국을 강점한 후 한국 지명을 바꿀 때 이러한 방법을 사용했던 것이다.

둘째로 뉴질랜드의 유럽 문화는 유럽 인들이 영국 식민 정부를 통해 마오리 족의 이해나 마오리 족의 승인 여부에 상관없이 마오리 문화에 그냥 덮어씌운 것이다. 여기에 비해 중국 문화는 중국 사람에 의해 한국에 전파되었다기보다는 한국 사람 자신이 스스로 적극적으로 도입했다. 이러한 사실을 고려해 볼 때 한국 지명의 철저한 한자화는 우리 조상들이 중국 문화를 숭상하고 중국화되고 싶어 했던 심정의 일면을 반영한다고 볼 수 있다.

우리 조상은 중국 문화를 우리 것보다 훌륭하고 본받아야 할 유일한 문화로 받아들였던 것이다. 그래서 한국의 지명과 인명은 철저히 한자화(중국화)되었던 것이다. 이런 면으로 미루어 볼 때 우리 조상이 중국 문화를 숭상하고, 중국 문화를 자기 것으로 받아들이려고 했던 그 마음의 정도는 영국, 독일을 포함한 서북 유럽 사람들의 그리스나 로마 문화에 대한 생각보다 훨씬 더 농도가 짙었던 것은 아닌가 하고 짐작된다.

셋째로 중국 문화가 한국 문화에 미친 영향은 2000년을 넘는 장구한 세월에 걸친 것이나, 영국의 뉴질랜드 식민 통치는 150년이 지나지 않는 최근 단기간이었다. 철저한 한국 지명의 한자화는 이러한 장구한 중국 문화의 한국 문화에 대한 영향을 반영한다. 사실 한 문화가 다른 문화에게 얼마나 옛날부터 얼마나 오래도록 영향을 주었는가 놓고 본다면, 중국 문화의 한국 문화에 대한 영향은 그리스 로마 문화가 영국 문화에 미친 것에 비교가 될 만하지, 영국 문화가 마오리 족 문화에 미친 것과는 비교가 되지 않는다. 그러나 그리스 로마 문화가 영국 지명에 미친 영향은 그렇게 크지 않았었으나, 중국 문화가 한국 땅 이름에 미친 영향은 지대했다.

넷째로 한국 지명의 한자화 정도가 뉴질랜드 지명의 영국화보다 아주 더 철저했다는 것은 중국 문화와 영국 문화와의 특성의 차이를 반영한다고 볼 수도 있다. 영국은 세계 도처에 식민지를 가지고 한때 가장 큰 영토 안에 각양각색의 민족에 대한 식민 통치를 해 왔으나 영국의 문화를 피지배 민족에게 덮어씌워 흡수 통합을 시도하지는 않았다. 또한 영국은 영국 정부가 직접 통치하는 영국 섬 안에서 전통이 다른 웨일스, 스코틀랜드, 아일랜드 지역에 대해서도 획일적인 영국 제도를 덮어씌우진 않았다. 그래서 웨일스, 스코틀랜드, 아일랜드 등은 잉글랜드와 다른 교육 및 법률 제도를 가지고 있다. 또한 자치 지역의 지위가 주어져 있는 맨 섬(Isle of Man)이나 화이트 섬(Isle of White) 등의 자치 섬의 경우를 보아도 영국이 얼마나 지방자치를 허용하고 지역 문화를 존중해 주는지 알 수 있다.

이에 대해 중국에는 각각 언어가 다른 수많은 민족이 살고 있지만 기원전 3세기부터 획일적인 제국주의 제도 밑에 그들이 통치되어 왔다. 그리고 중국 정부는 각 지역을 통치할 때 획일적인 교육, 법률 및 관료 제도를 시행해 온 것이다. 이와 같이 영국과 중국은 주위 다른 민족에 대한 태도와 그들에 대한 영향권 행사에 있어 크게 다르다. 이러한 영국과 중국의 문화적 차이가 뉴질랜드 지명에 있어 마오리 지명의 위치와 한국 지명에 있어 한국 토박이말 지명의 지위가 대조되는 면을 설명하는 데 중요할 뿐만이 아니라, 마오리 족과 한국인들이 각기 자기 민족 고유 토박이 지명에 대한 태도를 형성하는 데에도 무시할 수 없는 인자로 작용했다고 생각한다.

5. 마무리

계층별 분석에 나타나는 뉴질랜드의 유럽식 지명과 한국의 한자식 지명은 외국 문화가 토착 문화에 대한 문화 식민주의의 정도를 측정하는 데 좋은 보기가 된다. 이 방법은 영향력 있는 외래 문화가 어떻게 토착 문화를 덮쳐 눌렀는지를 조사·증명하는 데 좋은 자료가 된다. 이러한 연구 방법은 현재 유럽 인종이 많이 모여 살고 있는 과거 유럽 식민지, 즉 미국, 호주, 캐나다, 뉴질랜드 등에서 유럽 문화가 식민지 토착 문화에 대한 영향의 정도를 측정하고 연구하는 데 적용될 수 있다.

지금 한국의 민족주의는 어느 때보다도 강하고 민족 문화의 유산을 발굴 보전하고자 하는 열성은 대단하다. 한국의 토박이말 지명은 중요한 한 민족의 문화 유산이다. 한국 사회(특히 한국 정부)가 문화 유산을 발굴하고 보전하고자 하면서도, 우리 문화의 특성과 그 근원을 캐는 데 아주 중요한 몫을 하며 현재에도 민중들 속에서 쓰이고 있는 토박이말 땅 이름이 사라지도록 방치하고 있다는 것은 모순으로 보인다.

단일 민족 독립 국가들 중에서 자기 나라 토박이말 지명을 푸대접해 비공식 지명으로 격하시키고 외래어에 기초를 둔 지명에 공식 지명의 지위를 부여하는 나라는 한국밖에 없는 것으로 보인다. 이러한 수치를 극복하고 민족 정기를 함양해 세계화로 당당히 나아가기 위해서는 현재 각 지역 주민들이 쓰고 있는 모든 토박이말 지명에게는 한자 지명보다 우선해 공식 지위를 주는 것이 중요하다. 이 길만이 죽어 가는 우리 문화 유산인 토박이말 지명을 살리는 것이 될 것이다.

나는 '우리 토박이말 지명에 공식 지명의 지위 주기 운동'을 제창하는 바이다. 이러한 운동은 신라 시대와 일제 치하에서 있었던 역사상 두 차례의 변혁에 이어 한국 땅 이름의 세 번째 대 변혁이 되는 것이다. 토박이말 지명을 철저히 배제하고 말살하기 위한 역사상 두 차례의 변혁과는 달리, 이 제3의 변혁은 우리의 토박이말 지명을 보호하고 되살리는 운동이다. 다시 말하면, 현재 쓰이고 있는 우리말 토박이말 지명에 공식 지명의 지위를 주고, 우리말 토박이말 지명과 한자 지명이 둘 다 쓰이는 경우에는 토박이말 지명에 공식 지위를 부여하는 것이다. 나아가서는 이미 죽어 민중들 사이에서 쓰이지 않게 된 우리말 토박이말 지명도 가급적 되살려 쓰자는 것이다.

표 17-1. 토박이말 지명과 한자 지명 비교.

행정 지명	토박이말 지명이 있는 곳	한자 지명만 있는 곳	토박이말 지명: 한자 지명
官心洞	잉어재 왕두리 새터(新華洞)	官心	3:1
槐坪洞	고소(고샘) 왜탑막(倭塔) 지졸(지골)	坪村	3:1
內乂洞	안연흥(蓮興) 안예능 새터 점골(정골)		4:0
多食洞	못안(모산) 남산고개 새마 아름마		4:0
大望洞	망정 분토골(분투골) 상망(항골) 마장말리 장태골(장투골) 못두들 왕산들 왕산골 큰마(회춘) 선마(下網長)	半才	9:1
文星洞	가자골 들성 윗골(외골) 인서골 터지실	池內	5:2
鳳漢洞	뒷드랑 섬들 모갈 미드랑(멀골, 미드골) 북골	鳳漢(鳳溪)	5:1
松林洞	삼거리 밤실 셋집매	松林 東片 西片	3:3
新村洞	세올(세월) 등너머	明洞	2:1

禮江洞	이국(메장)	江亭	1:1
吳老洞	가자골 장대걸 올고개(오을고개) 양지뜸 음지뜸 아름마 웃마 하만		8:0
外乂洞	새남골 새터(新基) 도장골 바깥연홍 바깥예능 가마골 뒷마		7:0
元湖洞	원호골 점터(점티) 들성 번개 웃골 성자동(자민동) 원당골	中洞	7:1
伊禮洞	이리 근내 소정절(소전절)		3:0
巴山洞	봇들 하망정(花開洞)		2:0
項谷洞	항골 뒷마 아름마 웃마		4:0
凰山洞	물목 가운데(골목) 동누케(동녘) 새터		4:0
橫山洞	대방골 도롱골 말골	횡산동 신동	3:2
계			77:14(5.5:1)

제18장 한국 땅 이름의 특징

1. 서론

외국어를 배우는 목적은 외국어 자체를 습득하는 데에도 있지만, 또 다른 목적은 외국어를 배움으로써 자기 모국어를 더욱 똑똑하게 아는 것이라고 한다. 역사나 지리도 마찬가지라고 생각한다. 외국 역사와 지리를 공부하는 목적은 외국 역사와 지리 자체를 더 많이 배우는 것에도 목적이 있지만 새로운 지식과 관점으로 자기 나라 역사나 지리를 다시 보고, 자기 나라 것을 더 똑바로 알자고 하는 데에도 있다.

그러므로 한국 지명의 특징을 생각해 보기 전에 문화적으로 같은 문화권에 속하는 이웃 나라 중국의 지명의 특징을 잠깐 짚어 보는 것도 의미가 있다고 생각한다. 일찍이 1941년 문화 지리학자 조지프 스펜서(Joseph E. Spencer)는 중국의 각 성(省)과 성의 수도 이름을 개관해 보고 중국적인 땅

이름(지명) 짓기의 특징을 발표했는데 그것을 요약 설명해 보면 다음과 같다.[1]

첫째로 중국의 중요한 성, 도시, 강, 산 들은 이름이 하나가 아니고 각각 몇 개씩이다. 현재 공식적으로 쓰이는 공인된 이름 외에 구 지명이지만 잘 알려진 것과, 보통 외자로 알려진 필명 등을 포함한다

둘째로 중국 지명은 지명의 수명이 대체로 짧아 한 왕조가 끝날 때 그 지명도 공식 지위를 잃고 바뀌는 경우가 허다하며 어떤 경우에는 왕조 중간에도 바뀐다.

셋째로 중국 지명에는 외국 문화와 지리가 영향을 주었다는 증거, 즉 외국 지명을 중국 지명으로 쓰는 경우가 거의 없다. 예를 들면 미국에서 흔히 보는 외국 지명에서 유래된 이름을 미국 지명으로 쓰는 경우, 미국과 캐나다 등지에는 런던, 버밍엄, 케임브리지 등 영국 지명은 물론이고 켄턴(광저우) 같은 중국 지명까지도 사용하는 것이 보여서 대조를 이룬다.

넷째로 중국 지명에는 발음이 같거나 비슷하면서도 뜻이 아주 다른 한자 때문에 혼돈이 생겨 결국 아주 다른 의미의 지명으로 굳은 경우가 상당하다.

다섯째로 중국은 지역적으로 민족적으로 다양하기 때문에 각 지역마다 지명을 짓는 방식이 다르다. 예를 들면 중국 북부에서는 강 이름에 대체로 황허와 같이 '하(河)'가 붙는데 남부에서는 양쯔 강과 같이 '강(江)'을 붙인다.

여섯째로 중국 소수 민족이 살고 있는 지역의 소수 민족 언어에서 유래된 지명은 그 지명의 음가를 소리 나는 대로 한자로 표기하거나 중국식 이름을 만들어 붙인다.

일곱째로 중국에서 두 도시를 합치거나 새로운 행정 단위를 설정해 새

로운 지명을 만들 때 기존 지역들에서 한 글자씩 따서 합쳐서 만든다.

여덟째로 각 성의 이름은 황허의 남쪽을 의미하는 허난 성(河南省)이나, 태산의 동쪽을 의미하는 산둥 성(山東省)같이 지리적인 형상을 반영하는 이름이 많다는 것 등이다.

2. 한국 땅 이름의 특징

조지프 스펜서는 이렇게 중국 지명의 특징을 개관했다. 나는 한국 지명의 특징을 이런 수준으로라도 한번 훑어보고 특징을 논한 글을 아직 볼 기회가 없었다. 나는 한국 지명의 특징에 대해 좀 생각하고 아직 초안이긴 하지만 노트에 적어 생각하고 있다. 그러나 일반적인 한국 지명의 특징을 내놓을 만한 공부를 끝내지 못했다. 뉴질랜드의 취락 이름과 지역 명칭을 분석해 공부한 결과와 스펜서의 중국 지명에 대한 평가를 참고해 한국 땅 이름의 여러 가지 특징 중 다음 세 가지를 우선 논의하도록 하겠다.

① 한국에서는 실제 사용하고 있는 시골 마을의 토박이 땅 이름들이 푸대접을 받아서 공식 행정 지명으로 쓰이지 않고 한자로 된 지명이 토박이 땅 이름을 제치고 공식 지명으로 사용된다는 점이다. 특히 상당수의 한자 지명은 중국의 지명을 그대로 옮겨 놓은 것이다.

② 도시에 있어서 아주 중요한 큰 길을 제외하고는 길 이름(골목 이름)들이 거의 없었다가 최근 1990년대 이후에야 비로소 웬만한 큰길에는 길 이름이 붙여졌다. 그러나 아직도 상당수의 작은 길이나 골목길은 이름이 없다.

③ 길 이름을 붙일 때 많은 경우 한국의 훌륭한 선조의 이름을 따라 붙이는데,

이것은 서양식 땅 이름 붙이기라는 점 등이다.

이 세 가지 특징을 좀 더 설명하면 다음과 같다.

토박이말 땅 이름의 푸대접

지금까지 널리 통용되는 한국의 땅 이름을 보면, 앞장 경상북도 선산군 고아면의 예를 통해 본 바와 같이, 시골 동네의 경우 토박이말로 된 이름들이 많다. 또한 잘 알려진 영남의 명문대가의 집성촌 이름에서도 나타난다. 예를 들면 의성 김씨 집성촌인 안동의 내앞 마을은 이 토박이 이름으로 주민들 사이에 널리 통용되고 있지만 공식 명칭은 한자 번역인 천전(川前)이다. 그리고 안동 권씨 집성촌인 닭실은 이 토박이 지명이 주민들 사이에 널리 쓰이고 있지만 공식 지명은 역시 한자로 번역된 유곡리(酉谷里)이다. 이러한 예는 전국 각 지방에서 널리 찾아볼 수 있다. 한국에 흩어져 있는 대부분의 토박이 지명들은 관공서에서 쓰는 공식 이름이거나 호적 초본에 오를 수 있는 공식 지명이 아니고 그냥 그 지방 주민들 사이에서 쓰이는 이름들이다. 좀 더 구체적인 예로 내가 실제로 보고 들은 경험을 두 가지 더 이야기하겠다.

경상북도 상주군 모동면 금천리 2구의 동네 토박이 이름은 미끼미이다. 이 토박이 이름도 물론 호적 초본에 쓰이지 않는 것이며 정밀한 1:25,000 지형도에도 나타나 있지 않다. 그 지형도에는 금천리라고만 표기되어 있지만 그곳 사람들은 모두 미끼미라고 그 동네를 부른다. 보기를 든다면, 장날 모동 장터에서 만난 어른들이 어디 가시느냐고 인사할 때도 "미끼미 가는 길입니다."라고 하지 "금천 2구 가는 길입니다."라고 대답하는 이는 거의 없다.

경상북도 선산군 고아면에 있는 한 시골 마을은 그 고장 사람들에게는 '새올'이라는 토박이말 지명으로 알려져 있다. 이 토박이말 이름 역시 1:25,000 지도에는 실려 있지 않고 '새올'의 한자 번역인 신촌리(新村里)라고만 표시되어 있다. 1970년대까지만 해도 이 동네 주민들이나, 무지미 고개를 넘어가면 있는 내 고향 연흥 마을에서는 이 마을을 '새올'이라고만 불렀다. 이곳에서 우리 고향 동네로 시집온 아낙의 택호는 '새올댁'이었지 '신촌댁'이 아니었다. 그러나 이제는 젊은 사람들이 이 동네를 주로 신촌리라고 부른다고 한다. 마을 앞에 세워져 있는 마을 표지석에는 신촌리라고 크게 쓰여 있고 아주 작게 '새올'이 아닌 '세월'이라고 괄호 안에 표기되어 있다. 이 표지석 옆에 있는 큰 교회 안내판에는 신촌교회라고 크게 씌어 있었다. 이제 새올이라는 토박이 마을 이름은 거의 사라진 것 같다. 물론 이 마을의 공식 행정 구역 명칭은 신촌리라고 되어 있고 호적 초본에는 토박

그림 18-1. 새올 마을, 신촌리의 버스 정류장. 마을 이름 표지판에 옛 이름이 써 있다.

이 이름 '새올'이 인정되지 않고 있다. 이 고장에서 야외 조사를 했을 때 고등 교육을 받은 젊은 사람들은 공식 지명인 한자 지명을 선호하고 고등 교육을 받지 않은 노인들은 토박이말 지명을 쓰는 경향이 많다는 한탄조의 말을 한 촌로로부터 들었다. "무식한 우리 늙은이들은 그 마을을 새올이라고 하지만 젊고 교육받은 이들은 신촌이라고 더 많이 부르지요."

이렇게 토박이말은 실제 주민들이 일상생활에서 쓰고 있어도 서울과 임실과 같이 극히 제한된 경우를 제외하고는 비공식 지명으로 밀려나 있고, 점점 사라져 가는 운명에 처해 있다. 한국의 토박이말 지명을 한자 지명으로 대치하는 과정에서 중국의 지명을 그대로 갖다 붙이거나 중국 지명과 연관시켜 그 연장인 것 같은 인상을 풍기는 지명들이 상당하다. 예를 들면, 청주(清州), 경주(慶州), 광주(廣州), 경기도(京畿道) 등은 중국에 있었거나 현재에도 있는 이름이며, 낙동강(洛東江)이나 사천(泗川) 등은 중국의 지명인 낙수(洛水), 사천(四川) 등을 의식하고 그 이름들과 연계하거나 모방해 만든 지명으로 보인다. 그래서 한국의 한자 지명을 살펴보면 중국 이름을 그대로 갖다 붙이거나 중국 지명을 약간 변형시킨 것이거나 토박이말 이름을 한자로 번역한 것이 대부분으로 보인다. 한국의 지방 이름들과 당나라 시대의 지역 이름들을 비교하면 얼마나 많은 중국 지명들이 한국 지명으로 이식되었는가 쉽게 드러난다. 여기에 대한 나의 소견은 시문 형식을 빌린 짧은 글 「우리 이름으로 둔갑한 영남과 호남」에 나타나 있다.[2]

지난번 고국에 들어갔을 때
지방색이니, 지연이니 하는 걱정과
영남이니 호남이니 하는 말을 많이 들었다.

사실인즉, 그게 다 중국땅 이름을 그대로
갖다 붙인 건데…….

영남은 원래 중국 남령산맥 이남의 땅이란 말이었다.
지금의 광동, 광서, 운남 일대를 지칭하는 말로서
당나라 때에는 이 지역이
영남도란 지방 관할 구역이었다.

호남은 원래 중국의
동정호 이남 지방을 지칭하는 말로서
주로 지금의 호남성 일대를 일컫던 말이었다.

우째다가 이 중국의 이름들이 우리나라에 이식되어
동정호가 아닌 금강 이남 땅이 호남이 되고
남령산맥이 아닌 소백산맥 동남쪽이 영남이 되었는지
모르겠다.

영리하게 갖다 붙인 말 같으나
우리 조상들이
정신없이 중국을 기리던
속마음이 보이는 것 같아
어쩐지 마음이 아프다.

생각해 보면

우리나라 지명 중에

중국 지명을 그대로 모방한 것이 한둘이 아니다.

예를 들자면, 경기도란 말이 그렇다.

경기도란 옛날 중국 당나라 시대에

당시 수도였던 장안성 주위 일대의

관중분지를 일컫던 지방 행정 구역이었다.

다시 말하자면, 원래 경기도란

당나라의 수도 부근 구역이란 말이었다.

관동이란 관중 지역(경기도)의 동쪽이란 말로서

중국의 하남 일대와 산동 일대를 일컫던 이름이었다.

언제부터인지

어찌하다가, 어찌하다가

이 중국 이름들이 우리나라의 이름 되고

지방색을 대표하는

말이 되었는지 모르겠다.

관중의 장안성이 아닌 우리나라의 서울 주위 지역은

경기도로 낙착이 되었고,

관중 아닌 경기도의

바로 북쪽에 있는 평안도와 황해도는

나라의 서북방이란 핑계로

관서라고 억지를 당했다.

우리나라 서울의 동북쪽인 함경도 지방은 관북으로
경기도의 바로 동쪽인 강원도는 관동으로
어처구니없이 명명됐다.

이런 이름이 붙은 우리나라 지도와
옛 당나라 이름이 붙은 중국 지도를
비교해 보면
얼굴이 붉어지고 정신이 아찔해진다.

너무도 어처구니없이
중국 지명을 모방해서
우리나라에 그냥 어거지로
끼워 맞춘 느낌이 들기 때문이다.

우리 조상들은 한때나마
그렇게라도 모화사상에 취해 있었던가 보다.
그렇게라도 중화가 되고 싶었던가 보다.

이제 우리는 그런 낡은 사상에서 해방된 겨레다.
필요 없이 갖다 붙인 중국 이름은 뽑아 버리고
우리말 땅 이름을 되살리면 좋겠다.

적어도 영남, 호남이란 이름은 버려도 좋겠다.
관동, 관서, 관북이란 이름도 안 쓰거나
토박이 우리말로 바꾸면 좋겠다.
경기도란 말은 너무 속이 내다보이는 말 같아서
자꾸 얼굴이 붉어지는 이름이다.

뉴질랜드 마오리 지명과 한국의 토박이말 땅 이름을 놓고 생각해 볼 때, 우리는 단일 민족으로 구성된 자주 독립 국가를 가지고 있으면서도 현재 한글로 표기되고 있는 토박이말은 각 지방 행정 단위의 공식 지명 중에서 '서울'과 '임실'이란 땅 이름 외엔 아예 없는 형편이다. 대구와 같은 도시이름은 달구벌이란 우리 토박이 이름의 한자 번역인 것으로 보인다. 토박이말 지명이 지금도 주민들 사이에서 통용되고 있는 것은 도시 및 취락 단위 중 가장 하층인 말단 시골 마을 이름과 흩어져 있는 지형 지물을 포함한 땅 이름들이 그 주류를 이룬다. 이에 반해 마오리 지명은 상대적으로 한국의 토박이말 지명보다 훨씬 더 많이 살아남아 통용되고 있다. 상당히 큰(중요한) 도시(취락)의 이름도 마오리 지명이 흔하다. 한국 시골의 마을 이름까지도 행정상 공인되는(법적 지위가 있는) 지명은 모두 한자식인 면을 고려할 때 한국은 뉴질랜드(마오리) 땅 이름이 영국화된 것보다 더욱 철저히 중국 한자화됐다고 볼 수 있다. 땅 이름을 통해서 보면 한국은 철저한 중국의 문화 식민지 같은 인상을 지우기가 힘들다.

앞에서 살펴본 바와 같이 사실 뉴질랜드와 한국 땅 이름에 있어서 더 중요한 지명들이 모두 문화적으로 자기들을 정복한 정복자의 것이고 토착어는 주로 시골 이름을 비롯한 하부 계층 취락들에 많이 남아 있다. 이는 마치 총독과 고급 관리는 모두 지배 민족 출신들이고 말단 행정이나 경찰 보조원이 피지배 민족 사람들이었던 서구의 식민지 지배 구조를 연상시킨다. 하지만 마오리 지명의 경우 지금 현재도 뉴질랜드 사회에서 사용되고 있는 시골 동네 이름이나 산이나 강 또는 지역 이름이 모두 공식 지위를 가지고 있다. 그러나 지금 한국 사회에서 사용되고 있는 한국의 토박이말 시골 동네나 지형 지물 이름은 뉴질랜드의 마오리 지명과 달리 공식적인 지위를 누리지 못하고 있다. 나는 독립된 국가를 가진 민족치고 자기 나라 토박이 지명이 이 정도로 소멸되도록 방치하고, 실제로 통용되는 자신들의 토박이 땅 이름에 공식 지위를 주지 않고 푸대접하는 독립된 민족 국가를 알지 못한다.

이름을 안 붙였던 큰 길들

한국 사람들은 재래로 길 이름을 아예 붙이지 않았던 것 같다. 이 면이 길 이름에 대한 한국 사람의 전통적인 지오멘털리티가 서양의 그것과 다른 점이라고 생각한다. 서울의 고지도를 봐도 길 이름이 전혀 안 붙어 있다. 우리는 길 이름을 붙이는 것을 중요치 않게 생각했거나 꺼린 것 같다. 옛날부터 한국 사람들은 길 이름이 없이도 중요한 지형 지물을 이용해 길을 잘 설명했고 잘 찾아갈 수 있었던 것 같다. 지금도 한국 도시의 작은 골목길은 이름이 없는 경우가 흔하거니와 양방 통행의 큰 자동차 길도 길 이름이 몇 년 전까지만 해도 없었던 경우가 많았다. 서방 세계, 즉 내가 경험한 미국이나 뉴질랜드에서는 도시 개발을 할 때 청사진에 아무리 작은 길이라 할지라도 길 이름을 붙여야 한다.

우리는 도시가 개발된 뒤 10년이 지나도 길 이름을 붙이지 않은 채 별로 불편을 느끼지 않고 살아 왔다. 1990년대 초에도 잘 보이지 않던 서울 동네의 길 이름들이 최근 2000년대 초에 한국에 와 보니 서울의 웬만큼 큰 길에는 이제 길 이름이 표지판으로 붙어 있었다. 올해 2009년에 와 보니 작은 골목길에도 이제는 길 이름이 다 붙어 있고, 우편물 주소도 길 이름을 중심으로 재편한다고 한다. 재래식 행정 단위의 지적도 번지는 이제 곧 일상생활에서는 잘 쓰이지 않게 된다고 한다. 근대 서양 지명 문화화되어 가고 있음을 절감한다. 자동차 문화로 접어든 뒤에 한국의 도시는 길 이름이 더 필요해졌다고 생각된다. 아마도 자동차를 운전하면서 도시 지도를 자주 봐야 하는 현대 문화가 이렇게 길 이름을 짓도록 한 것 같다. 자동차 문화는 지도로 길을 찾는 지도 문화이기도 하며 지도로 길을 찾으려면 길 이름이 있는 것이 편리하다. 또한 스피드를 요하는 택배 문화가 길 이름의 필요성을 더욱 강요하게 되었는지 모른다. 어쨌든 간에 모든 길에 길 이름을 붙이는 것, 특히 길 이름에 특정한 사람(조상)의 이름을 붙이는 것은 서양 문화의 영향이 분명하다.

서양식으로 붙인 시가지 도로 이름들

어떤 특정인을 기념해 그 사람의 이름을 길 이름으로 쓰는 것은 서양 버릇이다. 그래서 아무리 위대한 한국 사람의 이름이라도 그 개인을 기념해 그의 이름을 시가지에 붙이는 것은 서양식 관행이다.

이미 몇 십 년 전부터 불러 온 서울의 큰 거리 이름을 보면 퇴계로, 충무로, 을지로같이 훌륭한 우리나라 선조의 이름을 붙인 것이 많다. 이러한 이름은 우리의 가슴을 뿌듯하게 하는 자랑스러운 이름이다. 그러나 특정 개인의 이름을 땅 이름(길 이름)에 붙이는 것은 서양식이다(서양에서는 이미 로마 시대에도 제왕이나 영웅 들의 이름을 시가지 이름으로 자주 썼다.). 서양에서는 어떤 특정인의 이름을 땅 이름에 붙이는 것이 그 사람을 영예롭게 하는 것이라고 생각했다. 그러나 우리는 자손들이 조상의 이름을 부르는 것이 불경스러운 일이라 하여 피했다. 이러한 한국의 전통을 고려해 볼 때 훌륭한 선조의 이름을 지명으로 사용한다는 것은 상상하기 힘들다. 이러한 나의 견해는 연전에 「을지로, 충무로」라는, 시문의 형식을 빌려 발표한 글에 나타나 있다.[3]

을지로,
충무로.

율곡로,
퇴계로.

훌륭한 우리 선조들의 이름을 딴 길 이름이다.
가슴이 뿌듯해 오는 길 이름이다.
하지만 우리 조상들은 예부터
특정 개인을 칭송하는 의미에서
그의 이름을
길이나 마을 이름에 붙이질 않았다.
조상의 이름을 함부로 안 부르겠다는
뜻이 있었던 것 같다.

특정 개인의 이름을 땅 이름에 쓰는 것은
두드러진 서양 풍습이다.
서양에선 수없이 많은 땅 이름 길 이름이
중요한 사람의 이름을 땄다.
특정 개인의 이름을 지명으로 써 오는 버릇 때문이다.

이 서양 버릇이 이젠
우리에게 쓰이게 되었다.
을지로, 충무로는
민족 정기가 담긴 자랑스러운 이름이다.
다만 그런 식으로 길 이름 짓는 것이
남의 버릇을 본뜬 것 같아
입맛이 좀 씁쓸할 뿐이다.

이제,
토박이 우리말 땅 이름이 그립다.
가마골, 황새골, 소산골.
내리미재, 베틀뫼.
잔다리, 갈우리.
애오개, 진고개,
새터, 한밭, 먹골, 골안길…….

수없이 널려 있는 우리말 땅 이름들.
구석구석에 버려져 있는 우리말 땅 이름들.
그 귀한 것들은 이제
이름없이 어디로 사라지고 있는가?

동양 특히 우리나라에서는 아무리 훌륭한 조상의 이름이라 해도 지명으로 쓰지 않았다. 이는 조상의 이름을 땅 이름으로 하여 함부로 부르는 것은 조상을 명예롭게 하는 것이 아니라 욕되게 하는 것이라고 생각했기 때문인 것 같다. 우리는 언제부터인지는 모르지만 적어도 조선 시대부터는 아버지, 어머니, 할아버지, 할머니를 포함한 조상들의 이름을 자손들이 부르는 것은 피하도록 배워 왔다. 아이들의 이름을 지을 때에는 부모나 가까운 조상의 이름자가 자손의 이름에 쓰이지 않도록 주의를 기울였다. 임금의 이름을 부르는 것은 금기시되어 왔다. 이러한 상황에서 조상의 이름을 길 이름 땅 이름에 붙인다는 것은 상상하기조차 힘든 것이었다.

현재 남한에서도 훌륭한 조상의 이름을 그 사람을 기념해 길 이름에 붙이곤 하나 그래도 본명보다는 호를 붙여 부르기 때문에 서양식으로 지명을 짓더라도 전통 문화를 존중한다고 볼 수 있다. 그러나 아무리 호라더라도 한국 역사에서는 유명한 사람이나 임금의 이름을 공덕을 기리고 기념하기 위해 지명으로 쓰지 않았다. 이러한 면이 한국 문화가 서양 문화와 다른 일면이다. 이러한 한국 문화의 현상은 서양 문화를 좀 알고 난 뒤 그 둘을 비교해 볼 때 분명히 드러난다. 다시 말하자면 한국 문화를 다른 문화와 비교해 볼 때 한국 문화의 특성이 더 잘 보인다는 것이다.

로마 시대에 로마 거리나 광장 등의 지명은 유명한 황제나 영웅의 이름을 따다 붙였으며 이는 그 사람들을 칭송하는 방편이었다. 이렇게 특정 개인을 칭송 기념하기 위해 그 사람의 이름을 붙이는 것은 서양의 문화 전통이다. 알렉산더 대왕이 여러 지역을 정복한 뒤 수많은 도시를 알렉산드리아로 명명한 것을 보아도 알 수 있다. 앞에서 말한 바와 같이 뉴질랜드의 큰 도시 이름이 유럽식인 경우 상당수가 유명 인사의 이름에서 땄다. 예를 들면 오클랜드, 해밀턴, 웰링턴, 넬슨 등이다. 미국의 취락 지명도 워싱턴, 링컨, 샌프란시스코 등 수없이 많은 지명이 특정 개인을 칭송 기념 하는 경우들이다.

서울에서 출판된 북한 지도책을 보면 우리의 귀에는 어색한 김일성 일가의 이름이 몇몇 군 이름에 보이며 김일성 자신의 이름도 평양의 몇 군데 지명으로 붙여져 있다. 예를 들면 양강도의 김정숙군, 김형직군, 김형권군 등이 군 단위 행정 단위 이름의 보기이며, 시 단위 이름으로는 함경북도의 김책시와 양강도의 김형직시가 눈에 띄인다. 김일성 광장, 김일성 대학 등도 한 예이다. 북한 사람들은 이러한 지명 붙이기를 자기들이 내세우는 주체 사상의 발로로 보는 것 같고 북한 사람의 이름을 자기들 식대로 붙인 것이라 여기고 있는 것 같으나 이런 식으로 땅에 개인의 이름을 붙이는 것은 사실 서양 버릇이지 한국 고유 사상은 결코 아니다. 그러므로 사람의 이름을 딴 지명은 비록 이름은 한국 이름이지만 그런 식으로 땅 이름을 짓는 것은 서양식 사고 방식을 본 딴 것이다.

한국 고유 지명의 특징은 자연 환경이나 역사적인 사건 또는 민중의 생활과 풍습 및 전통 신앙이 담긴 민족의 얼을 반영하는 땅 이름들이 많다. 우리는 남북한 힘을 합쳐 정말 주체성이 있는 우리말 토박이 땅 이름(지명)을 찾는 것이 정치적인 차원을 넘어서 남북한의 동질성을 회복하는 데 의미가 있다고 생각한다.

3. 마무리

이미 붙인 길 이름(땅 이름)은 그대로 두더라도 앞으로 새로 붙일 땅 이름, 길 이름은 그곳에 실제 쓰이고 있는 우리나라 토박이말이 있다면 그것을 살려서 쓰는 것이 좋겠다. 뉴질랜드에서도 땅 이름을 새로 붙일 때 그곳에 원주민인 마오리의 토착 이름이 있었다는 것이 증명될 경우 우선적으로 마오리 지명에 공식 지위를 주고 있다. 새로 붙이는 우리나라 길 이름, 땅 이름에는 곱고 부르기 쉬운 우리 토박이말 이름들을 붙이는 것이 좋겠다. 한국의 고유한 땅 이름 붙이기의 특성을 살려 땅 이름을 짓는다면 좋겠다. 현재 실제로 우리나라 곳곳에서 주민들 사이에 통용되고 있는 토박이말 땅 이름이면서도 행정상의 공식 지명 대우를 받지 못하는(호적등본에 오르지 못하는) 시골 마을 이름에게는 법적 지위를 부여하면 좋겠다. 우리 토박이말 땅 이름이 있는데도 불구하고 어색하게 한자로 된 지명이 공식 행정 명칭이 되어 있는 경우에는 과감하게 우리 토박이말 마을 이름에 공식 지위를 주어야 할 것이다.

독립된 단일 민족 국가에서 자기 나라 국민들이 실제로 사용하고 있는 토박이말 땅 이름(마을 이름)들이 한국만큼 푸대접을 받고 공인되지 않고 있는 나라가 이 지구상에 어디 또 있는지 나는 아직 알지 못하고 있다. 아프리카 신생 독립국인 짐바브웨(로데시아)도 영국 식민지 이름인 살스베리라는 수도 이름을 하라레라는 자기들 토박이말로 바꾸었다.

제19장 땅을 그리워하는 마음

민족과 영토는 신비적인 상호 관계를 이룬다.[1] 자기 민족의 역사와 정서가 얽히고설킨 고유 영토에 대한 애착은 그 정도의 차이는 있지만 어느 민족이나 다들 가지고 있다. 나는 문화 지리를 공부하면서 다른 사람들의 생각이 어떻게 땅에 투영되었는가, 또는 지역 환경의 특성이 그곳 사람들과 어떤 생태적 관계를 가지고 있는가 관찰하고 배우려고 노력해 왔다. 내가 몸담고 있는 오클랜드 대학교의 문화 지리 시간에는 서양 문화와 뉴질랜드 원주민인 마오리 족 문화 그리고 동양 문화, 특히 한국 문화의 특징이 어떻게 자기들이 사는 땅에 반영되어 있고, 문화가 다른 민족들의 지오멘털리티가 서로 어떻게 다른 면이 있는지 비교 대조한다.

한 민족이 땅에 대해서 가지는 마음 틀은 자기 민족 고유 영토에 대한 애착을 반영할 수 있는데, 한국인은 다른 나라 사람에 비해 자기 국토에 대한 애착이 독특하다고 생각한다. 강의 시간에 한국 사람들의 지오멘털리티를 설명할 때마다 병자호란이 끝나고 청나라로 잡혀간 김상헌이 지은 시조를 소개하곤 한다.

> 가노라 삼각산아 다시 보자 한강수야
> 고국 산천을 떠나고자 하랴마는
> 시절이 하수상하니 올동말동하여라.

고국을 떠나면서 지은 이 비장한 뜻이 담긴 시조에서 저자는 왜 유학자로 교육받은 선비로서 부모나 형제에게 작별 인사를 하는 것이 아니고 고국 산천에게 마지막 인사를 했을까? 이 시조를 통해서 우리는 김상헌의 국토에 대한 애착과, 그의 국토를 보는 마음 틀, 나아가 한국인의 땅을 보는 마음 틀의 일면을 볼 수 있다고 생각한다. 왜냐하면 이는 한국 사람들이 많이 애송하는 시조 중 하나로서 저자 자신뿐 아니라 이 시조를 애송하고 동감하는 한국인의 심성을 반영한다고 볼 수 있기 때문이다.

40년 전 미국에 유학하려고 고국을 처음 떠나야 했을 때, 나는 차마 고향 땅을 떨어질 수가 없어서 갓 만들어진 어머니 산소 옆에 흙을 한 줌 집어 품고 떠났다. 그 흙은 태평양을 건너 미국으로 갔다가, 다시 뉴질랜드로 와서 지금도 꺼내어 보곤 한다.

뉴질랜드로 온 뒤 나는 뉴질랜드 원주민인 마오리 족에 관한 공부를 하게 되었고, 그들이 자기들의 고향 땅을 지극히 사랑하는 마음에 감명을 받았다. 나도 내 고향 땅, 한국을 사랑한다고 생각했는데, 마오리 족은 자기 땅을 인격적으로 대할 정도로 지극히 사랑해서 심금을 울리곤 했기 때문이다. 그래서 이 글에서 김상헌의 시조에 나타나는 국토에 대한 사랑과 일맥상통하는 마오리 족의 고향 땅에 대한 사랑을 소개하고 우리나라 국토에 대한 사랑을 생각해 보기로 한다.

마오리 족의 고향 땅에 대한 사랑은 다음 몇 가지 측면의 마오리 문화를 통해 알 수 있다.

① 마오리 족 역사에 나타난, 역사적 사건을 통해서 본 국토 사랑.
② 마오리 족 격언에 나타난 국토 사랑.
③ 고향 땅의 특징으로 자기의 신분을 소개하는 시구에 나타난 마오리 족의 국토 사랑.

첫째, 마오리의 고향 땅 사랑에 관한 여러 가지 역사적 사실들이 지금까지 잘 전해지고 있다. 유명한 뉴질랜드 민속학자인 엘스던 베스트가 기록한 바에 의하면 한 마오리 족 전사가 부족 전쟁에서 포로가 되어 다른 부족의 노예로 사는 동안, 어려운 경로를 통해 자기 부족에게 보낸 말이 "나에게 고향 땅의 흙 한줌을 보내 주시오, 그것을 보고 울기라도 하게"라는 메시지였다고 한다.[2]

아주 여러 차례 전해져 유명한 이야기로는 적에게 붙잡힌 한 마오리 족 전사가 죽임을 당하게 되었을 때, 마지막 소원이 무엇이냐고 물으니 자기 고향 땅에서 흘러오는 강물을 마지막으로 마시게 해 달라고 했고, 그 청이 수용된 후 그 전사는 처형되었다고 한다.[3]

또 어떤 전쟁 포로는 자기 부족 땅의 경계까지 가서 그 땅을 본 다음 죽여 달라고 해서 그 마지막 소원을 풀어 주고 죽였다고 한다. 이러한 마오리 족의 자기 땅에 대한 신비적인 애착을 보여 주는 기록은 민속학자들 간에 잘 알려져 있다.[4]

또 그 민속학자는 한 마오리 부족의 두 전사가 다른 부족과의 전쟁에

져서 붙잡혔는데 죽기 전에 자기 부족과 고향 땅에 대한 애절한 마지막 작별의 노래를 불렀다고 기록했다.[5] 이처럼 마오리 족들은 자기 고향 땅을 죽을 때까지 잊지 못했고 고향 땅에 대한 사랑이 유별했기 때문에, 전쟁의 승자도 패자의 고향 땅 사랑은 존중했던 것이다.

마오리들은 적에게 쫓겨서 고향 땅을 떠나기보다는 고향 땅을 지키다가 죽는 것이 옳다고 생각한 경우가 여러 차례 기록되어 있다. 그 한 예를 든다면 북섬의 이스트 케이프 지역에 있는 한 마오리 족 전사가 다른 부족이 침범해 왔을 때, 도피를 권하는 친구에게 말하기를 "자네나 도망가게, 내가 만약 죽어야 한다면 나는 내 땅에서 싸우다 죽어서 내 피가 깨끗한 우리 강물에 씻겨지기를 바라네."라고 했는데, 실제로 그는 도망을 가지 않고 자기 땅에서 싸우다 죽었고 그 사람의 시체를 그 강물에 씻겼다고 한다.[6] 이 정도로 마오리 족은 자기 땅을 지키는 데 지극했다.

또 한 경우는 한 마오리 부족이 다른 부족의 공격을 받았을 때, 쳐들어온 부족의 힘이 훨씬 더 강해서 사람들이 도망가려 하자, 그 부족 추장은 문간에 딱 버티고 서서 "도망가지 말고 우리 땅에서 (싸우다) 같이 죽읍시다." 하고 열변을 토했다고 한다. 그래서 겁먹고 도망가려던 부족민들은 이 말을 듣고 용기백배해 적을 물리쳤다는 것이다.[7] 고향에 대한 지극한 사랑이 고향을 지키게 된 경우를 잘 보여 준다.

이러한 마오리 족의 땅을 유럽 사람들이 식민화하고 전쟁을 통해, 매각을 통해 빼앗았을 때, 이들의 비장한 사연과 비통한 감정이 잘 표현된 사연들이 많이 전해지고 있다. 그 좋은 예로 1859년 4월 25일 유명한 와이타라 지방 땅이 유럽 사람에게 거의 강제로 매각되었을 때, 추장을 비롯한 대부분의 마오리 족들은 이 매각에 반대했고, 위래무 킹이 위티라는 사람은 그 당시 뉴질랜드 브라운 총독에게 보낸 1859년 4월 25일 편지에 이렇게 썼다.[8] "나는 내 침대가 당신에게 팔리는 것을 결코 원하지 않습니다(여기서 침대는 자기 부족의 땅을 뜻한다.). 왜냐하면 이 침대(땅)는 나에게만 속한 것이 아니라 우리 부족 모두에게 속한 것입니다. 우리에게 돈을 지급하려고 서둘지 마시오, 우리는 죽어도 이 땅을 팔지 않을 것입니다."

땅이 강제로 매각되는 것이 거의 확정된 회의 석상에서 그 마오리 추장이 일어나서 말하기를 "총독이여, 우리는 결코 항복하고 우리 땅을 당신에게 주지 않을 것입니다. 내가 베고 있는 베개를 당신이 빼앗아 간다면 그것은 결코 좋은 일이 아닙니다. 바로 이 베개는 우리 조상들의 것입니다(우리가 조상으로부터 대대로 물려받은 우리들 것이지 당신들 것이 아닙니다.)." 하면서 영국 총독에 대항했다고 한다.[9]

한 마오리 족 추장이 아주 논리적으로 총독에게 따지며 자기 땅을 지키겠다는 강한 의지를 표현한 감격적이고 감동적인 편지의 예를 하나 더 들어보자.[10] "총독이여, 우리는 우리 조상들이 물려준 이 땅을 사랑합니다. 우리 부족은 계속 우리 땅으로 돌아오곤 합니다. 태어나면서부터 이 땅과 맺은 정과 인연 때문입니다. 그래서 우리는 조상이 경계를 지워 우리에게 물려준 이 땅을 계속 경작해 왔습니다. 우리의 친구인 총독이시여, 우리가 우리 땅을 사랑하듯이 당신은 당신의 아버지 나라인 영국을 사랑하시지 않습니까?" 이와 같이 하소연하면서 결사적으로 땅을 지키려고 했다. 그럼에도 불구하고 그 문제의 와이타라 지방 땅이 팔려서 백인에게 넘어간다는 소문이 돌자 한 마오리 족 전사는 편지 쓰기를 "여기에 죽음이 있습니다. 우리 땅이 죽고 있습니다. 백인들이 우리 땅을 뺏어 갑니다."라고 했다고 한다.[11]

땅은 인격적이지 않지만, 마오리 족들에게 땅과의 관계는 사람과 생명이 없는 물건과의 관계가 아니라 인정 있는 사람과 사람의 관계, 즉 어머니

그림 19-1. 마오리 족 전통 건축 양식으로 지은 오클랜드 대학교 교정 내의 타내누이 아랑이 마라이 (마오리 조상의 집이자 공회당).

와 아들 사이와 같이 인격적이고 친근한 관계이다. 그래서 땅이 남(백인들)에게 팔리는 것을 땅이 죽는 것으로 표현한 것이다.

둘째로 마오리들의 지극한 국토 사랑, 고향 땅에 대한 애착은 마오리가 즐겨 쓰는 속담에도 잘 나타나 있다. 속담이라는 것은 원래 어떤 민족의 지혜와 사상과 가치관이 잘 함축되어 있는 것으로 사물을 판단한다든지, 일의 옳고 그름을 규정한다든지, 또는 어떤 사물과 일에 관해 비평을 할 때에 요약된 표현으로 쓰인다. 고향 땅에 대한 마오리의 애착은 역사적인 사례에서 보았듯이 그야말로 목숨을 아끼지 않는 지대한 것으로 마오리 족의 고향 땅에 대한 애착은 그들의 속담에 잘 표현되어 있는데, 한 예를 들면, "자기 아내와 고향 땅을 지키기 위해서는 목숨을 내놓는다."는 격언이 있고, 그 비슷한 속담으로 자기 "고향 땅과 아내를 위해서는 죽을 때까지 싸운다."는 것도 있다.[12] "사람은 (살다가) 없어지지만 땅은 계속 남아 있는다."라는 마오리 족 속담은 자기들의 국토에 관한 철학을 잘 요약해 준다(Kohere). 이 속담의 변형으로서 "땅이 가진 재물은 계속 남아 있지만 사람이 가진 재물은 곧 없어진다."라고 한 것도 있다. 결국 이 사람들의 이러한 재래 격언들에서 "사람이 땅에 속하지 땅이 사람에게 속하지 않는다."는 땅에 대한 마오리 족의 궁극적인 철학이 담긴 새로운 격언이 마오리 민족 운동가들에 의해 제창되었다.

마오리 족의 '땅을 보는 마음 틀'은 땅과 사람의 관계에서 주인은 오히려 땅이지 사람이 아니라는 것과 땅은 신성하고 영구하다는 것이다. 이 사람들은 자기들의 삶을 생각해 볼 때, 사람의 목숨은 불과 몇 십 년에 불과하지만 땅은 영구하다는 것을 감지했고 그 땅에서 자기들의 생활 근거가 마련되고 있음을 속담에 잘 표현했다. 그래서 마오리 족은 국토와 민족이 분리되어서는 살 수 없는 것을 알기 때문에 자기들의 땅을 위해서는 목숨을 내놓는다는 비장한 각오를 한다는 것이다. 이러한 마오리 족 격언에 나타난 국토에 대한 강한 사랑이 보이는 지오멘털리티는 다른 어느 민족에게서도 찾아보기 힘들다.

셋째로 이러한 마오리 족들의 국토 사랑은 공식 석상에서 자신을 소개할 때에 사용하는 고정화된 시구에서도 잘 볼 수 있다. 자기 이름을 대면서 아무개라고 소개하기보다는 자기 고향 땅에서 가장 중요한 산과 물, 부족의 이름을 들어서 자기를 소개한다. 예를 들면 낭아티포르 부족 출신은 다음과 같이 소개한다.

나의 산은 히쿠랑이이고,

나의 강은 와이아푸이고,

나의 부족은 낭아티포르입니다.[13]

이러한 표현은 다시 말하자면 마오리 식의 주소를 알리는 것이기도 하고 마오리 식의 신분증을 제시하는 것이기도 하다. 거리 이름과 번지수가 없었던 재래 마오리 시대에서는 어느 산, 어느 강가, 어느 부족에서 왔다고 하면 자기 주소를 밝히는 셈이었다. 이러한 소개에는 자기 부족의 땅이 이러저러한 산을 중심으로 이러한 강 옆에 있다고 해서 자기 땅의 소유권을 천명하는 것이기도 한다. 이렇게 고정화된 시구로 자신을 소개하는 방법은 부족에 따라 약간씩 변해서 산과 물(강, 호수 또는 만)과 종족 세 가지 외에 자기 부족의 마라이의 이름이 무엇이고 자기 중시조의 이름이나 부족장의 이름이 무엇이라고 더하기도 하지만 자기가 몸담은 땅의 산과 물을 시발점으로 해서 자신을 설명하는 것에는 차이가 없다.

이처럼 자기 국토에 대한 마오리 족들의 애착심은 마오리 족 문화의 핵심이거니와 자기 자신을 소개하는 데 있어 자기 이름보다도 자기 땅을 더 먼저 중요하게 설명하는 데에 잘 나타나 있다. 그래서 나는 마오리 족 문화를 공부하면서 마오리 부족을 방문해 연설할 기회가 있었을 때에 나의 소개를 마오리의 고정된 시구에 맞추어 다음과 같이 했다.

나의 산은 백두산이고,

나의 강은 한강이고,

나의 민족은 한국인입니다.

이렇게 마오리 족 격식에 맞추어 소개했을 때, 그 사람들의 뜨거운 반응을 경험한 바 있다. 마오리들이 자기 고향 땅에 대한 애착에 감명 받은 바가 큰데, 이는 마오리 족의 국토에 대한 애착이 우리 민족의 국토에 대한 사랑과 일맥상통하기 때문이다. 특히 마오리 족들이 공식 석상에서 자신을 소개하는 시구는 앞에서 본 것처럼 김상헌의 시구와 비슷한 면이 있다. 초장과 중장에서 김상헌이 조국의 산과 조국의 강에 작별을 했듯이 마오리 족들의 시구에서도 첫째 줄과 둘째 줄에서 자기 부족의 산과 물을 소개하고 그다음에 부족의 문화적인 특징을 소개한다. 이를 보았을 때, 자기보다 자기 국토를 앞세우는 뜨거운 국토 사랑을 우리는 새겨볼 필요가 있다고 생각한다.

국토 사랑의 필요성은 다음 세 가지 면에서 생각해 볼 수 있다. 첫째로 민족 정기의 함양을 위해서는 우리 민족의 영토를 사랑해야 하고 영토를 지키려는 의지를 키워야 한다. 한 민족과 고유 영토가 합쳐서 한 나라를 이루는 것은 그 민족의 번영과 행복을 이룩하는 데 기초가 되고, 자기 나라 땅을 잃은 민족의 운명은 슬플 수밖에 없다. 국토를 잃었던 유대인들의 유랑성과 서러움은 우리의 상상을 초월한다. 이런 면에서 보면 마오리 족들의 비장한 결심처럼 고향 땅을 지키기 위해 목숨을 내놓는 것은 조금도 놀랄 게 없다. 생활 근거인 자기 땅을 잃는다는 것은 너무나 참담하기 때문에 국토를 보존하고 돌봐야 하는 국토 사랑을 북돋운다는 것은 더 말할 필요도 없이 중요하다.

둘째로 우리 한국이 환경 문제를 해결하고 세계화하면 우리 민족이 선진화하는 첩경이다. 우리는 외국 사람과 빈번한 교류를 하고 외국과 어깨를 겨루면서 살아야 하는데, 여기서 국토는 매우 중요한 역할을 한다. 우리 국토가 적어도 남들만큼 잘 보존되어 있음을 보여 주는 것이 중요한데,

환경오염이 극심하고 잘 돌보지 않은 국토는 한국이 세계화하고 선진 대열에 서는 데 큰 걸림돌이 된다.

셋째로 우리 땅을 사랑하고 우리 땅을 건전한 환경 관리 정신으로 돌보아야 한다는 것은 국민 건강과 생태계의 유지를 위해 필요 불가결하다. 급격한 산업화와 경제 성장에만 치중하고 국토 관리를 소홀히 한 나머지 민족의 생활 터전인 국토가 극심히 오염되어서 이제는 수돗물조차도 마음 놓고 먹지 못할 지경이 되었다. 이제는 산업 체제와 국민 소비 성향을 개선해 국토를 돌보아야 할 때다. 국토를 돌보는 마음은 국토를 사랑하는 마음에서 나온다.

에필로그

한국 문화는 이미 다 완성되어 발전이 끝난 문화가 아니고 옛 선조들의 문화 유산을 토대로 계속 발전하고 있다.[1] 사실 완성되어 변하지 않는 문화란 이미 죽은 문화, 즉 이젠 역사상 기록에서나 찾아볼 수 있는 문화일 것이다. 한국 문화란 태초에 이런 것이 한국 문화다 하고 하늘에서 정해져 내려온 것이 아니다. 오랜 역사 속에서 여러 갈래의 사람들이 한 민족으로 살아가면서 그들의 습성이 하나의 전통으로 굳어지고, 그들의 생각과 사는 방법이 이웃들과 주거니 받거니 하면서 발전되어 온 것이다. 한국 문화란 한국 사람들 위에 신과 같이 군림해 한국인에게 어떤 식으로 살라고 호령하는 존재가 아니고, 한국 사람들에 의해 계속해 만들어져 가는 전통 체계이다. 그래서 우리는 박물관에 전시된 유물이나 옛날 역사책의 기록 정도를 우리 문화의 거의 전부로 생각하는 사고 방식은 바람직하지 못하다.

한국 문화는 물려받은 전통이 한국인의 독창성과 외국에서 들어온 새로운 습성과 물질을 합해 계속 변형되어 가고 있다. 역사적으로 볼 때 한국 문화가 질적으로 큰 변화를 해 온 것은 대체로 외부의 영향에 기인한 것으로서 네 단계로 나누어 볼 수 있다. 고대 한국 문화가 첫 번째로 거대한 외부 영향을 받게 된 것은 중국 북부 지역과 교통하면서 유교적 사유를 포함한 고대 중국 문화가 들어오게 된 것이고, 그다음은 불교를 통해 불교적인 사유와 가치관이 들어오게 된 것이고, 또 그다음은 개혁된 유교라 할 수 있는 주자학이 전래된 것이며, 근래의 급격한 변화는 기독교를 앞세워 들어오게 된 서양 문화를 받아들이게 된 것이다. 이렇게 본다면 한국 문화는 중국, 인도, 서양 세 지역의 문화를 많이 흡수해 발전시켜 나온 문화라고 볼 수 있다. 이 네 단계 변혁을 통한 현대 한국 문화를 조감해 보면, 한국의 재래 문화는 한민족의 토속 문화 요소와 중국 북부 지역(특히 한나라, 당나라 시대) 문화로 구성된 두 다리로 서 있는 문화이다. 우리의 습성, 건축 형식, 언어 생활 특히 어휘 구성에서 이 두 다리로 구성된 한국 문화를 실감한다. 그리고 현대 한국 문화는 이러한 재래 한국 문화를 한 다리로 하고 근래에 들어온 외국 문화(특히 서구 및 미국 문화)를 다른 한 다리로 하여 새로운 두 다리로 달리는 문화라고 볼 수 있다. 정치 교육을 포함한 사회 전반 제도와 한국인의 현대 습성이 이러한 주장을 뒷받침한다.

민족 문화란 항상 생성·발전하는 것이기 때문에 지금도 우리는 전통 문화를 어떻게 보존하고 외래 문화를 어떻게 받아들일 것인가에 대한 논의를 많이 한다. 그러나 어떤 학자가 말한 바와 같이, 문화라는 것은 물리적이기보다는 화학적인 특징이 강해서 어떤 문화의 일면(기술)이 외부에서 들어오면 그와 얽히고설킨 것들이 다 따라와 일종의 화학 반응을 일으키는 것이 보통이며, 그 수입된 문화 요소(기술)는 수입으로만 끝나는 것이 아니고, 그것과 연관 짓는 재래 문화 요소(사회 구조)를 연쇄 반응 식으로 변형시킨다. 예를 들면 전기 없는 시골에서 호롱불을 쓰다가 새로이 전기가 들어와서 전깃불 문화로 바뀌었다고 하자. 이때에는 호롱불을 중심으로 생성된 그곳 사람들의 습성이 전깃불에 수반되어 들어오는 새로운 물건과 습성에 의해 크게 변할 것이다. 그래서 등잔 밑이 어둡다는 속담은 그 말의 발판을 잃게 마련이고, 전기에 의한 새로운 정보 교환 수단은 시골 사람들의 행태와 사회 구조를 크게 바꿔 놓을 것이다. 그래서 전깃불이라는 새로운 문명의 이기를 수입하고 나서는, 호롱불 시대의 습성을 고수하기 어렵다.

한국 문화를 공부하는 데에는 세계 문화의 일원으로서의 한국 문화를 이해하려는 태도가 유용하다. 세계를 모르고 우리만 알 때에는 우물 안 개구리 식으로 한국 문화를 이해하기 쉽기 때문이다. 세계사를 배경으로 한국 문화를 이야기할 때에 우리는 한국 문화를 보다 건전하고 객관적으로 알게 된다. 아놀드 토인비도 말하기를 한 나라의 문화사는 그 나라가 속해 있는 지역 전체의 문화사를 떠나서는 이해할 수 없다고 했다. 그에 의하면 유럽사에서는 영국사가 그래도 따로 떼어 내 이해해 봄직하나 영국사도 유럽사의 일부라는 사실을 무시하고서는 쓸 수 없다고 이야기했다. 영국사는 유럽사의 일부로서 유럽의 다른 나라들과 서로 얽히고설켜 있었기 때문인 것이다.[2] 우리도 동아시아(나아가서 세계사)라는 배경을 떠나서 한국 문화를 조명했을 때, 한국 문화의 특성을 남들에게 꼬집어 설명하기가 힘들 뿐 아니라, 자칫 잘못하면 남들의 비웃음을 살 수 있는 국수주의적 견해로 오해받을 수 있다. 실제로 우리 문화의 특징은 남의 것과 비교할 때에 더욱 분명하게 나타난다. 그럴 때에야 우리 것을 새로운 각도에서 볼 수 있는 기회를 갖고, 우리 것을 보다 객관적으로 세계 문화의 일원으로 이해할 수 있기 때문이다.

풍수 연구에 있어서도 비교 문화적인 방법론을 적용하여 동아시아 여러 나라들과의 연관 관계를 생각해 보는 것이 중요하다. 풍수 택지술은 한반도에서 자생한 것이 아니고 중국에서 온 것이 분명하다. 이는 기독교가 한국에서 자생한 것이 아니고, 서양에서 온 것이라고 생각하는 경우나 마찬가지이다. 만약 중국에서 들어온 풍수와 다른 독자적인 택지술이 옛날부터 한민족에게 있었다면 그것은 풍수가 아니고, 적어도 그것을 자생 풍수라기보다는 한국의 고유 택지술이라거나 다른 이름을 써야 할 것이다. 왜냐하면 풍수는 중국에서 생성 발전 된 것이고, 우리가 알고 있는 풍수원리는 중국에서 왔고, 우리에게 알려진 풍수 고전은 모두 중국에서 온 것이기 때문이다. 모든 택지 방법을 다 풍수라고 우길 수는 없다. 현대 인문지리학이나 경제학, 경영학에서 다루는 산업 입지론이나, 도시 입지론은 현대의 택지론이긴 하지만 풍수설이 아니기 때문이다. 현대 입지론은 풍수설과는 아무런 연고가 없는 주로 서양에서 개발된 현대의 택지 이론이다. 한국의 풍수란 한국에서 생성된 풍수 이론이란 것이 아니고, 중국의 풍수 이론이 한국 문화에 적용된 상태를 말하는 것이다. 풍수 연구에서도 중국과 일본의 경우를 이해하는 것이 우리 것을 이해하는 데에 도움이 된다. 그러면 자생 풍수의 이야기가 다르게 발전되었을 수도 있었을 것 같다. 비교 문화적으로 풍수 문화와 한국의 문화 지리 현상을 보는 것은 한국 문화의 이해에 도움이 될 수 있다.

나의 연구가 일종의 비교 문화 공부가 된 것 같다. 외국에서 일하고 살지만 한국은 태어나 자란 고국이라 그런 것 같다. 나의 습성과 학문에는 한국적인 것과 서양적인 것의 양면성이 있어서 자연히 그렇게 된 것 같다. 앞에서 말한 억설을 되풀이하면 한국에 오면 서양을 배우고 서양에 가면 한국을 배우는 경험 때문인 것 같다. 이 책의 글들은 이렇게 배운 것과 고

뇌한 것의 산물이다.

부족한 글을 내놓기가 망설여지기도 하고 부끄럽기도 하다.

내 나이 예순여섯, 아직도 뉴질랜드에서 영어로 강의하고 있다. 그런데 외국에서 생성되어 영어로 먼저 발표된 한국의 풍수와 지명에 대한 연구가 얼추 부족한 대로 이 책을 통해 한글로 고국에 돌아왔다. 내 생각과 글들은 아직 중간 발표 정도의 것들이다. 이렇게 끝마치지 못한 책을 미완성으로 마친다. 내 생각과 공부가 한국어로 돌아와 고국의 선비들과 함께 나누는 것으로 그 의미를 삼고자 한다.

후주

책머리에

1) 봉이 김선달이 대동강 물을 팔아먹었다는 이야기는 두 편이 한국정신문화연구원, 『한국구비문학대계』(1980) 1-7권 748~749쪽과 2-5권 827~831쪽에 실려 있다. 제1권에 실린 이야기는 비교적 짧은 이야기로 김선달이 평양 돈을 다 가져가는 중국 비단 장수에게 거금을 받고 대동강을 팔아먹는 것으로 전개된다. 2-5권에 채집된 이야기는 상당히 자세하고 내용이 풍부한데 김선달이 옷을 잘 입고 불고기에 술을 먹으며 호사하는 서울에서 온 거상을 상대로 대동강 물을 팔아먹는 것으로 나와 있다.

2) 이중환, 『택리지』(조선광문회, 1912), 72쪽; 이익성 번역본(한길사, 1992), 195쪽.

3) Edward B. Taylor, *Origins of Culture in Primitive Culture*(London: Murray, 1871), vol.1, 1쪽.

4) A. L., Kroeber & C. Kluckhohn, *Culture: A Critical Review of Concepts and Definitions*(Cambridge, Mass: Peabody Museum, 1952), Part 2, 39~79쪽.

5) Yoon Hong-key, *Maori Mind, Maori Land: Essays on the Cultural Geography of the Maori People from an Outsider's Perspective*(Berne, Swiss: Peter Lang, 1986), 12쪽. 나는 뉴질랜드 마오리 족의 문화 지리를 공부해 발표한 이 책에서 "문화란 것은 사람들의 편견적인 전통

을 행사하는 인정된 방법일 것(a culture might be an established way of exercising people's bias)"이라고 잠정적인(부족한) 정의를 한 바 있다.

6) 물론 서양에는 기하학적인 도형으로 채워졌다는 인상이 강한 베르사유 궁전식 정원만이 있는 것이 아니고, 다른 식, 즉 영국의 시골 서민 집 정원(cottage garden)이나 광활한 귀족의 저택 정원(landscape garden)도 있다. 그리고 동아시아에도 일본 불교 사원식 정원만 있는 것이 아니다. 그러나 동아시아 전통문화에는 서양의 베르사유 궁전식의 정원이 없었고, 서양에는 일본 불교 사원식의 정원이 없었던 것도 사실이다. 그래서 베르사유 궁전 정원은 서양 정원의 일면을 잘 보여 주고, 일본 불교 사원식 정원은 동아시아 정원의 일면을 잘 보여 준다고 볼 수 있다.

7) Carl O. Sauer, "The Morphology of Landscape," John Leighly (ed.), *Land and Life: A Selection from the Writings of Carl Sauer*(Berkeley: University of California Press), 321쪽.

8) 센다 미노루 전(前) 나라 여자 대학 교수는 「근대 일본의 경관 경치에 대해 변화하는 관점」이라는 영문판 논문에서 "일본에서 경관이란 말은 미요시라는 생물학자가 20세기 시작 무렵에 처음으로 쓰기 시작한 것 같다고 했다. 이 말은 독일 말 Landschaft를 번역하기 위해 만든 말로 1910년경부터 널리 쓰이게 되었고 1932년경부터는 확고히 일본에 뿌리를 내린 말이 되었다."고 기술하고 있다. Professor Minoru Senda, "Changing Perspectives of Landscape Scenery in Modern Japan," *Languages, Paradigms and Schools in Geography: Japanese Contributions to the History of Geographidal thought(2)*, compiled and edited by Keiechi Takeuchi(Tokyo: Laboratroy of Social geography, Hitotsubashi University, 1984), 1쪽.

9) James Duncan & Nancy Duncan, "(Re)reading the landscape," *Environment and Planning D: Society and Space*, vol. 6(1988), 117쪽. "Landscapes can be seen as texts which are transformations of ideologies into a concrete form."

10) Denis Cosgrove, "Iconography," in R. J. Johnston and el edited *The Dictionary of Human Geography*(Oxford: Blackwell, 2000), 366쪽. 요즈음 'iconography'를 도상학이라고도 번역하는 것 같으나 '상징성 해석학'이라고 번역하는 것이 더 의미가 잘 전달되는 것 같다.

11) Mike Crang, *Cultural Geography*, 22쪽에 있는 원문은 "The earlier inscriptions were never fully erased so overtime the result was a composite a palimpsest representing the sum of all the erasures and over-writings."이다.

제1부 풍수의 기원

1) Stephen Field, "Book review of Hong-key Yoon's The Culture of Fengshui in Korea," *Journal of Asian Studies*, vol. 67, no. 1(2008), 333쪽에 다음과 같이 쓰고 있다. "Virtually every serious study of fengshui since then has cited these two scholars."
2) Ole Bruun, *Fengshui in China: Geomantic Divination Between State Orthodoxy and Popular Religion*(Copenhagen: NIAS Press, 2003), 240쪽에 다음과 같이 쓰고 있다. "Despite being produced by a Korean, Yoon's work has nevertheless become prominent among the 'western' works on fengshui cited in the recent wave of Chinese works on the subject."

제1장 풍수를 연구한다는 것

1) 이 장은 나의 글인 윤홍기, 「왜 풍수는 중요한 연구 과제인가」, 《대한지리학회지》 36(제4호), 2001, 343~355쪽의 내용 일부를 수정하고 다시 정리한 것이다.
2) Yoon, 1982, 78쪽.
3) Yoon, 1982.

제2장 풍수 지리설의 본질

1)이 장은 나의 글인 윤홍기, 「한국 풍수 지리 연구의 회고와 전망」, 《한국사상사학》, 제17집(2001), 11~61쪽과 Yoon Hong-key, *The Culture of Fengshui in Korea*(Lanham, MD: Lexington Books, 2006) 등에서 이미 논의된 것이고 나의 이전 출판물에서 발췌 요약한 것이다.
2) Yoon Hong-key, *Geomantic Relationships Between Culture and Nature in Korea*(Taipei: Orient Culutre Serivce, 1976), 234쪽.
3) Yoon, 2006, 67~68쪽.
4) 郭璞, 『葬書』(臺灣 竹林書局, 1967 季版), 地理正宗에 포함됨, 1쪽.
5) 윤홍기, 「풍수 지리설의 본질과 기원 및 그 자연관」, 《한국사 시민강좌》(1994) 14, 188~189쪽.
6) 郭璞, 앞의 책, 1쪽.
7) 郭璞, 앞의 책.
8) 최창조 옮김, 『청오경·금낭경』(민음사, 1993), 65쪽.
9) 윤홍기, 1980, 343~344쪽.
10) 徐善繼·徐善述, 『人子須知(影印本)』(臺灣 新竹, 竹林書局, 1969), 5쪽.
11) 'meander'는 원래 터키에 있는 강의 이름이다. 이 강은 연속적으로 물굽이를 휘돌아 가며 흘

러 나간다. 이제 이 단어는 이와 유사한 강의 흐름을 가리키는 지형학 용어로 사용되고 있다.

제3장 풍수 지리설의 기원

1) 이 장은 나의 글, 윤홍기, 「한국 풍수지리 연구의 회고와 전망」과 나의 책인 *The Culture of Fengshui in Korea*에 실린 글을 약간 수정한 것이다.
2) De Groot, 937, 982쪽; 陳懷楨, 3쪽.
3) 무라야마 지준(村山智順), 5쪽.
4) 이병도, 「고려시대의 연구」(서울: 아세아문화사) 26쪽.
5) 윤홍기, 1976, 245~264쪽.
6) 윤홍기, 1987, 85~87쪽; Yoon, 2006, 15~32쪽.
7) De Groot, 946쪽; 윤홍기, 1976, 254쪽.
8) 郭璞, 1쪽.
9) De Groot, 946쪽.
10) 許愼, 「説文解学」Xu Shen, 1963, 152쪽.
11) 윤홍기, 1989, 85~87쪽.
12) 윤홍기, 1986, 96쪽.
13) 다음에 열거되는 토의 내용은 일차적으로 Yoon Hong-key(1976), 245~279쪽에 발표되었다. 그 후 Yoon Hong-key, "The Nature and Origin of Chinese Geomancy," *Eratosthene-Sphragide*, Vol. 1(1986), 88~102쪽; 尹弘基, 「中國古代風水的起源和發展」, 『自然科學史硏究』(北京: 中國), Vol. 8, no.1(1989), 84~89쪽; Yoon Hong-key, "Loess Cave-Dwellings in Shaanxi Province, China," *GeoJournal*, Vol. 21, no. 1/2(1990), 95~102쪽 등에서 발표된 내용을 축약한 것이다. 풍수 기원론에 대한 나의 의견이 한국어로 된 논문, 「풍수 지리설의 본질과 기원 및 그 자연관」, 187~204쪽에 좀 더 자세히 논의되었다.
14) Yoon Hong-key, "Loess Cave-Dwellings in Shaanxi Province, China."
15) 이가원 감수, 『신역 시경(新譯詩經)』(서울: 홍신문화사, 1977), 451쪽.

제4장 풍수 사상의 한국 전래 시기에 대한 고찰

1) 여기에 실린 풍수 지리설의 한반도 전파에 대한 일본과의 비교 연구는 지난 2008년 9월 서울에서 열렸던 제4회 세계한국학대회 때 발표한 나의 논문 「풍수 지리설의 한반도와 일본 열도 전파에 대한 비교 고찰」과 2006년 7월 국립민속박물관에서 주최한 '동아시아의 풍수 국제 학술 심포지움'에서 발표한 나의 논문, 「풍수 지리설의 기원과 전파에 대한 예비 고찰」 중에서 전파에 관한 부분을 보충하고 그 논리를 재정리한 것을 토대로 한다. 한국어로 된 나의 풍

수 지리설의 기원과 전파에 대한 최근 연구로는, 「한국 풍수 지리 연구의 회고와 전망」(2001), 10~61쪽 및 「풍수 지리설의 기원과 전파에 대한 예비 고찰」, 『동아시아의 풍수 국제 학술 심포지움 논문집』(서울: 국립민속박물관, 2006년 7월), 17~44쪽에 포함되어 있다. 영어로는 *The Culture of Fengshui in Korea* 15~29쪽이 있다. 그러나 이상의 글에는 한반도에 정원의 출현을 풍수 지리설의 전파로 볼 수 있다는 담론은 실려 있지 않다. 풍수설의 전파에 대한 나의 담론은 계속 연구 중이며, 정원의 출현은 풍수설 전파의 징표로 볼 수 있다는 토의가 포함된 좀 더 최근의 발전된 논문으로 「풍수 지리설의 한반도 전파에 대한 연구에서 세 가지 고려할 점」, 『한국고대사탐구』, 제2권, 2009년 8월, 95~124쪽에 실려 있다. 이 글은 2009년도 논문을 약간 수정한 것이다.

2) 이는 마치 같은 기독교 교리를 받아들이는 데에 있어서 한국과 북유럽이나 인도 또는 태평양 제도가 상당히 다른 양상을 띠는 것에 비교할 수 있다. 기독교를 받아들이는 문화(지역)에 따라서 같은 성경, 같은 교리를 해석하고 강조하는 데 차이가 있다. 그래서 한국 기독교 사상의 특성을 이야기할 수 있다. 물론 같은 맥락에서 한국의 불교 사상이나 유교 사상도 인도나 중국의 것과 구별된다.

3) "平城之地四禽叶三山作鎭龜筮並從宜建都邑" 『續日本紀』(東京: 岸田吟香等, 1883년판), 卷第四, 3쪽: 古橋信孝, 『平安京の都市生活と郊外』 (東京: 吉川弘文館, 1998), 19쪽.

4) Sansom, 1958, 100쪽.

5) 일연, 이재호 역주, 『삼국유사』(서울: 광문출판사, 1969), 279~280쪽.

6) 김부식 지음, 이병도 역주, 『삼국사기(하)』(서울: 을유문화사, 1987), 번역문은 36쪽, 원문은 45쪽. 이 글에 인용된 번역문은 이병도의 번역을 약간 풀어 고친 것이다.

7) 이기백은 이 기사를 간단히 당시 왕권을 강화하기 위해 천도하려 했으나 진골세력의 반발로 실행되지 못한 것으로 보았다. 그는 『한국사신론』(일조각, 2008), 93쪽에 "신라는 신문왕 9년에 수도를 달구벌로 옮기려고 했다. 이것은 아마도 왕권을 강화하기 위한 계획이었던 것으로 생각된다. 그러나 이 계획은 끝내 실천에 옮겨지지 못하고 말았는데, 필시 지배 귀족인 진골세력의 반발에 부딪힌 때문으로 보인다."라고 했다.

8) 윤국병, 1986, 201쪽.

9) 김부식 지음, 이병도 역주, 『삼국사기(상)』(서울: 을유문화사, 1987), 번역문은 159쪽, 원문은 170쪽. 이 글에 인용된 번역 문구는 이병도의 번역을 약간 풀어 고친 것이다.

10) 윤국병, 1986, 206~207쪽.

11) *Nihongi: Chronicles of Japan from the Earliest times to AD 697*, (London: George Allen & Unwin Ltd., 1956), Part Two, Book XVII, Trans. by W.G. Aston, 144쪽; 小島憲之, 直木孝次郎, 西宮一民, 藏中 進, 毛利正守(校注.譯者), 『日本書紀』(2)(全三册)(東京: 小學館,

1996), 567~569쪽.

12) Sakutei-ki, *The book of Garden(Being a full translation of the Japanese eleventh century manuscript: Memoranda on Garden Making Attributed to the writing of Tachibana-no-toshitsuna)*, trans. by Shigemaru Shimoyama(Tokyo: Town & City Planners, Inc., 1976), 45쪽.

13) Kim Won-ryong, 1990, 8~9쪽.

제5장 한국 풍수 사상의 시대 구분

1) 이 장은 나의 글인「한국 풍수 지리 연구의 회고와 전망」, 11~61쪽의 일부를 약간 수정한 것이다.

2) 이몽일, 1991.

3) 예를 들면, 박용숙,『신화 체계로 본 한국미술론』(서울: 일지사, 1975), 13쪽; 박시익,『풍수 지리설 발생 배경에 관한 분석 연구』, 고려대학교 건축공학과 박사 학위 논문, 254쪽.

4) 일연, 이제호 역주,『삼국유사』(서울: 광문출판사, 1969), 기이 제2,「가락국기」, 번역문은 279~280쪽, 원문은 408~409쪽.

5) 일연, 이제호 역주, 앞의 책, 번역문은 279~280쪽, 원문은 408~409쪽.

6) 와타나베 요시오(渡部欣雄),「일본 풍수사: 과학과 점술의 역사」,『국립 민속박물관 국제 학술 심포지움, 별책』(2006), 4쪽.

7) 이기백, 1994, 7쪽.

8) 북역(北譯),『고려사』 1(신서원, 1992), 115쪽.(북한에서 출판된『고려사』 국역본을 신서원 편집부에서 영인본으로 재편집해 출판한 것.)

9) 이병도,『고려시대의 연구』(을유문화사, 1948); 최병헌,「도선의 풍수 지리설과 고려의 건국 이념」, 제12회 국제불교학술회의『도선국사와 한국』(남도예술회관, 1996), 252쪽.

10) 이병도, 앞의 책 참조.

11) 이숭녕,「세종대왕의 개성의 고찰」,『대동문화연구』 3(성균관대학교 대동문화연구소), 57~59쪽.

12) 이숭녕, 앞의 책, 57~63쪽.

13) 김두규,『조선 풍수학인의 생애와 논쟁』(서울: 궁리, 2000), 439쪽.

14) 이익,『성호사설』 9, 인사문, 감여조 ; 정약용,『목민심서』 9, 형전, 제1조 청송 · 하 ; 박제가,『북학의』, 외편, 장론.

15) 정약용,「풍수론」,『여유당전서』(경인문화사, 1982),『목민심서』『국역 목민심서』 2, 제9권, 형전, 제1조 청송 · 하, 민족 문화추진회, 390쪽. "묘지에 관한 송사는 지금은 폐스러운 풍속이

되었다. 격투 구타의 살상 사건이 절반이나 여기서 일어나며 분묘를 발굴해 옮기는 변고를 스스로 효도하는 일이라 함도 있으니, 사실을 알아 결단함을 밝히 하지 않으면 안 될 것이다."

16) 정약용, 앞의 책, 390~399쪽

17) 정약용, 앞의 책, 393쪽. "어버이를 장사지내는 자가 풍수술에 빠져서 다른 산을 침노해 차지하고 남의 무덤을 파서 남의 조부모 해골을 버리기도 해서, 원한이 잇달고 송사가 얽혀 죽기 한하고 이기려 하며, 가산을 엎지르고, 사업을 망치는 데까지 이르고도 길한 땅을 끝내 얻지 못해, 복을 받기는커녕 화가 당장 닥쳐오게 되니, 어찌해 그 어리석음이 여기에까지 이르는 것일까?"

18) 이몽일, 1991, 208쪽.

19) 김두규, 『한국 풍수의 허와 실』(동학사, 1995), 268쪽. "매번 선거나 정권이 바뀔 때마다 당선자나 집권자의 조상 무덤 이야기가 나오는 것은 풍수 지리적 사고에 찌든 사람들에게는 당연한 일인지도 모른다. 그러나 문제는 그렇게 간단하지만은 않다. 집권자나 당선자가 그러한 민중 심리를 악용한다는 점이다. 그들은 역술인이나 지관들을 동원해 일종의 여론 조작이나 상징 조작을 한다. 이번에는 누가 왕이 되고 대통령이 되는 것이 '천명'인 것처럼 받아들여지게 한다."

20) 무라야마 지준(村山智順), 『朝鮮の風水』(京城 朝鮮總督府, 1931); 최길성 옮김, 『조선의 풍수』(민음사, 1990).

21) 이기동, 「현대 한국사회와 풍수 지리설」, 《한국사 시민강좌》 14, 127쪽.

22) 이병도, 앞의 책. 이 책은 그가 해방 전 1920년대 후반부터 하여 온 고려 시대 풍수 도참 사상에 대한 연구 업적이 축적된 것이다.

23) 최창조, 『한국의 풍수 사상』(민음사, 1984).

24) 靑烏子 · 郭璞(최창조 역주), 『청오경 · 금낭경』(민음사, 1993).

제6장 풍수 지리의 기원과 한반도 도입 시기에 관한 논쟁

1) 이 장의 논쟁 내용은 이기백 교수가 나의 풍수 지리설의 기원에 관한 견해를 비판하신 것에 대한 답서로서 《한국학보(韓國學報)》(1995), 79, 229~239쪽에 발표된 「풍수 지리의 기원과 한반도에 도입 시기를 어떻게 볼 것인가?」를 다시 옮겨 놓은 것이다.

2) "British national history never has been, and almost certainly never will be, an 'intelligible field of historical study' in isolation; and if that is true of Great Britain it surely must be true of any other national state a fortiori." A. Toynbee, *A Study of History*, abridgement by D.C. Somervell(Oxford University Press, 1958), vol.1, 3쪽.

제2부 풍수와 환경 사상

제7장 풍수 지리의 자연관

1) 최중두, 423쪽.
2) 최중두, 425쪽.
3) 《주간조선》, 28쪽.
4) 레이철 카슨이 1963년도 CBS 텔레비전 인터뷰에서 한 말이 미국의 주간지 《타임》 1999년 3월 29일자 17쪽에 인용된 것을 재인용함.
5) Yoon, 1976, 218쪽.
6) 이 전설은 장용덕, 「명당잡기」, 《한국일보》 1974년 2월 23일, 6쪽에 실린 전설을 근간으로 하고, 여기에 연대, 원래 묘지 위치 등의 기사를 찾아 더해 보강한 것이다.

제8장 풍수 형국 속의 문화 생태

1) 무라야마 지준(村山智順), 『朝鮮の風水』(京城 朝鮮總督府, 1931); 최길성 옮김, 『조선의 풍수』(민음사, 1990), 260~275쪽.
2) 무라야마 지준, 앞의 책, 230~235쪽.
3) Yoon Hong-key, *The Culture of Fengshui in Korea*(Lanham, MD, USA: Lexington Books, 2006), 100~101쪽.
4) 2009년 5월 13일 서울대학교 환경 대학원에서 열린 집담회에서 내가 "풍수 신앙과 원리에는 지속 가능성의 개념이 있는가"라는 주제 발표를 했을 때 서울대학교 지리학과의 박수진 교수가 언급한 것이다.
5) 무라야마 지준, 앞의 책, 221쪽.
6) 이중환, 『택리지』(조선 광문회, 1912).
7) 최상수, 『한국 민간 설화집』(서울: 통문관, 1958), 225~257쪽.
8) 한글학회, 『한국땅 이름 큰사전(하)』(한글학회, 1991), 6008쪽.
9) 한국정신문화연구원, 『한국구비문학대계』(한국정신문화연구원, 1986), 7-2, 경상북도 경주·월성 편(1), 325~327쪽.
10) 한국정신문화연구원, 『한국구비문학대계』(한국정신문화연구원, 1986), 8-2, 경상남도 울산시·울주군 편(1), 443~444쪽.
11) 『한국민속종합조사보고서(전라북도편)』, 592쪽.
12) 『한국민속종합조사보고서(전라북도편)』, 592쪽.
13) 『영가지(永嘉誌)』, 제6권, 古蹟, "在府城南門外 長三十餘尺大一圍餘...府人傳稱 府基乃行

舟形 故像舟之建檣云," 최원석, 『한국의 풍수와 비보』(서울: 민속원, 2004), 317쪽에서 재인용.

14) 『경북마을지』 상, 335쪽: 최원석, 앞의 책, 324쪽에서 재인용.

15) 『경북마을지』 상, 319쪽: 최원석, 앞의 책, 324쪽에서 재인용.

16) 경상북도 & 경북향토사 연구협의회, 『경북마을지』 중, 567~568쪽.

17) 김한배, 『한국 전통마을과 읍성의 경관성』(한국전통조경, 1992), 275~276쪽, 최원석 324~325쪽.

18) 최원석, 앞의 책, 325쪽.

19) 최원석, 「풍수 답사편」, 한동환, 성동환, 최원석 공저, 『자연을 읽는 지혜』, 거꾸로 읽는 책 16(서울: 푸른나무, 1994), 179쪽.

20) 최원석, 앞의 책, 180쪽.

21) 권선정, 『풍수로 금산을 읽는다』(금산문화원, 2004), 317쪽.

22) 권선정, 앞의 책, 345쪽.

23) 권선정, 앞의 책, 361쪽.

24) 권선정, 앞의 책, 363쪽.

25) 권선정, 앞의 책, 399쪽.

26) 권선정, 앞의 책, 423쪽.

27) 권선정, 앞의 책, 424쪽.

28) 1193.2 무풍, 1969년 8월 10일 무주군 무풍면 현내리 하천수(河千秀), 『한국민속종합조사보고서(전라북도편)』, 592쪽.

29) 1984년 7월 24일, 경상남도 울주군 어음리 상리, 서판술 [남, 80], 『한국구비문학대계』(한국정신문화연구원, 1986), 8-12, 경상남도 울산시 · 울주군 편(1), 443~444쪽.

30) 1193. 선창리, 1969년 8월 5일 전라북도 장수군 정면 선창리 양선부락 배윤선[裵尹詵], 『한국민속종합보고서(전라북도편)』, 592쪽.

31) 윤홍기, 1976, 150쪽.

32) 1979년 4월 7일, 경상북도 월성군 외동면 서계 1리 아갯돌깨, 맹문혁 [남, 69], 한국정신문화연구원, 『한국구비문학대계』(한국정신문화연구원, 1986), 7-2, 경상북도 경주 · 월성 편(1), 325~327쪽.

33) 경상대학교 최원석 교수가 음력 정월 대보름 당산제를 전라북도 부안 내요리의 돌모루에서 참가 후 축제 정황에 대해 서울에서 만났을 때 이야기해 주었고 그 후 이메일(2009년 5월 8일)로 사진과 함께 돌모루의 행주형 축제를 알려 주었다. 최 교수께 감사드린다.

34) 최원석, 2009년 5월 8일 이메일 제보.

35) Yoon Hong-key, 앞의 책, 179~214쪽.

36) 永嘉誌, 제6권, 古蹟, "在府城南門外 長三十餘尺大一圍餘 …… 府人傳稱 府基乃行舟形 故像舟之建檣云," 최원석, 『한국의 풍수와 비보』, 317쪽에서 재인용.

37) 『창녕군 지역사』, 151쪽: 최원석, 『한국의 풍수와 비보』, 298쪽에서 재인용.

38) 김학범, 김정태, 「한국 고도에 출현된 邑籔의 景觀特性에 관한 연구」, 《한국정원학회지》 13(2)(1995), 24쪽; 최원석, 앞의 책, 298쪽.

39) 최창조, 『한국의 자생 풍수 2』(서울: 민음사, 1997), 176쪽.

제9장 풍수의 환경 관리 이론

1) 이 글은 나의 글 「풍수 지리의 환경 사상」, 이도원 편, 『한국의 전통생태학』(서울: 사이언스북스, 2004), 48~75쪽의 글을 발췌·수정한 것이다.

2) Yoon Hong-key, 1985, 211~212쪽.

3) Strahler and Strahler, 361~387쪽.

4) Joseph Needham, 1975.

5) Miller, 12쪽.

6) Miller, 12쪽.

7) 윤홍기, 1976, 150쪽.

8) Gribbin, 1쪽.

9) Lovelock and Epton, 5쪽.

10) Lovelock and Epton, 5쪽.

11) Lovelock and Epton, 5쪽.

12) 陽益, 1쪽.

13) 윤홍기, 2004, 66~67쪽.

14) Lovelock and Epton, 5쪽.

15) 장용득, 《한국일보》, 1974년 2월 23일자.

16) 1193.2 무풍, 1969년 8월 10일 무주군 무풍면 현내리 하천수(河千秀), 『한국민속종합조사보고서(전라북도편)』, 592쪽.

17) Yoon, 1976, 118~121쪽.

18) 최원석, 2000, 178쪽.

제10장 서양의 환경 결정론과 동양의 풍수 사상 비교

1) Arthur Wright, "A historian's reflections on the Taoist tradition," *History of Religions*, vol

9, no. 2&3, 248~249쪽.

2) 원래 산스크리트 어로 씌어진 이 구절은 David J. Kalupahana의 저서 *Causality: The Central Philosophy of Buddhism*(Honolulu: The University of Hawaii, 1975)에 팔리 어 본과 두 개의 다른 중국 한문본과 함께 소개되어 있고, 그 책의 90쪽에는 영어 번역이 실려 있다.

3) Clarence J. Glacken, *Traces on the Rhodian Shore*(Berkeley: University of California Press, 1967).

4) 내가 알고 있는 서양 사상은 주로 글래켄 교수의 책을 읽은 것과 강의를 들었던 것에 근거를 두고 있다.

5) Clarence J. Glacken, 앞의 책, 204쪽에서 재인용해 번역한 것임.

6) Lynn White, Jr., "The Historical Roots of our Ecological Crisis," *Science*, No. 3767(March 10, 1967), 1203~1207쪽.

7) 이 토론은 나의 옛 글 Yoon Hong-key, "Environmental Determinism and geomancy: Two cultures, Two Concepts," *GeoJournal*(1982) 8호: 1, 77~80쪽을 번역하고 수정 보완한 것이다.

8) Semple, 1911.

제3부 풍수와 한국인의 지오멘털리티

제11장 한국적 지오멘털리티와 풍수

1) 지오멘털리티란 말은 내가 1983년도 이후 뉴질랜드와 프랑스에서 있었던 세미나에서 또는 뉴질랜드의 오클랜드 대학교에서 해 온 문화 지리학 관계 강의에서 사용해 왔다. 1986년에 출판된 졸저 *Maori Mind, Maori Land*에서 지오멘털리티의 개념이 아직 예비 논의이긴 하지만 더 체계적으로 다루어졌다. 그리고 이 개념은 나의 논문, Yoon Hong-key, "On Geomentality," *GeoJournal* Vol. 25 (4), 387~392쪽에서 본격적으로 다루어졌다.

2) 윤장섭, 284~286쪽.

3) *Maori Mind, Maori Land*, 39쪽 참조. 다시 말하면 지오멘털리티는 땅, 즉 지리적 환경을 대하는 어떤 개인이나 집단이 가지고 있는 기성화됐고, 지속성이 있는 정신 상태(인식 상태)로서 인간과 자연 관계를 제약하는 환경 인식 상태이다. 이는 마치 연극에 있어서 연극 각본과 연극 공연의 관계와 비슷하다고 하겠다. 무대 장치와 배우들이 행하는 연극 공연 그 자체를 우리가 육안으로 볼 수 있는 문화 경관 현상에 비긴다면 연극 각본과 연출자의 의도는 그 경관 뒤에 있는 경관을 만든 이들의 지오멘털리티에 비길 수 있다고 생각한다.

4) 최승희, 『한국고문서연구』(서울: 한국정신문화연구원, 1982), 20쪽.

5) 정약용, 다산연구회 역주, 『역주 목민심서』 4권(창작과비평사, 1984), 278쪽.
6) 정약용, 같은 책, 282쪽.
7) 샤를르 달레, 안응열 옮김, 최석우 역주, 『한국천주교회사』(상), 213~214쪽. 이 장에 인용된 다음 세 이야기는 달레의 한국어 번역본을 약간 요약 정리한 것임.

제12장 한국의 풍수와 불교

1) 이 글은 윤홍기, 「한국 풍수 지리설과 불교신앙과의 관계」, 『역사민속학』, 제13권(2001), 125~158쪽.
2) 안동 유씨 묘지 이야기는 최상수, 앞의 책, 256~257쪽에 실려 있고, 송씨 발복의 명당 이야기는 한국문화인류학회, 『한국민속종합조사보고서(전라북도편)』(문화공보부, 1971), 595쪽에 실려 있다.
3) 예를 들면, 풍수 승 도선 대사 연구에는 최병헌, 앞의 글; 비보 풍수를 위한 사찰의 연구에는 최원석, 『영남지방의 비보』, 고려대학교 대학원 지리학과 박사 학위 논문(2000); 명당에 위치한 사찰 연구에는 성동환, 나말 여초 『선종 계열 사찰의 입지 연구: 구산 선문의 풍수적 해석』, 대구 효성 가톨릭 대학교 박사 학위 논문(1999).
4) Yoon Hong-key, *Geomantic Relationships Between Culture and Nature in Korea*, 164~169쪽; 윤홍기, 「한국 풍수 지리설과 불교신앙과의 관계」, 125~158쪽.
5) 이광준, 「도선 국사와 도선사」, 제12회 국제불교학술회의 『도선 국사와 한국』, 1996년 7월31일, 광주남도예술회관, 57~58쪽.
6) 이광준, 앞의 글, 59쪽.
7) 한국문화인류학회, 『한국민속종합조사보고서(전라남도편)』, 749쪽.
8) 한국문화인류학회, 『한국민속종합조사보고서(전라남도편)』, 749쪽.
9) 최창조, 「한국 풍수 지리설의 구조와 원리」, 제12회 국제불교학술회의 『도선 국사와 한국』, 284~287쪽; 김용구, 「도선 이전」, 같은 책, 223쪽.
10) 최창조, 앞의 책, 285~286쪽.
11) 297 정화릉, 단기 4268년 8월 함주군 홍남읍 장용갑 노인 이야기, 최상수, 앞의 책, 453~454쪽.
12) 1211 패등, 1969년 8월 23일, 익산군 금마면 동고도리 누리부락, 송상규 씨 이야기, 한국문화인류학회, 앞의 책, 594쪽.
13) 이기백은 숭복사 비문에 능지를 택할 때 당국자가 청오자의 이름이 거론될 정도로 풍수에 밝았고, 절터에 왕릉을 모시도록 할 때 반대가 있었음에도 불구하고 그 자리에 집착했다면 그 까닭을 풍수 지리설이라고 봐도 별 무리가 없다고 풀이했다. 이에 대해서는 이기백, 「한국

풍수 지리설의 기원」, 7~8쪽을 참조하기 바란다.

14) 북역, 『고려사』, 제1책, 세가 제2, 태조2 (서울: 신서원, 1992), 115쪽. (북한에서 출판된 고려사 국역본을 신서원 편집부에서 영인본으로 재편집하여 출판한 것.)

15) 앞의 책, 112쪽.

16) 앞의 책, 114쪽.

17) 최자, 이상보 옮김, 『파한집·보한집·낙옹비설 한국명저대전집』(서울: 대양서적, 1975), 134쪽.

18) 이에 대해 최병헌은 고려 태조가 풍수 지리설이나 불교의 정치 사상으로서의 한계를 알고 있으면서도 그에 대한 깊은 신앙을 보이는 이중적 관념 형태를 벗어나지 못하고 있었다고 해석하고 있다. 최병헌, 앞의 글, 263~265쪽.

19) 노사신 외, 민족 문화추진회 국역판, 『신증동국여지승람』(서울: 민족 문화추진회, 1986(1969)), 제10권, 221쪽.

20) 최원석, 앞의 책, 230~239쪽

21) 앞의 책, 232쪽

22) 성동환, 앞의 책, 146쪽.

23) 174 송림사의 터, 단기 4269년 1월 칠곡군 칠곡면 천채린 노인 이야기, 최상수, 앞의 책, 274~275쪽.

24) 1151 남원사, 1969년 8월 23일 익산군 동고도리 누리부락, 송상규 씨 이야기, 한국문화인류학회, 앞의 책, 587쪽.

25) 3114 활인적덕지지, 1969년 8월 11일 전라북도 무주군 무풍면 현내리 하벽수, 앞의 책, 613~614쪽.

26) 「풍수십강」, 《주간조선》 10월 24일자 기사.

27) 307, 유씨 묘지, 단기 4268년 8월, 함경남도 함주군 홍남면 서호리 이홍우 씨 이야기, 최상수, 앞의 책, 464쪽.

28) 권영대, 56세. 남자, 상인, 포동, 성균관대학교 국어국문학과, 『안동 문화권 학술 조사』 제2차 3개년 계획(서울: 성균관대학교, 1971), 128쪽.

제13장 옛 조선 총독부 건물을 둘러싼 풍수 논쟁

1) 이 글은 윤홍기, 「경복궁과 구 조선 총독부 건물을 둘러싼 상징물 전쟁」, 《공간과 사회》 (2001), 제15권, 282~305쪽을 약간 수정 보완한 것이다.

2) 문화체육부, 30 & 342.

3) Duncan and Duncan, 117쪽; Daniels and Cosgrove, 1쪽.

4) Duncan and Duncan, 121쪽.

5) Duncan and Duncan, 123쪽.

6) Duncan and Duncan, 123~125쪽.

7) Duncan and Duncan, 121쪽.

8) 이병도, 364쪽.

9) 이병도, 364쪽.

10) 백남신, 187쪽.

11) 백남신, 187쪽.

12) 백남신, 187~188쪽.

13) 백남신, 346~348쪽.

14) 백남신, 350~356쪽.

15) 이기백, 343쪽.

16) 손정목, 66~69쪽.

17) 문화체육부, 342쪽, 문서, 1.

18) 야나기 무네요시(柳宗悅), 100쪽.

19) 문화체육부, 국립중앙박물관, 341쪽.

20) 문화체육부, 국립중앙박물관, 257쪽.

21) 여기에 사용된 『조선 총독부 청사 신영지』는 문화체육부, 국립중앙박물관에서 1997년에 펴낸 『구 조선 총독부 건물 실측 및 철거 보고서』(上)에 첨부되어 있는 국립 박물관 국역본 『조선 총독부 청사 신영지』에서 인용한 것이다.

22) Hawkes, 1177; Duncan, 1988, 118쪽.

23) 문화체육부, 341쪽.

24) 손정목, 71쪽.

25) 야나기 무네요시(柳宗悅), 100쪽.

26) 문화체육부, 47쪽에서 재인용.

27) 손정목, 90쪽에서 재인용.

28) 문화체육부, 341쪽.

29) 『하지 장군 회고록』, 손정목, 104쪽에서 인용.

30) 문화체육부 국립박물관, 341쪽.

31) 문화체육부, 368쪽.

32) 문화체육부, 366~375쪽.

33) 문화체육부, 341쪽.

34) 문화체육부, 344쪽.

35) 경복궁 복원 정비, 1.

36) 문화체육부, 385쪽.

37) 문화체육부, 386쪽.

38) 문화체육부, 386쪽.

제4부 대동여지도와 풍수

제14장 대동여지도의 지도 족보적 연구

1) 이 글은 나의 논문 「대동여지도의 지도 족보론적인 연구」, 《문화역사지리》, 제3권, 37~47쪽을 약간 수정한 글이다.

2) Kim Won-yong, "Problems in Korean Cultural Research," *Korea Journal*, vol. 30, no. 9, 1990, 8~9쪽.

3) Kim Won-yong, 앞의 글, 9쪽.

4) 최근에 발표된 글에서 R. Rubin은 'carto-genealogical method'란 말을 썼다. Rubin, R., "The map of Jerusalem(1538) by Hermanus Borculus and its copies a carto-genealogical study," *The cartographical Jouranal*. vol. 27(June, 1990), 31~39쪽. 'Carto-Genetic Study'란 용어는 다음 논문 제목에서 보인다. Modelsky, A. M., "The Beauplan Map of the Ukrain 1648: A Carto Genetic Study in Comparative Cartography," *MA thesis*, (Department of Geography, University of Maryland, 1986).

5) Rubin, R., 앞의 글, 31쪽.

6) Rubin, R., 앞의 글.

7) 이상태, 「고산자 김정호와 동여도」, 이우형 편저, 『대동여지도의 독도』(광우당, 1990), 3~7쪽; 이병도, 「김정호 청구도(1834) · 대동지지(1865) · 대동여지도(1861)」, 「한국의 고전 백선」, 《신동아》 부록, 1969년 1월호, 179~184쪽.

8) 이우형 편저, 앞의 책; 이찬, 「한국지리학사」, 『한국문화사 대계』 3권(고려대학교 민족문화연구소, 1968), 718~722쪽; 이병도, 앞의 글.

9) 이상태, 앞의 책, 6~7쪽.

10) 최한기, 『청구도제』; 이상태, 앞의 책, 5쪽; 이병도, 앞의 글, 5쪽.

11) 대동지지에 관한 사항은 이병도의 앞의 글을 참고한 것임.

12) 이상태, 앞의 책.

13) 이병도, 앞의 글, 180쪽; 이상태, 앞의 책, 5~6쪽.

14) 徐善薺·徐善述(明代), 地理人子須知, 雜說·五(영인본), 台濟, 新竹市·竹林局.

15) 앞의 책, 卷一上·法, 一, 堪輿箕要於論.

16) 이우형 편저, 31쪽 및 44쪽.

17) 서선계·서선술, 앞의 책.

18) 앞의 책, 卷一上, 龍法, 一. "大凡兩水來行中間必有山兩山來行中間必有水."

19) 앞의 책, 34~35쪽.

20) 이우형 편저, 앞의 책, 17~22쪽; 이상태, 앞의 책, 5~7쪽; 이병도, 앞의 글, 180쪽.

21) 이우형 편저, 앞의 책, 17쪽.

22) 이우형 편저, 앞의 책, 24쪽.

23) 이상태, 앞의 책, 5쪽.

24) 이병도, 앞의 글, 172쪽.

25) 김경성, 「한국고지도에 관한 연구」, 『낙산지리』(1977), 23쪽.

26) 이병도, 「김정호 청구도」, 181쪽; 이찬, 앞의 책, 721~722쪽; 이우형 편저, 앞의 책, 21쪽.

27) 이병도, 「김정호 청구도」, 6쪽.

28) 이러한 최한기에 대한 이야기는 주로 1964년과 1966년 사이의 박종홍 교수의 '한국철학사 강의'에서 배운 것임.

29) 이병도, 「김정호 청구도」, 181쪽.

30) 최한기, 『지구전요』 목록, 9~11쪽.

31) 이병도, 「김정호 청구도」, 179쪽 및 이상태, 앞의 책, 4쪽.

32) Wallis Helen M. and Robinson Arthur H.(ed.), *Cartographical Innovations:An International Handbook of Mapping Terms to 1900* (Tring, Herts: Map Collector Publications, 1982) Ltd. in association with the International Cartographic Association, 256~257쪽. 이 책에 있는 기사를 좀 더 자세하게 요약해 보면, 서양에서 지도 표를 사용한 최초의 지도는 1568년에 필립 애피안(Philipp Apian)에 의해 만들어진 Bairische Landteflen 이라고 한다. 그 지도에는 14개의 지도 기호를 설명한 도표를 사용했고, 독일에서 한때 일했던(1578~1584년경) 지도 제작가 윌리엄 스미스(William Smith)에 의해 영국으로 소개되었다고 한다. 그리고 아주 우리에게 흥미 있는 사실의 하나는 폴란드 예수회의 신부이자 중국 전문가인 마이클 보임(Michael Boym)은 중국인 천주교 신자인 안드레아스 첸(Andreas Chen)의 도움을 받아 중국도(1652년경)를 그렸는데 거기에서 여러 가지 광물 산지를 지도에 기호로 표시하고 그 기호를 도표로 만들어 설명했는데 한자와 로마자를 사용했다고 한다.

제15장 대동여지전도에 대한 예비 고찰

1) 이 장은 나의 논문 「대동여지전도 서문에 대한 예비고찰」, 《문화역사지리》, 제4권, 97~107쪽을 약간 수정한 것이다.

2) 이 구절은 서울로 모여드는 산하가 동북에서부터 오는 것을 비유한 듯하다.

3) 대동여지전도(숭실대학교 부설 기독 박물관 소장본) 서문의 원문은 다음과 같다. "東史曰朝鮮音潮仙因仙水爲名又云鮮明也地在東表日先明故曰朝鮮山經云崑 崙一枝行大漠之南東爲醫巫閭山自此大斷爲遼東之野渡野起爲白頭山爲朝鮮 山脈之祖山有三層高二百里橫亘千里其前有潭名謂?門周八十里南流爲鴨綠 東分爲豆滿山自分水嶺南北 爲燕脂峰小白山雪寒等嶺鐵嶺一支東南走起 爲道峰三角一名華山而漢水經其中蓋我東邦域三面際海一隅連陸周一萬九百 二十里凡三海沿周也一百二十八邑總八千四十三里丙江沿總二千八百八十七 里鴨綠江沿二千四十三里豆滿江沿八百四十四里其延 廣狹北自慶興南至機 張三千六百一十五里東自機張西至海南一千八十里南自海南北至通津一千六 百六十二里西北自義州南至通津一千六百八十六里漢陽處其中輻湊山河經絡 星緯野分箕尾析木之次北鎭華山南帶漢江左控關嶺右環渤海域民以太平之仁 習俗有箕檀之化況均四方來往之道正亥坐南面之位實猶周之洛陽非東西關三 京所可北也其爲天府金城誠億萬世無疆之休也歟塢呼偉哉."

   이 서문은 내가 대강 옮긴 뒤 해석하기 힘든 부분은 몇 분의 도움을 받아 보완하고 교정했다. 특히 제주대학교 오상학 교수님(당시 서울대 대학원 지리학과 박사 과정)과 성신여자대학교 양보경(당시 서울대학교 규장각) 교수께 감사드린다. "湊山河經絡星緯野分箕尾析木之次"의 해석은 오상학 박사의 도움이었고, "況均四方來往之道"의 해석은 양보경 박사의 도움이었다.

4) 권상로, 『한국지명연혁고』(서울: 동국문화사, 1961), 258~259쪽.

5) 『증보문헌비고』 권13, 여지효일.

6) 권상로, 앞의 책, 258쪽.

7) 이중환, 『택리지』(조선광문회본), 2쪽, 「팔도총론(八道總論)」의 시작 부분.

8) 당나라 양익 균송, 『감룡경』, 정교 지리정종 제3권에 포함된 것, 2쪽.

9) 김수산 편, 『정감록』 원본, 124쪽, "감결".

10) 김정호, 『지도유설』, 대동여지도.

11) 윤홍기, 「대동여지도의 지도족보론적 연구」, 『문화역사지리』, 제3권, 40쪽.

12) 윤홍기, 앞의 글, 40쪽.

제5부 마오리와 한국 사이에서

제16장 태극도설과 마오리 신화에 담긴 지오멘털리티

1) Grey, 1~11쪽.
2) 장윤수 편저, 『정주철학원론』(서울: 이론과실천, 1992) 95~96쪽; Wing tsit Chan, translated and edited, *A Source Book in Chinese Philosophy*(Princeton: Princeton University Press, 1973), 463쪽.
3) 이 번역은 장윤수 편저, 『정주철학원론』 95~96쪽에 나오는 번역본을 Wing tsit Chan의 영문 번역을 참고해 수정한 것임.
4) 호순신, 1권, 4쪽.

제17장 지명 속의 문화 식민주의

1) 이 장의 논의는 나의 글, Yoon Hong-key, "Imposing Chinese Names on Korean Places: An Examination of Chinese Cultural Influence on Korean Place Names, Using the 'New Zealand Place Names Pattern,'" *Method of Analysis Perspectives on Korea*(Sydney: Wild Peony, 1998), 151~163쪽을 변역하고 수정한 것이다.
2) 이러한 나의 가설은 19세기 말 영국의 스코틀랜드 사람 캐번디시(A. E. J. Cavendish)가 제물포에서 백두산까지 여행한 뒤에 쓴 책에 서울은 한국의 수도이며 주민들은 서울이라고 하는데 한양이라고 불리기도 한다는 구절로부터 힌트를 받은 바 크다. A. E. J. Cavendish, *Korea and the Sacred White Mountain*(London: George Philip & Son, 1894) 23쪽에는 다음과 같은 구절이 보인다. "Soul, pronounced Sowl by foreigners, but So-ul by the natives, is the capital of the country and of the province of Kyong-kwi, and it is also called Han-yang, from the river Han close by."

제18장 한국 땅 이름의 특징

1) J. E. Spencer, "Chinese Place Names and the Appreciation of Geographic realities," *Geographic review*, vol 31(1941), 81~83쪽.
2) 윤홍기, 1997, 51~55쪽.
3) 윤홍기, 1997, 48~50쪽.

제19장 땅을 그리워하는 마음

1) 이 장은 나의 글 「국토를 사랑하는 마음」, 《교육월보》, 1997년 8월호, 66~69쪽을 약간 수정

한 것이다.

2) Elsdon Best, *The Maori*(Wellington: Polynesian Society, 1941(1924)) vol.1, 397쪽.

3) Best, 1941, 397쪽.

4) Best, 1941, 397쪽.

5) Elsdon Best, 1903, "Notes on the art of war, Part III" *Jouranl of Polynesian Society*, vol. 12, 164쪽.

6) Rev. Reweti Kohere, *He Konae Aronui, Maori Proverbs and Sayings*(Wellington: A.H.&A. W. Reed, 1951), 15쪽.

7) J.A. Wilson, *The Story of Te Waharoa: a Chapter in Early New Zealand History, together with sketches of Ancient Maori life and history*(Christchurch: Whitcombe and Tombs, 1907), 110쪽.

8) Sir William Martin, *The Taranaki Questiion*(London: W.H. Dalton, 1861), 33쪽.

9) Sir William Martin, 1861, 41쪽.

10) J. Caselberg (ed.), *Maori is My Name: Historical Writings in Translation*(Dunedin: John McIndoe, 1975), 56쪽.

11) Sir William Martin, 1861, 39쪽.

12) Rev. Reweti Kohere, 앞의 책, 12쪽; Elsdon Best, 1941(1924), vol. 1, 297쪽.

13) Yoon Hong-key, *Maori Mind, Maori Land*, 47~56쪽.

에필로그

1) 이 장에는 윤홍기, 「한국 문화의 세계화」, 『제3회 세계한국학대회 논문집』, 한국정신문화 연구원, 1995년 8월 16~18일, 33~43쪽의 토론 일부가 발췌되어 포함되어 있다.

참고 문헌

우리말 문헌

姜中卓, 1987,「風水說의 國文學적 收用樣相 硏究」, 中央大 大學院 博士學位論文.

姜中卓, 1988,『韓國文學과 風水說』, 白文社.

경복궁 복원 정비, n.p., n.d.

景仁文化社 編, 1969,『風水地理叢書』(啄玉斧·地理新法·名山論·巽坎妙訣), 景仁文化社(影印本).

金德鉉,「傳統村落의 洞藪에 관한 硏究: 安東 내앞마을의 開湖松을 중심으로」,『地理學論叢』13, 29-46.

金容九, 1996,「道詵 이전」,『제12회 國際佛教學術會議 '道詵國師와 韓國'』, 大韓傳統佛教硏究院.

김두규, 1995,『한국 풍수의 허와 실』, 동학사.

김두규, 1998,『우리 땅 우리 풍수』, 동학사.

김두규, 2000,『조선 풍수학인의 생애와 논쟁』, 서울: 궁리.

盧思愼 등, 1986(1969),『新增東國輿地勝覽』(민족문화추진회 국역판), 서울: 민족문화추진회.

무라야마 지준, 1990,『朝鮮의 風水』, 崔吉城 譯, 서울: 民音社.

문화체육부, 국립중앙박물관, 1997,『舊 朝鮮總督府 建物 實測 및 撤去 報告書 (上)』, 국립중앙박물관.
박시익, 1997,『風水地理說 發生背景에 관한 分析硏究』, 고려대학교 건축공학과 박사 학위 논문.
박시익, 1997,『풍수지리와 건축』, 경향신문사.
박용숙, 1975,『神話體系로 본 韓國美術論』, 서울: 일지사.
朴齊家, 1997,『北學議』, 서울: 범우사.
白南信, 1955,『서울大觀』, 서울: 政治新聞社.
北譯『高麗史』, 제1책, 서울: 신서원, 1992.
成均館大學校 國語國文學科, 1967,『安東文化圈學術調査 제1차 3개년 계획』, 서울: 성균관대학교.
成均館大學校 國語國文學科, 1971,『安東文化圈學術調査 제2차 3개년 계획』, 서울: 성균관대학교.
成東桓, 1999,「羅末麗初 禪宗系列 寺刹의 立地硏究: 九山禪門의 風水的 解釋」, 대구: 효성가톨릭대학교 박사 학위 논문.
손정목, 1989,「朝鮮總督府 廳舍 및 京城府 廳舍 建立에 대한 硏究」, $鄕土서울$$ 제48호, 서울특별시사편찬위원회.
야나기 무네요시, 1924,「아, 광화문이여」,『朝鮮과 藝術』, 박재삼 옮김, 서울: 범우문고, 1989.
尹國炳, 1986,『造景史』, 서울: 一潮閣.
尹張燮, 1983,『韓國建築史』, 서울: 東明社.
윤천근, 2001,『풍수의 철학』, 너름터.
尹弘基, 1987,「韓國的 Geomentality에 대하여」,《地理學論叢》제14호 別冊.
尹弘基, 1989,「論中國古代風水的起源和發展」,《自然科學史硏究》vol. 8, no. 1, 北京: 中國.
尹弘基, 1994,「風水地理說의 本質과 起源 및 그 自然觀」,《韓國史 市民講座》14, 서울: 一潮閣.
尹弘基, 1995,「풍수지리의 기원과 한반도로의 도입 시기를 어떻게 볼 것인가」,《韓國學報》79.
윤홍기, 1995,「한국문화의 세계화」,『제3회 세계한국학대회 논문집』, 서울: 한국정신문화 연구원.
윤홍기, 2001,「왜 풍수는 중요한 연구 과제인가」,《대한지리학회지》36 (4).
윤홍기, 2001,「한국 풍수지리 연구의 회고와 전망」,《韓國思想史學》제17집.
윤홍기, 2001,「한국 풍수지리설과 불교신앙과의 관계」,《역사민속학》제13호.
윤홍기, 2004,「풍수지리의 환경사상」,『한국의 전통생태학』, 이도원 편, 서울: 사이언스북스.
윤홍기, 2008, 「영어권에서 문화지리학의 발전과 최근 연구동향」,『한국 문화역사지리학회 창

립 20주년 기념 국제학술대회, 경관연구의 다양성: 지평확대를 위한 새로운 탐색』, 서울: 서울대학교.
李光濬, 1996, 「道詵國師와 道詵寺」, 『제12회 國際佛教學術會議 '道詵國師와 韓國'』, 大韓傳統佛教研究院.
李基東, 1994, 「現代 韓國社會와 風水地理說」, 《韓國史 市民講座》 14, 서울: 一潮閣.
李基白, 1990, 『韓國史新論』, 서울: 一潮閣.
李基白, 1994, 「한국 風水地理說의 기원」, 《韓國史 市民講座》 14, 서울: 一潮閣.
李夢日, 1991, 『韓國風水思想史研究』, 대구: 日駒社.
李丙燾, 1938, 《震檀學報》 9, 震檀學會.
李丙燾, 1939, 「圖讖에 對한 一二의 考察「, 《震檀學報《 10, 震檀學會, 1~18쪽.
李丙燾, 1980, 『高麗時代의 研究』, 서울: 亞世亞文化社.
李丙燾, 1956, 『新修 國史大觀』, 서울: 普文閣.
李崇寧, 1966, 「世宗大王의 個性의 考察」, 《大東文化研究》 3, 서울: 成均館大學校大東文化研究院.
李瀷, 1982, 『星湖僿說』, 민족문화추진회.
李泰鎭, 1994, 「漢陽 遷都와 風水說의 패퇴」, 《韓國史 市民講座》 14, 서울: 一潮閣.
一然, 1992, 『三國遺事』 卷一, 李丙燾 譯註, 서울: 名文堂.
一然, 1969, 『삼국유사 1』, 이재호 역주, 서울: 광문출판사.
張龍得, 1974, 『明堂雜記 5』, 서울: 한국일보사.
張長植, 1992, 「韓國의 風水說話研究」, 경희대학교 대학원 박사 학위 논문.
丁若鏞, 1969, 『牧民心書』, 민족문화추진회.
丁若鏞, 1982, 「風水論」, 『與猶堂全書』, 경인문화사.
週刊朝鮮 編輯部, 1971, 「風水十講」, 《週刊朝鮮》, 1971년 8월 29일부터 1971년 12월 26일까지의 연재 기사.
陳懷楨, 1937, 「風水與藏埋」, 《社會研究》 vol. 1, no. 3, 國立中山大學 社會研究所.
青烏子 · 郭璞, 1993, 『青烏經 · 錦囊經』, 崔昌祚 譯註, 서울: 民音社.
崔滋, 1975, 「補閑集」, 『破閑集, 補閑集』, 李相寶 譯, 서울: 대양서적.
崔柄憲, 1975, 「道詵의 生涯와 羅末麗初의 風水地理說, 禪宗과 風水地理說의 관계를 중심으로 하여」, 《韓國史研究》 11, 한국사연구회.
崔柄憲, 1996, 「道詵의 風水地理說과 高麗의 建國理念」, 『제12회 國際佛教學術會議 '道詵國師와 韓國'』, 大韓傳統佛教研究院.
崔常壽, 1958, 『韓國民間傳說集』. 서울: 通文館.

崔元碩, 2000,「嶺南 地方의 裨補」, 고려대학교 대학원 지리학과 박사 학위 논문.
최원석, 2000,『도선국사 따라 걷는 우리 땅 풍수 기행』, 서울: 시공사.
崔重斗, 1983,「風水地理學原論」,『先師遊山錄』附錄, 서울: 佛教出版社.
최창록, 1995,『韓國의 風水地理說』, 서울: 도서출판 살림.
崔昌祚, 1984,『韓國의 風水思想』, 서울: 民音社.
최창조, 1990,『좋은 땅이란 어디를 말함인가』, 서울: 서해문집.
崔昌祚, 1996,「韓國 風水地理說의 構造와 原理」,『제12회 國際佛教學術會議 '道詵國師와 韓國'』, 大韓傳統佛教研究院.
최창조, 1997,『한국의 자생풍수』(전2권), 서울: 민음사.
韓國文化人類學會, 1969,『韓國民俗綜合調査報告書. 전라남도편』, 서울: 문화공보부.
韓國文化人類學會, 1971,『韓國民俗綜合調査報告書. 전라북도편』, 서울: 문화공보부.
韓國精神文化研究院, 1982,『韓國口碑文學大系』1-7권, 서울: 한국정신문화연구원.
韓國精神文化研究院, 1983,『韓國口碑文學大系』2-5권, 서울: 한국정신문화연구원.
胡舜申, 2001,『地理新法』, 김두규 역해, 서울: 장락.

일본어 문헌

古橋信孝, 1998,『平安京の都市生活と郊外』, 東京: 吉川弘文館.
村山智順, 1931,『朝鮮の風水』, 京城: 朝鮮總督府.

한자 문헌

郭璞,『葬書』, 臺灣 新竹: 竹林書局(影印本) 1967年版, 地理正宗에 포함됨.
許愼,『說文解字』.
徐善繼·徐善述, 1969,『人子須知』, 臺灣 新竹: 竹林書局(影印本).
『世宗實錄』, 106권.
陽益,『撼龍經』, 精校 臺灣 新竹: 竹林印書局, 1967年版, 地理正宗에 포함됨.

영어 문헌

Anderson, Kay J,, Cultural hegemony and therace-definition process in Chinatown, Vancouver: 1880-1980, Environment and Planning D: Society and Space, 1988, vol. 6, pp. 127-149.
Best, Elsdon, 1903, "Notes on the art of war, Part III" Jouranl of Polynesian Society, vol. 12.

Best, Elsdon, 1941(1924) The Maori(Wellington: Polynesian Society) vol. 1.
Bobertson, Iain & Penny Richards (eds), Studying Cultural Landscapes(Arnodl, 2003).
Bruun, Ole, Fengshui in China: geomantic Divination Between State Orthodoxy and Popular Religion (Copenhagen: NIAS Press, 2003)
Carson, Rachel, Silent Spring, New York: Fawcett, 1964(1962).
Caselberg, J. (ed.), 1975, Maori is My Name: Historical Writings in Translation. (Dunedin: John McIndoe).
Christie, Maria Elisa, "The cultural geography of gardens", Geogrpahical Review, 94, (3), pp.iii-iv.
Christies, Maria Elisa, "Kitchenspace, Fiestas, and Cultural Reproduction in Mexican house-lot gardens", Geographical Review, 94(3), 368-390.
Cosgrove said,"Landscape is in fact a 'way of seeing', a way of composing and harmonising the external world into a 'scene', a visual unity. The word landscape emerged in the Renaissance to deonote a new relationship between humans and their environment." (Oakes and Price (eds), p. 179).
Cosgrove, Denis &Peter Jackson, "New directions in cultural geography", Area, vol.19, (1987), pp. 95-105.
Cosgrove, Denis, 'Prospect, Persspective and the evolution of the landscape idea', Transactions, Institute of British Geograpers, 10, 45-62.
Cosgrove, Denis, "Iconography", in R. J. Johnston and el edited The dictionary of Human geography(Oxford: Blackwell, 2000), p. 366.
Cosgrove, Denis, (1998), Social formation and symbolic landscape, (Medison: University of Wisconsin press)
Covgrove, Denis, "Geography is everywhere: culture and symbolism in humnan landscapes"from Dereck Gregory and Rex walford (eds) Horizons in Human geography (1989), pp. 118-35, reprinted in Thimothy S. Oakes and Patricia L. Price, The Cultural Geography Reader, (London: Routledge, 2008) pp.176-185.
Crang, Mike, Cultural geography(Routledge, 1998(2001))
Dallet Ch., 1874, Histoire de I'eglise de Coree, Libraire Victor Palme', e'diteur Paris, "Introduction," 142-3: 샤를르 달레 원저, 안응열, 최석우 역주 한국천주교회사(상),
Daniel, S and Cosgrove, D., Iconography and landscape in Cosgrove, D and Daniels, S., eds, The iconography of landscape: essays on the symbolic representation, design and use of

past environments. cambridge: Cambridge University Press, 1988, pp. 1-10

Demeritt, David "What is the 'social construction of nature'? A typology and sympathetic critique", Progress in Human Geography, 266(2002), pp.767-790.

Doolittle, William E., "Gardens are us, We are nature: transcending antiquity and modernity", Geographical Review 94(3), 391-404.

Duncan, J and Duncan, N., (Re)reading the landscape, Environment and Planning D: Society and space, 1988, vol 6, pp.117-126

Duncan, J., The City as Text: the politics of Landscape interpretation in the Kandyan Kingdom. Cambridge: cambridge university Press, 1990

Duncan, James, "The Superorganic in American Cultural Geography", Annals of the Association of American Geographers,vol. 70, no.2, 1980, pp. 181-198.

Field, Stephen, "Book review of Hong-key Yoon's The Culture of Fengshui in Korea", Journal of Asian Studies, vol. 67, no. 1 (2008), pp.333-334.

Glacken, Clarence J., 1967, Traces on the Rhodian Shore. Berkeley and Los Angeles: University of California press.

Gregson, Nicky(1993), 'The 1988 initiative: delimiting or deconstructing social geography?', Progress in Human geography, 17(4), 525-30;

Gribbin,J., "Part One, Gaia", The Breathing Planet(A New Scientist Guide), edited by John Gribbin. (Oxford: Blackwell&New Scientist), pp.1-2.

Hartshorne, Richard(1939) 'The Nature of geography: a critical survey of current thought in the light of the past', Annals of the Association of American Geographers, 29(3-4), p.

Hartshorne, Richard(1959), Perspective on the Nature of Geography, Annals of the Association of American Geographers. p.

Harvey, David, "Monument and Myth", Annals of the Association of American Geographers, vol 69, no.3(1979), 362-81.

Hawkes, T., Structuralism and Semiotics. Andover: Methuen, 1977.

Heaed, Lesley & Pat Muir, and Eva Hampel, "Australian Backyard gardens and the Journey of Migration:, Geographical review, 94(3), 326-347.

De Groot, J.J.M., Religious System of China, vol. 3, Leiden: Librairie et Imprimerie, 1897.

Jackson, Peter and Jan Penrose, Constructions of Race, Place and Nation(University College London: UCL Press, 1993)

Johnston, R.J. and others, The Dictionary of Human Geography(Blackwell, 2000) p.134.

Kim Won-ryong, "Problems in Korean Cultural Research," Korea Journal, vol. 30, no. 9(1990), 8-9.

Kim Won-yong: 1990, "Problems in Korean Cultural Research," Korea Journal vol. 30, no.9, pp.4-12.

Kimber, Clarissa T., "Gardens and Dwelling: People in vernacular gardens", Geographical Review, vol. 94, no. 3, (2004), pp263-283.

Kohere, Rev. Reweti, 1951, He Konae Aronui, Maori Proverbs and Sayings(Wellington: A.H.&A.W. Reed).

Lattimore, Owen: 1937,"Origins of the Great Wall of China, a Frontier Concept in Theory and Practice," Geographical Review, vol. 27, no4, pp. 529-549.

Lee, Sang Hae, 1986, Feng-shui: Its Context and Meaning, PhD Thesis, Cornell University.

Longhurst, Robyn, "Plots, plants and prardoxes: contemporary domestic gardens in Aoteaaroa/New Zealand", Social & Cultural geography, vol. 7, no. 4, (2006), 581-593.

Lovelock, J. and Epton, S., "The quest for Gaia", The Breathing Planet(A New Scientist Guide), edited by John Gribbin. (Oxford: Blackwell&New Scientist), pp.3-10(a reprint from New Scientis, 6 February, 1975).

Martin, Sir William, 1861, The Taranaki Question(London: W.H. Dalton.

Mikesell, Marvin W., 'Tradition and Innovation in Cultural geography', Annals of the Association of American Geographers, vol.68, no. 1(1978), pp. 2-3.

Miller, G, Tyler, Jr., Environmental Science: An introduction, (Belmont, California: Wadsworth, 1988).

Mitchell, Don, "Landscape and surplus value: the making of the ordinary in Brentwood, CA", Environment and Planning D: Society and Space, vol 12(1994) p 9, quoted in John Wylie, Landsccape, (Routledge, 2007) p. 102.

Mitchell, Don, Cultural Geography, A Critical introduction(Blackwell, 2000)

Needham,J., History and Human Value: A Chinese Perspective for world Science and Technology. McGill University, Montreal 1975.

Price, Martin and Marie Lewis(1993), 'The reinvention of cultural geography', Annals of the Association of American Geographers, 88(1), 1-17.

Proctor J., The social construction of nature: Relativist accusations, pragmatist and critical realist responses, Annals of the association of American geographers, 88(3), 1998,

pp.352-376.
Robert Redfield, Peasant Society and Culture: An Anthropological Approach to Civilization, Chicago: The University of Chicago Press, pp.71~72.
Sakutei-ki, The book of Garden(Being a full translation of the Japanese eleventh century manuscript: Memoranda on Garden Making Attributed to the writing of Tachibana-no-toshitsuna), trans. by Shigemaru Shimoyama, (Tokyo: Town & City Planners, Inc., 1976), pp. 45.
Salisbury, Rollin D. and others, Modern geography for High School(New York: Henry Hole and Co.), p.1,
Sansom, George, A History of Japan to 1334, Stanford, (Calif: Stanford University Press, 1958), p.100.
Sauer,Carl O., "The Morphology of Landscape", John Leighly (ed.), Land and Life: A Selection from the Writings of Carl Sauer(Berkeley, Univeristy of California Press), p. 321.
Schmelzkopf, Karean, "Urban community gardens as contested space", Geographical Review, vol. 85, no.3(1995) 364-381.
Spencer, Joseph E., Chinese Place Names and the Appreciation of Geographic realities, Geographical review, vol 31(1941), pp.81-83 .
Strahler, Alan and Strahler, Arthur, Physical Geography: Science and Systems of the Human Environment, New York: John Wiley & Sons, Inc, 1996.
Thrift, NIgel,(1994), 'Review of Writing Worlds', Antipode, 26(1), 109-111.
Toynbee, Arnold: 1958, A Study of History, abridgement of volumes I-VI by D. C. Somervell, New York: Oxford University Press, 1958.
Wilson, J. A., 1907, The Story of Te Waharoa: a Chapter in Early New Zealand History, together with sketches of Ancient Maori life and history, (Christchurch: Whitcombe and Tombs).
Winchester, Hilary P. M.; Kong, Lily; Dunn, Kevin; Landscapes: Ways of Imagining the World ((Pearson/Prentice hall, 2003).
Wylie, John, Landscape(London: Routledge, 2007).
Yoon, Hong-key, 1976, Geomantic Relationships between Culture and Nature in Korea, Taipei, The Orient Culture Service.
Yoon, Hong-key, 1980, "The Image of Nature in Geomancy," GeoJournal, vol. 4, no. 4, pp.

341-348.
Yoon, Hong-key, "Environmental Determinism and geomancy: Two cultures, Two Concepts," GeoJournal 8(1982): 1, 77-80.
Yoon, Hong-key, 1985, An early Chinese Idea of a Dynamic Environmental Cycle," GeoJournal vol. 10, no. 2, 211-212.
Yoon, Hong-key, 1986, "The Nature and Origin of Chinese Geomancy", Eratosthene-Sphragide, Vol. 1, pp 88-102.
Yoon, Hong-key, 1986, Maori Mind, Maori Land: Essays on the cultural geography of the Maori people from an outsider's perspective(Berne: Peter Lang).
Yoon, Hong-key, 1994, "Two Different Geomentalities, Two Different Gardens: the French and the Japanese Cases", GeoJournal, vol. 33, no.4, (1994), 471-477.
Yoon, Hong-key, 1998, "Imposing Chinese Names on Korean Places: An Examination of Chinese Cultural Influence on Korean Place Names, Using the "New Zealand Place Names Pattern" Method of Analysis Perspectives on Korea, (Sydney: Wild Peony), pp. 151-163.
Yoon, Hong-key, 2006, The Culture of Fengshui in Korea(Lanham, MD: Lexington Books).
Yoon, Hong-key,1975, "An Analysis of Korean Geomancy tales." Asian Folklore Studies. vol.34, pp.21~34.
Yoon, Hong-key,1990, "Loess Cave-Dwellings in Shaanxi Province, China", GeoJournal, Vol. 21, no. 1/2, pp 95-102.
Zelinsky, Wilbur, The Cultural Geography of the United States(Englewood Cliffs, NJ, 1973).

찾아보기

사

아

자

땅의 마음

1판 1쇄 찍음 2011년 11월 1일
1판 1쇄 펴냄 2011년 11월 11일

지은이 윤홍기
펴낸이 박상준
펴낸곳 (주)사이언스북스

출판등록 1997. 3. 24.(제16-1444호)
(135-887) 서울시 강남구 신사동 506 강남출판문화센터
대표전화 515-2000, 팩시밀리 515-2007
편집부 517-4263, 팩시밀리 514-2329
www.sciencebooks.co.kr

ISBN 978-89-8371-541-8 93470